DEUS É MATEMÁTICO?

Mario Livio

DEUS É MATEMÁTICO?

Tradução de
JESUS DE PAULA ASSIS

Revisão técnica de
DIEGO VAZ
BEVILAQUA

6ª edição

EDITORA RECORD
RIO DE JANEIRO • SÃO PAULO

2022

CIP-BRASIL. CATALOGAÇÃO-NA-FONTE
SINDICATO NACIONAL DOS EDITORES DE LIVROS, RJ

L762D
6ª ed.

Livio, Mario, 1945-
Deus é matemático? / Mario Livio; tradução Jesus de Paula Assis – 6ª ed. – Rio de Janeiro: Record, 2022.
il.

Tradução de: Is God a mathematician?
ISBN: 978-85-01-08775-1

1. Matemática – Filosofia. 2. Lógica simbólica e matemática. 3. Matemáticos – Psicologia. 4. Descobertas científicas. I. Título.

10-2627

CDD: 510
CDU: 51

Título original em inglês:
IS GOD A MATHEMATICIAN?

Copyright © 2009 by Mario Livio

Todos os direitos reservados. Proibida a reprodução, armazenamento ou transmissão de partes deste livro, através de quaisquer meios, sem prévia autorização por escrito. Proibida a venda desta edição em Portugal e resto da Europa.

Texto revisado segundo o novo Acordo Ortográfico da Língua Portuguesa.

Direitos exclusivos de publicação em língua portuguesa para o Brasil adquiridos pela
EDITORA RECORD LTDA.
Rua Argentina, 171 – Rio de Janeiro, RJ – 20921-380 – Tel.: (21) 2585-2000
que se reserva a propriedade literária desta tradução

Impresso no Brasil

ISBN 978-85-01-08775-1

Seja um leitor preferencial Record.
Cadastre-se no site www.record.com.br e receba informações sobre nossos lançamentos e nossas promoções.

Atendimento e venda direta ao leitor:
sac@record.com.br

Para Sofie

SUMÁRIO

Prefácio   9

1. Um mistério   13
2. Mística: o numerologista e o filósofo   29
3. Mágicos: o mestre e o herege   59
4. Mágicos: o cético e o gigante   105
5. Estatísticos e probabilistas: a ciência da incerteza   141
6. Geômetras: o choque do futuro   177
7. Lógicos: pensando sobre raciocínio   201
8. Inexplicável efetividade?   235
9. Sobre a mente humana, matemática e o universo   261

Notas   293
Bibliografia   313
Índice remissivo   333
Créditos   349

Prefácio

Quando você trabalha em cosmologia — o estudo do cosmo em geral — um dos fatos da vida passa a ser a carta, o email ou o fax semanal de alguém que quer lhe descrever a teoria que *ele* próprio tem do universo (sim, são invariavelmente homens). O maior erro que você pode cometer é responder educadamente que gostaria de saber mais a respeito. Isso resulta imediatamente em uma interminável investida de mensagens. Como, então, podemos evitar o ataque? Uma tática que descobri ser bem efetiva (que está bem perto da descortesia de não responder de forma alguma) é destacar o fato verdadeiro de que, enquanto a teoria não estiver formulada com precisão na linguagem da matemática, é impossível avaliar sua relevância. A resposta paralisa a maioria dos cosmólogos amadores. A realidade é que, sem matemática, os cosmólogos de hoje não poderiam ter progredido sequer um passo na tentativa de entender as leis da natureza. Matemática fornece o andaime sólido que mantém coesa qualquer teoria do universo. Isso pode não parecer tão surpreendente até que você se dê conta de que a natureza da própria matemática não é inteiramente clara. Como expressou certa vez o filósofo britânico Sir Michael Dummett: "As duas mais abstratas dentre as disciplinas intelectuais, filosofia e matemática, dão origem à mesma perplexidade: do que tratam? A perplexidade não se origina unicamente da ignorância: mesmo os profissionais desses assuntos podem achar difícil responder à pergunta."

Neste livro, tento humildemente elucidar tanto alguns aspectos da essência da matemática quanto, em particular, a natureza da relação entre matemática e o mundo que observamos. O livro não tem absolutamente a intenção de representar uma história completa da matemática. Pelo contrário, sigo cronologicamente a evolução de alguns conceitos que têm implicações diretas no entendimento do papel da matemática no nosso conhecimento do cosmo.

Muitas pessoas contribuíram, direta e indiretamente, durante um longo de período de tempo, para as ideias apresentadas neste livro. Gostaria de agradecer a Sir Michael Atiyah, Gia Dvali, Freeman Dyson, Hillel Gauchman, David Gross, Sir Roger Penrose, lorde Martin Rees, Raman Sundrum, Max Tegmark, Steven Weinberg e Stephen Wolfram pelas trocas de proveitosas ideias. Sou grato a Dorothy Morgenstern Thomas, por permitir o uso do texto completo do relato feito por Oscar Morgenstern sobre a experiência de Kurt Gödel com o Serviço de Imigração e Naturalização dos Estados Unidos. William Christens-Barry, Keith Knox, Roger Easton e, em particular, Will Noel fizeram a gentileza de me fornecer explicações detalhadas de seus esforços para decifrar o Palimpsesto de Arquimedes. Agradecimentos especiais a Laura Garbolino, por me fornecer materiais cruciais e arquivos raros referentes à história da matemática. Também agradeço aos departamentos de coleções especiais da Universidade Johns Hopkins, a Universidade de Chicago e à Bibliothèque Nationale de France, Paris, por encontrar alguns manuscritos raros para mim.

Sou grato a Stefano Casertano, pela ajuda com as difíceis traduções do latim, e a Elizabeth Fraser e Jill Lagerstrom, pelo inestimável apoio bibliográfico e linguístico (sempre com um sorriso).

Devo agradecimentos especiais a Sharon Toolan, pela ajuda profissional na preparação do manuscrito para publicação; e a Ann Feild, Krista Wildt e Stacey Benn, pelo desenho de algumas figuras.

Todo autor ou autora deve se considerar uma pessoa de sorte de receber do cônjuge o tipo de apoio e paciência contínuos que recebi de minha mulher, Sofie, durante o longo período que gastei escrevendo este livro.

Finalmente, gostaria de agradecer à minha agente, Susan Rabiner, sem cujo estímulo este livro nunca teria acontecido. Tenho também uma grande dívida com meu editor, Bob Bender, pela leitura atenta do manuscrito e pelos comentários argutos; Johanna Li, pelo inestimável apoio na produção do livro; Loretta Denner e Amy Ryan, pelo copidesque; Victoria Meyer e Katie Grinch, pela promoção do livro; e com toda a equipe de produção e marketing da Simon & Schuster, por seu árduo trabalho.

CAPÍTULO 1

UM MISTÉRIO

Há alguns anos, eu estava dando uma palestra na Universidade Cornell. Um dos meus slides de PowerPoint dizia: "Seria Deus um matemático?" Assim que o slide foi mostrado, ouvi um estudante na primeira fila deixar escapar: "Oh Deus, espero que não!"

Minha pergunta retórica não era uma tentativa filosófica de definir Deus para o meu público, nem uma maquinação astuciosa para intimidar os fóbicos pela matemática. Pelo contrário, estava simplesmente apresentando um mistério com o qual algumas das mentes mais criativas se debateram por séculos — a aparente onipresença e onipotência da matemática. Tais características são do tipo que normalmente associamos apenas a uma deidade. Como disse certa vez o físico britânico James Jeans (1877-1946): "O universo parece ter sido desenhado por um matemático puro." A matemática parece ser quase efetiva demais em descrever e explicar não somente o cosmo em geral, mas até alguns dos empreendimentos humanos mais caóticos.

Não importa se são físicos tentando formular teorias do universo, analistas de bolsa de valores coçando a cabeça para prever a próxima quebra do mercado, neurobiólogos construindo modelos da função cerebral ou estatísticos do serviço secreto militar tentando otimizar a alocação de recursos; todos eles estão usando matemática. Além do mais, mesmo que possam aplicar formalismos desenvolvidos em diferentes ramos da matemática, ainda estarão se referindo à mesma matemática global, coerente. O que dá à matemática esses poderes incríveis? Ou, como Einstein certa vez se perguntou: "Como é possível que a matemática, um produto do pensamento humano que *é independente da experiência* [grifo meu], se encaixe tão excepcionalmente aos objetos de realidade física?"

Esse senso de total perplexidade não é novo. Alguns dos filósofos da antiga Grécia, Pitágoras e Platão em particular, já se mostravam admirados com a aparente capacidade de a matemática moldar e guiar o universo, embora existindo, ao que parecia, acima dos poderes dos seres humanos de alterá-la, direcioná-la ou influenciá-la. O filósofo político inglês Thomas Hobbes (1588-1679) tampouco ocultava sua admiração. Em *Leviatã*, a impressionante exposição de Hobbes daquilo que ele considerava o alicerce da sociedade e governo, ele destacou a geometria como o paradigma do argumento racional:

> Vendo então que verdade consiste na ordenação certa de nomes em nossas afirmações, um homem que busca verdade precisa teria necessidade de lembrar o que cada nome que ele usa representa e posicioná-lo devidamente; ou, então, ele se verá emaranhado em palavras, como um pássaro em galhos viscosos; quanto mais se esforça, mais preso fica ao visgo. Logo, em geometria (que até agora é a única ciência que aprouve a Deus conceder à humanidade), os homens começam chegando a um acordo sobre significados de suas palavras; aos significados acordados, eles dão o nome de definições e os colocam no início de seus cálculos.

Milênios de impressionante pesquisa matemática e de especulação filosófica erudita fizeram relativamente pouco para lançar luz sobre o enigma do poder da matemática. No máximo, em alguns aspectos, o mistério até se aprofundou. O renomado físico matemático de Oxford, Roger Penrose, por exemplo, agora percebe não um único mistério, mas um mistério triplo. Penrose identifica três diferentes "mundos": o *mundo de nossas percepções conscientes, o mundo físico* e o *mundo platônico de formas matemáticas*. O primeiro mundo é o lar de todas as nossas imagens mentais — como percebemos os rostos de nossos filhos, como nos deliciamos com um pôr do sol de tirar o fôlego ou como reagimos a horripilantes imagens de guerra. É também este o mundo que contém amor, inveja e preconceitos, bem como nossa percepção de música, dos cheiros de comida e de medo. O segundo mundo é aquele ao qual normalmente nos referimos como realidade física. Flores, comprimidos de aspirina, nuvens brancas e aviões a jato reais residem nesse mundo, como também as galáxias, planetas, átomos, corações de babuíno e cérebros humanos. O mundo platônico das formas matemáticas, que para Penrose tem uma realidade efetiva comparável àquela dos mundos físico e mental, é a terra natal da matemática. É aqui que encontraremos os números naturais 1, 2, 3, 4,..., todas as formas e teoremas da geometria euclidiana, leis do movimento de Newton, teoria das cordas, teoria das catástrofes e modelos matemáticos de comportamento do mercado de valores. E aqui, observa Penrose, entram os três mistérios. Primeiro, o mundo da realidade física parece obedecer a leis que realmente residem no mundo das formas matemáticas. Foi esse o enigma que deixou Einstein perplexo. O ganhador do Prêmio Nobel de física Eugene Wigner (1902-95) se mostrava igualmente atônito:

> O milagre da adequação da linguagem da matemática à formulação das leis da física é uma dádiva maravilhosa que não entendemos nem merecemos. Deveríamos ser gratos por ela e esperar que permaneça válida em pesquisas futuras e que se estenda, por bem ou por mal, para nosso prazer, mesmo que talvez também para nossa frustração, a vastos ramos do aprendizado.

Segundo, as próprias mentes perceptivas — a habitação de nossas percepções conscientes — de alguma forma conseguiram emergir do mundo físico. Como a *mente* literalmente nasceu a partir da *matéria*? Teríamos algum dia sido capazes de formular uma teoria do funcionamento da consciência que fosse tão coerente e tão convincente quanto, digamos, nossa atual teoria do eletromagnetismo? Finalmente, o círculo é misteriosamente fechado. Aquelas mentes perceptivas foram miraculosamente capazes de obter acesso ao mundo matemático por meio da descoberta ou da criação e articulação de um tesouro de conceitos e formas matemáticas abstratas.

Penrose não oferece uma explicação para nenhum dos três mistérios. Pelo contrário, ele conclui laconicamente: "Sem dúvida, não existem três mundos, mas *um único*, do qual no presente não temos um vislumbre sequer de sua verdadeira natureza." É uma confissão bem mais humilde que a resposta do professor secundário na peça *Forty Years On* (escrita pelo inglês Alan Bennett) a uma pergunta um pouco parecida:

Foster: Ainda estou um pouco confuso sobre a Trindade, professor.

Professor: Três em um, um em três, perfeitamente simples e direto. Qualquer dúvida a respeito, fale com seu professor de matemática.

O enigma é ainda mais emaranhado do que acabei de mostrar. Na verdade, existem dois lados do sucesso da matemática em explicar o mundo que nos cerca (sucesso este que Wigner apelidou "a inexplicável efetividade da matemática"), um mais assombroso que o outro. Primeiro, existe um aspecto que poderia ser chamado "ativo". Quando físicos vagueiam pelo labirinto da natureza, eles iluminam o caminho com a matemática — as ferramentas que usam e desenvolvem, os modelos que constroem e as explicações que apresentam são todas matemáticas, por natureza. Isso, obviamente, é por si só um milagre. Newton observou uma maçã caindo, a Lua e as marés nas praias (sequer tenho certeza de que algum dia ele as viu!), não equações matemáticas. Contudo, ele foi de alguma forma capaz de extrair de todos esses fenômenos naturais leis matemáticas claras, concisas e inacreditavelmente precisas da natureza. Da mesma forma, quando o físico escocês James Clerk Maxwell (1831-79) estendeu a estrutura da física clássica para incluir *todos* os fenômenos elétricos e magnéticos conhecidos nos anos 1860, ele o fez por meio de apenas quatro equações matemáticas. Pensemos nisso por um momento. A explicação de uma coleção de resultados experimentais em eletromagnetismo e luz, que antes teriam exigido volumes para descrever, foi reduzida a quatro equações sucintas. A relatividade geral de Einstein foi ainda mais assombrosa — é um perfeito exemplo de uma teoria matemática extraordinariamente precisa, autoconsistente, de algo tão fundamental quanto a estrutura do espaço e tempo.

Mas existe também um lado "passivo" da misteriosa efetividade da matemática e é tão surpreendente que o aspecto "ativo" empalidece por comparação. Conceitos e relações explorados por matemáticos apenas por razões puras — sem absolutamente nenhuma aplicação na mente — revelam-se décadas (ou às vezes séculos) mais tarde soluções inesperadas para problemas fundamentados na realidade física! Como isso é possível? Consideremos, por exemplo, o caso um tanto divertido do excêntrico matemático britânico Godfrey Harold Hardy (1877-1947). Hardy tinha tanto orgulho do fato de seu trabalho consistir em nada além da matemática pura que declarou enfaticamente: "Nenhuma descoberta minha fez, nem é provável que venha a fazer, direta ou indiretamente, para o bem ou para o mal, a menor diferença para o bem-estar do mundo." Adivinhe — ele estava errado. Um de seus trabalhos reencarnou como a lei de Hardy-Weinberg (nome recebido em homenagem a Hardy e ao médico alemão Wilhelm Weinberg [1862-1937]), um princípio fundamental usado por geneticistas para estudar a evolução de populações. Dito de uma maneira simples, a lei de Hardy-Weinberg afirma que se uma população grande estiver se acasalando totalmente ao acaso (e não ocorrerem migração, mutação e seleção), então a constituição genética permanecerá constante de uma geração para a seguinte. Mesmo o trabalho aparentemente abstrato de Hardy sobre *teoria dos números* — o estudo das propriedades dos números naturais — encontrou aplicações inesperadas. Em 1973, o matemático britânico Clifford Cocks utilizou a teoria dos números para criar um avanço revolucionário em criptografia — o desenvolvimento de códigos. A descoberta de Cocks tornou obsoleta outra declaração de Hardy. No famoso livro *Em defesa de um matemáti-*

co, publicado em 1940, Hardy decretou: "Ninguém ainda descobriu alguma finalidade belicosa qualquer que seja servida pela teoria dos números." Evidentemente, Hardy estava mais uma vez errado. Códigos foram categoricamente essenciais para comunicações militares. Assim, mesmo Hardy, um dos críticos mais eloquentes da matemática aplicada, foi "tragado" (provavelmente aos chutes e aos berros, se estivesse vivo) pela produção de teorias matemáticas proveitosas.

Mas isso é apenas a ponta do iceberg. Kepler e Newton descobriram que os planetas do nosso sistema solar seguem órbitas na forma de elipses — as próprias curvas estudadas pelo matemático grego Menecmo (*c*. 350 a.C.) dois milênios antes. Os novos tipos de geometrias descritos por Georg Friedrich Bernhard Riemann (1826-66) numa clássica palestra em 1854 acabaram sendo precisamente as ferramentas de que Einstein precisava para explicar o tecido cósmico. Uma "linguagem" matemática chamada teoria de grupos, desenvolvida pelo jovem prodígio Évariste Galois (1811-32) simplesmente para determinar a resolubilidade das equações algébricas, tornou-se hoje a linguagem empregada por físicos, engenheiros, linguistas e até antropólogos para descrever todas as simetrias do mundo. Além do mais, o conceito de padrões de simetria matemática virou, em certo sentido, todo o processo científico de ponta-cabeça. Durante séculos, a rota para entender o funcionamento do cosmo começava com uma coleta de fatos experimentais ou observacionais, a partir dos quais, por tentativa e erro, os cientistas buscavam formular leis gerais da natureza. O esquema deveria começar com observações locais e construir o quebra-cabeça peça por peça. Com o reconhecimento no século XX de que projetos matemáticos bem definidos fundamentam a estrutura do mundo subatômico, os físicos dos tempos modernos começaram a fazer exatamente o oposto. Colocam os princípios de simetria matemática *em primeiro lugar*, insistindo em que as leis da natureza e, de fato, os componentes básicos da matéria, devem seguir alguns padrões e deduzem as leis gerais a partir desses requisitos. Como a natureza sabe como obedecer a essas abstratas simetrias matemáticas?

Em 1975, Mitch Feigenbaum, então um jovem físico matemático do Laboratório Nacional de Los Álamos, estava brincando com sua calculadora de bolso HP-65. Examinava o comportamento de uma equação simples. Ele percebeu que uma sequência de números que aparecia nos cálculos estava se aproximando cada vez mais de um determinado número: 4,669... Para sua surpresa, ao examinar outras equações, o mesmo número curioso voltou a aparecer. Feigenbaum logo concluiu que sua descoberta representava algo universal, que de alguma forma marcava a transição da ordem para o caos, embora ele não tivesse nenhuma explicação para isso. Não surpreende que, no início, os físicos se mostrassem bem céticos. Afinal, por que o mesmo número deveria caracterizar o comportamento do que pareciam ser sistemas bem diferentes? Depois de passar seis meses pelo escrutínio de pareceristas profissionais, o primeiro artigo de Feigenbaum sobre o assunto foi rejeitado. Não muito depois, contudo, experimentos mostraram que, ao ser aquecido a partir de uma temperatura baixa, hélio líquido se comporta precisamente como previsto pela solução universal de Feigenbaum. E não foi este o único sistema em que foi constatada essa maneira de agir. O assombroso número de Feigenbaum apareceu na transição do fluxo disciplinado de um fluido para a turbulência e até no comportamento da água pingando de uma torneira.

A lista de tais "previsões" que os matemáticos fizeram de necessidades de várias disciplinas em gerações posteriores continua a crescer sem parar. Um dos exemplos mais fascinantes da misteriosa e inesperada interação entre a matemática e o mundo real (físico) é fornecido pela história da *teoria dos nós* — o estudo matemático dos nós. Um nó matemático se assemelha a um nó comum em uma corda, com as pontas da corda emendadas uma na outra. Ou seja, um nó matemático é uma curva fechada sem pontas soltas. Estranhamente, o principal ímpeto ao desenvolvimento da teoria matemática dos nós surgiu de um modelo incorreto do átomo que foi desenvolvido no século XIX. Depois que aquele modelo foi abandonado — apenas duas décadas depois de sua concepção — a teoria dos nós continuou a evoluir como um ramo relativamente obscuro da matemática pura. Surpreendentemente, esse empreendimento abstrato subitamente encontrou extensas aplicações modernas em temas que vão desde a estrutura molecular do DNA até a teoria das cordas — a tentativa de unificar o mundo subatômico com a gravidade. Voltarei a essa incrível história no capítulo 8, porque talvez sua história circular seja a melhor demonstração de como ramos da matemática podem emergir de tentativas de explicar realidade física, depois como perambulam dentro do reino abstrato da matemática, apenas para eventualmente acabar voltando inesperadamente às suas origens ancestrais.

Descoberta ou inventada?

Mesmo a breve descrição que apresentei até agora fornece evidências esmagadoras de um universo que ou é governado pela matemática ou, no mínimo, é suscetível à análise por meio da matemática. Como mostrará este livro, boa parte da iniciativa humana, talvez toda ela, também parece emergir de uma capacidade basal da matemática, mesmo onde menos se espera. Examinemos, por exemplo, um caso ilustrativo do mundo das finanças — a fórmula Black-Scholes de precificação de opções (1973). O modelo Black-Scholes conquistou aos seus criadores (Myron Scholes e Robert Carhart Merton; Fischer Black faleceu antes da concessão do prêmio) o Prêmio Nobel de Economia. A equação central do modelo possibilita o entendimento da precificação de opção de ações (opções são instrumentos financeiros que permitem que licitantes comprem ou vendam ações em um ponto futuro no tempo, a preços acordados). Aqui, contudo, aparece um fato surpreendente. No coração deste modelo situa-se um fenômeno que tinha sido estudado pelos físicos há décadas — o movimento browniano, o estado de movimento agitado exibido por diminutas partículas, como pólen suspenso em água ou partículas de fumaça no ar. Então, como se não bastasse, a mesma equação também se aplica ao movimento de centenas de milhares de estrelas dos aglomerados estelares. Não seria, na linguagem de *Alice no País das Maravilhas*, "cada vez mais curioso"? Afinal, o que quer que o cosmo possa estar fazendo, negócios e finanças são indiscutivelmente mundos criados pela mente humana.

Ou consideremos um problema comum encontrado por fabricantes de placas eletrônicas e projetistas de computadores. Eles empregam furadeiras a laser para a fabricação de dezenas de milhares de buracos em suas placas. Para minimizar o custo, os projetistas de computadores não querem que os buracos se comportem como "turistas acidentais". Pelo contrário, o problema é encontrar a "excursão" mais curta entre os buracos, que visite a posição de cada um deles exatamente uma vez. Ocorreu que os matemáticos investigam exatamente este problema, conhecido como o *problema do caixeiro-viajante*, desde os anos 1920. Basicamente, se um vendedor ou um político em campanha precisa viajar da maneira mais econômica para um dado número de cidades e se o custo de viagem entre cada par de cidades for conhecido, então o viajante deverá de alguma forma determinar a maneira mais barata de visitar todas as cidades e voltar ao seu ponto de partida. O problema do caixeiro-viajante foi resolvido nos Estados Unidos para 49 cidades, em 1954. Em 2004, na Suécia, para 24.978 cidades. Em outras palavras, a indústria de eletrônicos, empresas de roteamento de caminhões para coleta de encomendas e até fabricantes japoneses de máquinas "patchinco" do tipo pinball (que precisam fixar milhares de pregos) têm de contar com a matemática para algo simples como furar, programar ou criar o desenho físico dos computadores.

A matemática se infiltrou até mesmo em áreas tradicionalmente não associadas às ciências exatas. Por exemplo, existe uma revista chamada *Journal of Mathematical Sociology* (que, em 2006, estava no seu trigésimo volume) orientada para um entendimento matemático de complexas estruturas sociais, organizações e grupos informais. Os artigos desse periódico abordam temas que vão desde um modelo matemático para previsão de opinião pública até um que prevê interação em grupos sociais.

Indo em outra direção — da matemática para as ciências humanas — o campo da linguística computacional, que originalmente envolvia somente cientistas da computação, agora se transformou em um esforço de pesquisa interdisciplinar que reúne linguistas, psicólogos cognitivos, lógicos e especialistas em inteligência artificial, para estudar as complexidades das linguagens que evoluíram naturalmente.

Seria esta uma peça travessa que alguém nos pregou, tal que todos os esforços humanos para apreender e compreender acabam levando à revelação de campos cada vez mais sutis da matemática pelos quais o universo e nós, suas complexas criaturas, fomos todos criados? Seria a matemática, como gostam de dizer os educadores, o livro didático "edição do professor" — aquele que o professor usa para ensinar — enquanto oferece aos alunos uma versão bem menor, para que ele pareça ainda mais inteligente? Ou, para usar a metáfora bíblica, seria a matemática, em certo sentido, o fruto supremo da árvore do conhecimento?

Como mencionei rapidamente no início deste capítulo, a inexplicável efetividade da matemática cria muitos enigmas intrigantes: teria a matemática uma existência inteiramente independente da mente humana? Em outras palavras, estaríamos meramente *descobrindo* as verdades matemáticas, assim como os astrônomos descobrem galáxias antes desconhecidas? Ou seria a matemática nada mais que uma *invenção* humana? Se a matemática de fato existe em algum reino encantado abstrato, qual a relação entre esse mundo místico e a realidade física? De que forma o cérebro humano, com suas conhecidas limitações, obtém acesso a um mundo tão imutável, fora do espaço e do tempo? Por outro lado, se matemática for meramente uma invenção humana e não tiver existência fora de nossas mentes, como explicar o fato de a invenção de tantas verdades matemáticas ter milagrosamente prenunciado perguntas sobre o cosmos e a vida humana só formuladas muitos séculos depois? Não são perguntas fáceis. Como mostrarei muitas vezes neste livro, mesmo os matemáticos, cientistas cognitivos e filósofos dos tempos modernos não chegam a um acordo sobre as respostas. Em 1989, o matemático francês Alain Connes, ganhador de dois dos prêmios de maior prestígio em matemática, a Medalha Fields (1982) e o Prêmio Crafoord (2001), expressou suas opiniões com grande clareza:

Tomemos os números primos [aqueles divisíveis apenas por um e por eles mesmos], por exemplo, que, tanto quanto sei, constituem uma realidade mais estável que a realidade material que nos cerca. O matemático em ação pode ser comparado a um explorador que se põe a trabalhar com a intenção de descobrir o mundo. Descobrimos fatos básicos por experiência. Ao fazermos cálculos simples, por exemplo, percebemos que a série de números primos parece continuar sem fim. O trabalho do matemático, então, é demonstrar que existe uma infinidade de números primos. Este, obviamente, é um resultado antigo, que devemos a Euclides. Uma das consequências mais interessantes dessa demonstração é que, se alguém algum dia alegar ter encontrado o maior entre todos os números primos, será fácil mostrar que ele está errado. O mesmo é verdadeiro para qualquer demonstração. Ficamos, portanto, frente a frente com uma realidade, cada pedacinho dela tão incontestável quanto a realidade física.

Martin Gardner, o famoso escritor de vários textos de matemática recreativa, também se coloca ao lado daqueles que defendem a matemática como uma *descoberta*. Para ele, não há nenhuma dúvida de que números e matemática têm sua própria existência, não importando se os seres humanos saibam sobre eles ou não. Certa vez, ele comentou espirituosamente: "Se dois dinossauros se juntassem a outros dois dinossauros numa clareira, haveria quatro lá, mesmo que seres humanos não estivessem lá para observar e se as feras fossem estúpidas demais para saber." Como enfatizou Connes, defensores da perspectiva "matemática como uma descoberta" (que, como veremos, está de acordo com a visão platônica) salientam que, uma vez que qualquer dado conceito matemático tenha sido compreendido, digamos os números naturais 1, 2, 3, 4,..., então estaremos diante de fatos inegáveis, tais como $3^2 + 4^2 = 5^2$, independentemente do que pensemos sobre essas relações. Isso dá no mínimo a impressão de que estamos em contato com uma realidade existente.

Outros discordam. Quando estudava um livro em que Connes apresentava suas ideias, o matemático britânico Sir Michael Atiyah (que ganhou a Medalha Fields em 1966 e o Prêmio Abel em 2004) comentou:

Todo matemático deve simpatizar com Connes. Todos nós sentimos que os inteiros ou círculos realmente existem em algum sentido abstrato e que a visão platônica [que será descrita em detalhe no capítulo 2] é extremamente sedutora. Mas podemos realmente defendê-la? Tivesse o universo sido unidimensional ou mesmo discreto (descontínuo), é difícil ver como a geometria poderia ter evoluído. Poderia parecer que, com os inteiros, estamos em terra mais firme e que contar é realmente uma noção primordial. Mas imaginemos que a inteligência tivesse residido não na espécie humana, mas em alguma enorme água-viva solitária e isolada, enterrada bem no fundo das profundezas do Oceano Pacífico. Ela não teria nenhuma experiência de objetos individuais, somente com a água circundante. Movimento, temperatura e pressão proporcionariam os dados sensoriais básicos. Em um continuum tão puro, o discreto não teria se originado e nada existiria para contar.

Atiyah, portanto, acredita que o homem *criou* [grifo meu] a matemática por idealização e abstração dos elementos do mundo físico". O linguista George Lakoff e o psicólogo Rafael Núñez concordam. Em seu livro *Where Mathematics Comes From* [De onde vem a matemática], eles concluem: "Matemática é uma parte natural do ser humano. Origina-se dos nossos corpos, nossos cérebros e nossas experiências cotidianas no mundo."

O ponto de vista de Atiyah, Lakoff e Núñez levanta outra questão interessante. Se matemática for inteiramente uma invenção humana, será verdadeiramente universal? Em outras palavras, se existirem civilizações inteligentes extraterrestres, inventariam a mesma matemática? Carl Sagan (1934-96) costumava achar que a resposta à última pergunta era afirmativa. Em seu livro *Cosmos*, quando discutia que tipo de sinal uma civilização inteligente transmitiria ao espaço, ele disse: "É extremamente improvável que qualquer processo físico natural conseguisse transmitir mensagens de rádio contendo apenas números primos. Se recebêssemos tal mensagem, deduziríamos uma civilização lá fora que, no mínimo, gostasse de números primos." Mas com que grau de certeza? Em seu livro recente *A New Kind of Science* [Um novo tipo de ciência], o físico matemático Stephen Wolfram argumentou que aquilo que chamamos "nossa matemática" pode representar apenas uma possibilidade dentre uma rica variedade de "sabores" da matemática. Por exemplo, em lugar de empregar regras baseadas em equações matemáticas para descrever a natureza, poderíamos utilizar diferentes tipos de regras, incorporadas em simples programas de computador. Além do mais, alguns cosmólogos discutiram recentemente até a possibilidade de nosso universo não ser nada além de um membro de um *multiverso* — um gigantesco conjunto de universos. Se tal multiverso realmente existe, iríamos realmente esperar que outros universos tivessem a mesma matemática?

Biólogos moleculares e cientistas cognitivos contribuem com outra perspectiva, baseada em estudos das faculdades do cérebro. Para alguns desses pesquisadores, matemática não é muito diferente de linguagem. Em outras palavras, no cenário "cognitivo", depois de eternidades nas quais os seres humanos olharam fixamente para duas mãos, dois olhos e dois seios, emergiu uma definição abstrata do número 2, de uma maneira bem parecida como a palavra "pássaro" veio a representar muitos animais de duas asas capazes de voar. Nas palavras do neurocientista francês Jean-Pierre Changeux: "Para mim, o método axiomático [usado, por exemplo, na geometria euclidiana] é a expressão das faculdades cerebrais ligadas ao uso do cérebro humano, pois o que caracteriza a linguagem é precisamente o caráter gerativo." Porém, se matemática for apenas mais uma linguagem, como poderemos explicar o fato de que, embora crianças estudem idiomas com facilidade, muitas delas achem tão difícil estudar matemática? A criança-prodígio escocesa Marjory Fleming (1803-11) descreveu graciosamente o tipo de dificuldades que os estudantes encontram com a matemática. Fleming, que não chegou a viver até seu nono aniversário, deixou diários que abrangem mais de 9 mil palavras de prosa e 500 linhas de verso. A certa altura, ela se queixa: "Vou agora lhe contar o horrível e deplorável tormento que minha tábua de multiplicação me dá; não dá para concebê-lo. O mais diabólico é 8 vezes 8 e 7 vezes 7; é algo que a própria natureza não consegue suportar."

Alguns dos elementos das complexas perguntas que apresentei podem ser reescritos de uma forma diferente: existe alguma diferença básica entre matemática e outras expressões da mente humana, como artes visuais ou música? Se não houver, por que a matemática exibe uma coerência e autoconsistência imponentes que não parecem existir em qualquer outra criação humana? A geometria de Euclides, por exemplo, continua tão correta hoje (onde se aplica) quanto o era em 300 a.C.; representa "verdades" que nos são impostas. Em contraste, hoje não somos compelidos a ouvir a mesma música que os gregos antigos ouviam nem a apoiar o ingênuo modelo do cosmo de Aristóteles.

Bem poucos temas científicos de hoje ainda fazem uso de ideias que podem ter 3 mil anos de idade. Por outro lado, a pesquisa mais recente em matemática pode se referir a teoremas que foram publicados no ano passado ou na semana passada, mas também pode empregar a fórmula da área superficial de uma esfera demonstrada por Arquimedes por volta de 250 a.C.! O modelo atômico de nós, do século XIX, mal sobreviveu duas décadas porque novas descobertas demonstraram que elementos da teoria estavam errados. É assim que a ciência progride. Newton creditou (ou não! veja o capítulo 4) sua grande visão àqueles gigantes sobre cujos ombros ele se apoiava. Poderia também ter pedido desculpas àqueles gigantes cujo trabalho ele tornou obsoleto.

Não é esse o padrão na matemática. Mesmo que o formalismo necessário para demonstrar certos resultados possa ter mudado, os resultados matemáticos por si só não se alteram. De fato, como disse certa vez o matemático e escritor Ian Stewart: "Existe uma palavra em matemática para resultados anteriores que, mais tarde, são alterados — são simplesmente chamados *erros*." E tais erros são julgados erros não por causa de novos achados, como nas outras ciências, mas por causa de uma referência mais cuidadosa e rigorosa às mesmas e velhas verdades matemáticas. Isso, de fato, faria da matemática a linguagem natural de Deus?

Se imaginarmos que entender se a matemática foi inventada ou descoberta não é tão importante assim, consideremos quão grave se torna a diferença entre "inventado" e "descoberto" na pergunta: foi Deus inventado ou descoberto? Ou ainda mais provocativa: teria Deus criado os seres humanos à sua própria imagem ou teriam os seres humanos inventado Deus à sua própria imagem?

Tentarei neste livro lidar com muitas dessas perguntas intrigantes (e muitas outras) e suas fascinantes respostas. No processo, examinarei os insights obtidos pelos trabalhos de alguns dos maiores matemáticos, físicos, filósofos, cientistas cognitivos e linguistas dos séculos passados e presente. Também buscarei as opiniões, advertências e reservas de vários pensadores modernos. Começamos essa fascinante jornada com a perspectiva inovadora de alguns dos mais antigos filósofos.

CAPÍTULO 2

MÍSTICA:
O NUMEROLOGISTA
E O FILÓSOFO

Os seres humanos sempre foram impelidos por um desejo de entender o cosmo. Seus esforços para chegar ao fundo de "O que tudo isto significa?" excederam em muito os necessários para a mera sobrevivência, melhoria na situação econômica ou qualidade de vida. Isso não significa que todo mundo tenha sempre se dedicado ativamente à busca de alguma ordem natural ou metafísica. Aqueles que lutam para viver dentro do orçamento raramente podem se dar ao luxo de contemplar o significado da vida. Na galeria dos que foram à caça de padrões que fundamentam a complexidade percebida do universo, alguns se destacaram.

Para muitos, o nome do matemático francês, cientista e filósofo René Descartes (1596-1650) é sinônimo de nascimento da idade moderna na filosofia da ciência. Descartes foi um dos arquitetos mais importantes da mudança de uma descrição do mundo natural em termos de propriedades diretamente percebidas pelos nossos sentidos para explicações expressas por meio de quantidades matematicamente bem definidas. Em lugar dos sentimentos, cheiros, cores e sensações vagamente caracterizados, Descartes quis que explicações científicas sondassem o micronível bem fundamental e utilizassem a linguagem da matemática:

Não reconheço nenhuma matéria nas coisas corpóreas que não aquela a que os geômetras chamam *quantidade* e tomam como objeto de suas demonstrações... E já que todos os fenômenos naturais podem ser assim explicados, não creio que quaisquer outros princípios sejam admissíveis ou desejáveis na física.

Curiosamente, Descartes excluiu da sua grandiosa visão científica os reinos do "pensamento e da mente", que ele considerava independentes do mundo da matéria matematicamente explicável. Embora indubitável que Descartes foi um dos pensadores mais influentes dos últimos quatro séculos (e voltarei a ele no capítulo 4), ele não foi o primeiro a ter exaltado a matemática e a colocado em uma posição central. Quer acreditemos ou não, as ideias generalizadas de um cosmo permeado e governado pela matemática — ideias que, num certo sentido, foram mais adiante que aquelas de Descartes — foram expressas pela primeira vez, embora com um forte sabor místico, mais de dois milênios antes. A pessoa a quem a lenda atribui a percepção de que a alma humana está "na música" quando se dedica à matemática pura foi o enigmático Pitágoras.

Pitágoras

Pitágoras (*c.* 572-497 a.C.) pode ter sido a primeira pessoa que foi ao mesmo tempo um filósofo natural influente e um filósofo espiritual carismático — um cientista e um pensador religioso. De fato, é creditada a ele a introdução das palavras "filosofia", que significa amor do conhecimento, e "matemática" — as disciplinas eruditas. Embora não tenham sobrevivido quaisquer dos escritos de Pitágoras (se é que algum dia existiram, já que parte considerável era comunicada oralmente), temos três biografias detalhadas, embora apenas parcialmente confiáveis, de Pitágoras, do século III. Uma quarta foi preservada nos escritos ao patriarca e filósofo bizantino Fócio (*c.* 820-91 d.C.). O principal problema da tentativa de avaliar as contribuições pessoais de Pitágoras está no fato de seus seguidores e discípulos — os pitagóricos — invariavelmente atribuírem todas as suas ideias a ele. Consequentemente, mesmo Aristóteles (384-322 a.c.) acha difícil identificar quais partes da filosofia pitagórica podem ser atribuídas com segurança ao próprio Pitágoras e geralmente se refere aos "pitagóricos" ou aos "assim chamados pitagóricos". Contudo, dada a fama de Pitágoras na tradição posterior, é geralmente aceito que ele tenha sido o criador de pelo menos algumas das teorias pitagóricas às quais Platão e mesmo Copérnico se sentiam gratos.

Há poucas dúvidas de que Pitágoras nasceu no início do século VI a.c. na ilha de Samos, na costa do que hoje é a Turquia. É possível que tenha viajado muito no início da vida, particularmente ao Egito e talvez à Babilônia, onde teria recebido pelo menos parte de sua educação em matemática. Emigrou finalmente para uma pequena colônia grega em Crotona, perto da extremidade sul da Itália, onde um entusiástico grupo de estudantes e seguidores logo se reuniu ao seu redor.

O historiador grego Heródoto (*c.* 485-425 a.C.) referia-se a Pitágoras como "o mais hábil filósofo entre os gregos" e o filósofo e poeta pré-socrático Empédocles (*c.* 492-432 a.C.) acrescentou admirado: "Mas havia entre eles um homem de prodigioso conhecimento, que adquiriu a mais rica e profunda compreensão e que foi o maior mestre das artes qualificadas de qualquer espécie, pois, sempre que desejasse de todo o coração, era capaz de, com desenvoltura, discernir toda e qualquer verdade nas vidas de seus dez — melhor, vinte — homens." Ainda assim, nem todos estavam igualmente impressionados. Nos comentários que, ao que parece, originam-se de alguma rivalidade pessoal, o filósofo Heráclito de Éfeso (*c.* 535-475 a.C.) reconhece o amplo conhecimento de Pitágoras, mas também não perde tempo em acrescentar depreciativamente: "Muito aprendizado não ensina sabedoria, pois, do contrário, a teriam aprendido Hesíodo [um poeta grego que viveu por volta de 700 a.C.] e Pitágoras."

Pitágoras e os primeiros pitagóricos não eram matemáticos nem cientistas no sentido estrito desses termos. Mais exatamente, uma filosofia metafísica do significado dos números situa-se no coração de suas doutrinas. Para os pitagóricos, números eram tanto entidades vivas quanto princípios universais, permeando tudo desde os céus até a ética humana. Em outras palavras, números tinham dois aspectos distintos, complementares. De um lado, tinham uma existência física tangível; do outro, eram prescrições abstratas em que tudo era fundamentado. Por exemplo, a *mônada* (o número 1) era interpretada tanto como a geradora de todos os outros números, uma entidade tão real quanto a água, o ar e o fogo que participavam na estrutura do mundo físico, como também como uma ideia — a unidade metafísica na origem de toda a criação. O historiador de filosofia inglês Thomas Stanley (1625-78) descreveu lindamente (se bem que em inglês do século XVII) os dois significados que os pitagóricos associavam aos números:

> Número é de dois tipos, o Intelectual (ou imaterial) e o Científico. O Intelectual é aquela substância eterna do Número, que Pitágoras em seu Discurso acerca dos Deuses afirmou ser o *princípio mais providencial de todo o Céu e toda a Terra* e *a natureza que existe entre eles*... É a isto que se denomina o *princípio, fonte e raiz de todas as coisas*... Número Científico é aquilo que Pitágoras define como *a extensão e produção em ato das razões seminais que estão na Mônada, ou em um grupo de Mônadas*.

Logo, números não eram simplesmente ferramentas para denotar quantidades ou quantias. Melhor dizendo, números tiveram de ser descobertos e foram os agentes formativos que estão ativos na natureza. Tudo no universo, desde objetos materiais como a Terra até conceitos abstratos como justiça, foi número do início ao fim.

O fato de alguém achar números fascinantes talvez não seja por si só surpreendente. Afinal, mesmo números comuns encontrados na vida diária têm propriedades interessantes. Tomemos o número de dias em um ano — 365. É fácil confirmar que 365 é igual à soma de três quadrados consecutivos: $365 = 10^2 + 11^2 + 12^2$. Mas não é tudo; é também igual à soma dos dois quadrados seguintes ($365 = 13^2 + 14^2$)! Ou, então, examinemos o número de dias no mês lunar — 28. Ele é a soma de todos os seus divisores (os números que o dividem sem deixar resto): 28 = 1 + 2 + 4 + 7 + 14. Números com essa propriedade especial são chamados *números perfeitos* (os primeiros quatro números perfeitos são 6, 28, 496, 8.218). Note também que 28 é a soma dos cubos dos dois primeiros números ímpares: $28 = 1^3 + 3^3$. Mesmo um número tão amplamente usado no nosso sistema decimal quanto o 100 tem suas próprias peculiaridades: $100 = 1^3 + 2^3 + 3^3 + 4^3$.

Certo, os números podem então ser intrigantes. Mesmo assim, poderíamos nos perguntar qual teria sido a origem da doutrina pitagórica dos números. De onde se originou a ideia de que não apenas todas as coisas possuem um número, mas que todas as coisas *são* números? Já que ou Pitágoras nada escreveu ou seus escritos foram destruídos, não é fácil responder a essa pergunta. A impressão que ficou do raciocínio de Pitágoras se baseia em um pequeno número de fragmentos pré-platônicos e em discussões bem mais posteriores, menos confiáveis, principalmente de filósofos platônicos e aristotélicos. O quadro que emerge da junção dos diferentes indícios sugere que a explicação da obsessão pelos números pode ser encontrada na preocupação dos pitagóricos com duas atividades aparentemente sem relação: experimentos em música e observações dos céus.

Para entender como aquelas misteriosas conexões entre números, os céus e a música se materializaram, temos de começar com uma observação interessante: os pitagóricos tinham uma maneira de *representar* números por meio de seixos ou pontos. Por exemplo, eles arranjavam os números naturais 1, 2, 3, 4... como coleções de seixos para formar triângulos (como na figura 1). Em particular, o triângulo construído a partir dos primeiros quatro inteiros (arranjados em um triângulo de dez seixos) era chamado a *Tetraktys* (que significa quaternário ou "quatritude") e os pitagóricos o tomaram como símbolo da perfeição e dos elementos que a abrangem. Tal fato foi documentado em uma narrativa sobre Pitágoras feita pelo autor satírico grego Luciano (*c.* 120-80 d.C.). Pitágoras pede a alguém que conte. Quando o homem conta "1, 2, 3, 4", Pitágoras o interrompe, "Você entende? O que você toma por 4 é 10, um triângulo perfeito e nosso juramento". O filósofo neoplatônico Jâmblico (c. 250-325 d.C.) nos conta que o juramento dos pitagóricos era de fato:

Figura 1

> *Juro por aquele que descobriu a Tetraktys,*
> *Nascente de toda a nossa sabedoria,*
> *Raiz perene da fonte da Natureza.*

Por que a Tetraktys era tão reverenciada? Porque, aos olhos dos pitagóricos do século VI a.C., pareceu delinear toda a natureza do universo. Em geometria — o trampolim à memorável revolução em pensamento dos gregos — o número 1 representava um ponto •, 2 representava uma linha •—•, 3 representava uma superfície △ e 4 representava um sólido tetraédrico tridimensional △. A Tetraktys, portanto, parecia abarcar todas as dimensões percebidas do espaço.

Mas isso foi somente o começo. A Tetraktys fez uma aparição inesperada mesmo na abordagem científica da música. Pitágoras e os pitagóricos geralmente recebem o crédito da descoberta que dividir uma corda por inteiros consecutivos simples produz intervalos harmoniosos e consoantes — um fato que se faz notar em qualquer apresentação de um quarteto de cordas. Quando duas cordas similares são puxadas simultaneamente, o som resultante é agradável quando os comprimentos das cordas estão em proporções simples. Por exemplo, cordas de igual comprimento (razão 1:1) produzem um uníssono; uma razão de 1:2 produz a oitava; 2:3 fornece a quinta perfeita; e 3:4, a quarta perfeita. Além dos atributos espaciais globais, portanto, a Tetraktys também poderia ser vista como a representação das razões matemáticas que estão na base da harmonia da escala musical. Essa união aparentemente mágica de espaço e música gerou um poderoso símbolo para os pitagóricos e lhes deu uma sensação de *harmonia* ("encaixe, união") do *cosmo* ("a bela ordem das coisas").

E onde os céus se encaixam nisso tudo? Pitágoras e os pitagóricos tiveram um papel na história da astronomia que, embora não crucial, tampouco foi insignificante. Eles estiveram entre os primeiros a sustentar que a Terra era esférica em forma (provavelmente pela impressão de superioridade matemático-estética causada pela esfera). Também foram provavelmente os primeiros a afirmar que os planetas, o Sol e a Lua têm um movimento próprio independente de oeste a leste, numa direção oposta à rotação diurna (aparente) da esfera das estrelas fixas. Esses entusiásticos observadores do céu da meia-noite não poderiam ter deixado de perceber as propriedades mais óbvias das constelações estelares — forma e número. Cada constelação é reconhecida pelo número de estrelas que a compõe e pela figura geométrica que essas estrelas formam. Porém, essas duas características foram precisamente os ingredientes essenciais da doutrina pitagórica dos números, conforme exemplificada pela Tetraktys. Os pitagóricos foram tão arrebatados pela dependência de figuras geométricas, constelações estelares e harmonias musicais nos números que estes tornaram-se tanto os componentes básicos a partir dos quais o universo era construído quanto os princípios por trás de sua existência. Não admira, então, que a máxima de Pitágoras tenha sido enfaticamente afirmada como "Todas as coisas conciliam-se em número".

Podemos encontrar em dois comentários de Aristóteles um testemunho de até que ponto os pitagóricos levavam essa máxima a sério. A certa altura do tratado coligido *Metafísica*, ele diz: "Os assim chamados pitagóricos aplicavam-se à matemática e foram os primeiros a desenvolver essa ciência; por meio desse estudo, vieram a acreditar que seus princípios são os princípios de tudo." Em outra passagem, Aristóteles descreve vivamente a veneração de números e o papel especial da Tetraktys: "Eurito [um pupilo do pitagórico Filolau] consolidou qual é o número de qual objeto (por exemplo, este é o número de um homem; aquele, de um cavalo) e representou as formas de coisas vivas por seixos *segundo a ma-*

neira daqueles que trazem os números na forma de um triângulo ou quadrado." A última frase ("a forma de um triângulo ou um quadrado") faz alusão à Tetraktys e também a uma outra construção pitagórica fascinante — o gnômon.

A palavra "gnômon" (um "marcador") origina-se do nome de um dispositivo astronômico babilônico de medição de tempo, semelhante a um relógio de sol. O aparelho foi aparentemente introduzido na Grécia pelo professor de Pitágoras — o filósofo natural Anaximandro (*c.* 611-547 a.C.). Não pode haver nenhuma dúvida de que o pupilo tenha sido influenciado pelas ideias do tutor em geometria e sua aplicação em *cosmologia* — o estudo do universo como um todo. Mais tarde, o termo "gnômon" foi utilizado para nomear um instrumento para traçar ângulos retos, semelhante ao esquadro de carpinteiro, ou a figura com ângulo reto que, quando adicionada a um quadrado, forma um quadrado maior (como na figura 2). Notemos que a adição, digamos, a um qua-

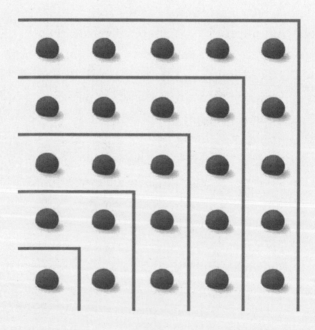

Figura 2

drado 3 × 3, de sete seixos em um formato que forma um ângulo reto (um gnômon) fornece um quadrado composto de 16 (4 × 4) seixos. Essa é uma representação figurativa da seguinte propriedade: na sequência de inteiros ímpares 1, 3, 5, 7, 9,..., a soma de qualquer número de membros sucessivos (começando de 1) sempre forma um número quadrado. Por exemplo, $1 = 1^2$; $1 + 3 = 4 = 2^2$; $1 + 3 + 5 = 9 = 3^2$; $1 + 3 + 5 + 7 = 16 = 4^2$; $1 + 3 + 5 + 7 + 9 = 25 = 5^2$ e assim por diante. Os pitagóricos enxergavam nessa relação íntima entre o gnômon e o quadrado que ele "abrange" um símbolo do conhecimento em geral, onde o conhecer é "abraçar" o conhecido. Números não estavam, portanto, limitados a uma descrição do mundo físico, mas deveriam também ser mais que a raiz dos processos mentais e emocionais.

Os números quadrados associados aos gnômons também podem ter sido os precursores do famoso *teorema de Pitágoras*. Esta célebre sentença matemática afirma que, em qualquer triângulo retângulo (figura 3), um quadrado desenhado sobre a hipotenusa é igual em área à soma dos quadrados desenhados sobre os lados. A descoberta do teorema foi "documentada" com humor em um famoso quadrinho do *Frank e Ernest* (figura 4). Como mostra o gnômon da figura 2, a adição de um número gnomônico quadrado, $9 = 3^2$, a um quadrado 4 × 4 produz um novo quadrado 5 × 5: $3^2 + 4^2 = 5^2$. Logo, os números 3, 4, 5 podem representar os comprimentos dos lados de um triângulo retângulo. Números inteiros que têm essa propriedade (por exemplo, 5, 12, 13; já que $5^2 + 12^2 = 13^2$) são denominados "triplos pitagóricos".

Poucos teoremas matemáticos desfrutam do mesmo "reconhecimento pelo nome" que o de Pitágoras. Em 1971, quando a República de Nicarágua selecionou as "dez equações matemáticas que mudaram a face da Terra" como tema para um conjunto de selos, o Teorema de Pitágoras apareceu no segundo selo (figura 5; o primeiro selo trazia "1 + 1 = 2").

Teria sido Pitágoras verdadeiramente a primeira pessoa a ter formulado o tão conhecido teorema a ele atribuído? Alguns dos primeiros historiadores gregos certamente achavam que sim. Em um comentário sobre

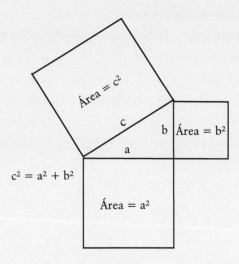

Figura 3

Figura 4

Os elementos — o volumoso tratado sobre geometria e teoria dos números escrito por Euclides (*c*. 325-265 a.C.) —, o filósofo grego Próculo (*c*. 411-85 a.C.) escreveu: "Se dermos ouvidos àqueles que desejam narrar a história antiga, poderemos encontrar alguns que atribuem este teorema a Pitágoras e dizem que ele teria sacrificado um boi em honra da descoberta." Entretanto, triplos pitagóricos podem já ser encontrados na tábua cuneiforme babilônica conhecida como Plimton 322, que data aproximadamente da época da dinastia de Hamurábi (*c*. 1900-1600 a.C.). Além do mais, construções geométricas baseadas no teorema de Pitágoras foram encontradas na Índia, aplicadas à edificação de altares. Estas construções eram indubitavelmente conhecidas pelo autor do Satapatha Brâmana (o comentário sobre textos de escrituras hinduístas), que foi provavelmente escrito pelo menos algumas centenas de anos antes de Pitágoras. Independente de Pitágoras ter sido ou não o criador do teorema, não há nenhuma dúvida de que o achado de que as conexões recorrentes entrelaçam números, formas e o universo, unindo-os, deixou os pitagóricos um passo mais perto de uma detalhada metafísica da ordem.

Outra ideia que teve um papel central no mundo pitagórico foi a dos *opostos cósmicos*. Já que o padrão dos opostos era o princípio de base

Figura 5

da tradição científica jônica primitiva, foi bem natural que os pitagóricos, obcecados por ordem, o adotassem. De fato, Aristóteles nos conta que mesmo um médico chamado Alcmeon, que viveu em Crotona na mesma época em que Pitágoras teve lá sua famosa escola, apoiava a noção de que todas as coisas são balanceadas aos pares. O par de opostos mais importante consistia no *limite*, representado pelos números ímpares, e no *ilimitado*, representado pelos pares. O limite era a força que introduz ordem e harmonia ao selvagem e desenfreado ilimitado. Acreditava-se que tanto as complexidades do universo em geral quanto as complicações da vida humana, microcosmicamente, consistiam em e eram direcionadas por uma série de opostos que de alguma forma se encaixam. Essa visão do mundo em preto e branco foi resumida numa "tabela de opostos" que foi preservada na *Metafísica* de Aristóteles:

Limite	Ilimitado
Ímpar	Par
Um	Pluralidade
Direita	Esquerda
Masculino	Feminino
Repouso	Movimento
Reto	Curvo
Luz	Trevas
Bem	Mal
Quadrado	Oblongo

A filosofia básica expressa pela tabela de opostos não estava confinada à Grécia antiga. O yin e yang chinês, com yin simbolizando negatividade e trevas e yang o princípio luminoso, representam o mesmo quadro. Sentimentos não tão diferentes foram transferidos à cristandade, por meio dos conceitos de céu e inferno (e mesmo em declarações como a da presidência americana do tipo "Ou vocês estão do nosso lado ou estão do lado dos terroristas"). Mais genericamente, sempre foi verdade que o significado da vida foi iluminado pela morte, e o do conhecimento pela comparação com ignorância.

Nem todos os ensinamentos pitagóricos tinham a ver diretamente com números. Entre os membros estreitamente ligados da sociedade pitagórica o estilo de vida se baseava ainda no vegetarianismo, numa forte crença na metempsicose — a imortalidade e transmigração das almas — e na proibição um tanto misteriosa de comer favas. Foram sugeridas várias explicações para a proibição de comer favas. Elas vão desde a semelhança das favas com os órgãos genitais até a comparação entre comer favas e comer uma alma viva. A última interpretação considerava a flatulência que frequentemente segue à ingestão de favas como prova de alento extinto. O livro *Filosofia para dummies* resumiu a doutrina pitagórica assim: "Tudo é feito de números e não coma feijões porque farão mal a você."*

A história mais antiga que sobrevive sobre Pitágoras está relacionada com a crença na reencarnação da alma em outros seres. A narrativa quase poética origina-se do poeta do século VI a.C. Xenófanes de Cólofon: "Dizem que, certa vez, ele [Pitágoras] passou por um cão que estava sendo surrado e, apiedando-se, assim falou 'Pare e não bata nele; pois a alma é a de um amigo; sei-o, pois o ouvi falar".

As inconfundíveis impressões digitais de Pitágoras podem ser encontradas não apenas nos ensinamentos dos filósofos gregos que imediatamente o sucederam, mas em sequência no tempo até os currículos das universidades medievais. As sete disciplinas ensinadas naquelas universidades eram divididas em *trivium*, que incluía dialética, gramática e retórica; e *quadrivium*, que incluía os temas preferidos dos pitagóricos — geometria, aritmética, astronomia e música. A celestial "harmonia das esferas" — a música supostamente executada pelos planetas em suas órbitas, que, de acordo com os discípulos, somente Pitágoras ouvia —

---

*"Everything is made of numbers, and don't eat beans because they'll do a number on you." (*N. do T.*)

inspirou poetas e cientistas indistintamente. O famoso astrônomo Johannes Kepler (1571-1630), que descobriu as leis do movimento planetário, escolheu o título *Harmonice Mundi* (*Harmonia do mundo*) para um de seus trabalhos mais inspiradores. No espírito pitagórico, até desenvolveu algumas "melodias" musicais para os diferentes planetas (como o fez o compositor Gustav Holst três séculos depois).

Da perspectiva das questões em foco no presente livro, uma vez que despimos a filosofia pitagórica de seu vestuário místico, o esqueleto que sobra ainda é uma poderosa declaração sobre matemática, sua natureza e sua relação tanto com o mundo físico quanto com a mente humana. Pitágoras e os pitagóricos foram os ancestrais da busca pela ordem cósmica. Podem ser considerados os fundadores da matemática pura pois, ao contrário de seus predecessores — os babilônios e os egípcios —, dedicaram-se à matemática como um campo abstrato, divorciado de todos os fins práticos. A questão sobre se os pitagóricos também estabeleceram a matemática como ferramenta para a ciência é mais complicada. Embora os pitagóricos tenham indubitavelmente associado todos os fenômenos aos números, os próprios números, não os fenômenos ou suas causas, tornaram-se foco de estudo. Esta não era uma direção particularmente fecunda a seguir para pesquisa científica. Ainda assim, fundamental à doutrina pitagórica foi a crença implícita na existência de leis gerais, naturais. A crença, que se tornou o pilar central da ciência moderna, pode ter suas raízes no conceito de Destino da tragédia grega. Mesmo na Renascença, essa atrevida fé na realidade de um corpo de leis capaz de explicar todos os fenômenos ainda estava progredindo, muito antes de quaisquer evidências concretas, e somente Galileu, Descartes e Newton a transformaram em uma proposição defensável em termos indutivos.

Outra grande contribuição atribuída aos pitagóricos foi a soberba descoberta de que sua própria "religião numérica" era, de fato, lastimavelmente inviável. Os números inteiros 1, 2, 3,... não bastam sequer para a construção da matemática, quanto mais para a descrição do universo. Examinemos o quadrado na figura 6, no qual o comprimento do lado é

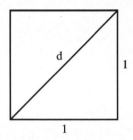

Figura 6

uma unidade e onde denotamos o comprimento da diagonal por d. É fácil descobrir o comprimento da diagonal, usando o Teorema de Pitágoras em qualquer um dos dois triângulos retângulos em que o quadrado está dividido. De acordo com o teorema, o quadrado da diagonal (a hipotenusa) é igual à soma dos quadrados dos dois lados menores: $d^2 = 1^2 + 1^2$ ou $d^2 = 2$. Uma vez conhecido o quadrado de um número positivo, encontraremos o próprio número tirando a raiz quadrada (por exemplo, se $x^2 = 9$, logo, o x positivo $= \sqrt{9} = 3$). Portanto, $d^2 = 2$ implica $d = \sqrt{2}$ unidades. Logo, a razão entre o comprimento da diagonal e o comprimento do lado do quadrado é o número $\sqrt{2}$. Aqui, porém, é que chega o verdadeiro choque — a descoberta que demoliu a filosofia de números discretos pitagóricos meticulosamente construída. Um dos pitagóricos (possivelmente Hipasso de Metaponto, que viveu na primeira metade do século V a.C.) conseguiu demonstrar que a raiz quadrada de dois não pode ser expressa como uma razão de dois números inteiros quaisquer. Em outras palavras, mesmo que tenhamos uma infinidade de números inteiros de onde escolher, a busca de dois deles que forneçam uma razão de $\sqrt{2}$ está condenada desde o início. Números que podem ser expressos como uma razão de dois números inteiros (por exemplo, 3/17; 2/5; 1/10; 6/1) são chamados *números racionais*. Os pitagóricos demonstraram que $\sqrt{2}$ não é um número racional. De fato, logo depois da descoberta original, percebeu-se que também não o são $\sqrt{3}$, $\sqrt{17}$ ou a raiz quadrada de qualquer número que não seja um quadrado perfeito (como 16 ou 25). As consequências foram dramáticas — os pitagóricos demonstraram que, ao infinito de números racionais, somos forçados a acrescentar uma infinidade de novos tipos de números — aqueles que hoje chamamos *números irracionais*. Nunca será exagerado enfatizar a importância dessa descoberta para o subsequente desenvolvimento da análise matemática. Entre outras coisas, levou ao reconhecimento da existência de infinitos "contáveis" e "incontáveis" no século XIX. Os pitagóricos, entretanto, sentiram-se tão abalados com essa crise filosófica que o filósofo Jâmblico conta que o homem que descobriu os números irracionais e revelou sua natureza "àqueles desmerecedores de compartilhar a teoria" foi "tão odiado que não apenas foi banido da associação e do modo de vida em comum [dos pitagóricos], mas até sua sepultura foi construída como se o ex-camarada tivesse se afastado da vida em meio à espécie humana".

Talvez mais importante ainda que a descoberta dos números irracionais tenha sido a pioneira insistência pitagórica na demonstração matemática — um procedimento inteiramente embasado no raciocínio lógico por meio do qual, partindo de alguns postulados, a validade de qualquer proposição matemática poderia ser inequivocamente estabelecida. Antes dos gregos, nem mesmo os matemáticos esperavam que alguém se interessasse pelo menor dos desafios mentais que os tinham levado a uma dada descoberta. Se uma receita matemática funcionasse na prática — digamos para repartir lotes de terra —, isso bastava como demonstração. Os gregos, por outro lado, queriam explicar por que funcionava. Embora a noção de demonstração possa ter sido introduzida pela primeira vez pelo filósofo Tales de Mileto (*c.* 625-547 a.C.), os pitagóricos foram os que transformaram essa prática em uma ferramenta impecável para averiguar verdades matemáticas. O significado deste avanço incrível em lógica foi enorme. Demonstrações originárias de postulados colocaram imediatamente a matemática sobre um fundamento muito mais firme que o de qualquer outra disciplina discutida pelos filósofos da época. Uma vez que tivesse sido apresentada uma demonstração rigorosa, baseada em passos de raciocínio que não deixassem para trás nenhuma lacuna, a validade da sentença matemática associada era essencialmente inexpugnável. Até Arthur Conan Doyle, o criador do detetive mais famoso do mundo, reconheceu o status especial da demonstração matemática. Em *Um estudo em vermelho*, Sherlock Holmes declara que suas conclusões são "tão infalíveis quanto muitas proposições de Euclides".

Sobre a pergunta se a matemática foi descoberta ou inventada, Pitágoras e os pitagóricos não tinham nenhuma dúvida — a matemática era real, imutável, onipresente e mais sublime que qualquer coisa que pudesse concebivelmente emergir da frágil mente humana. Os pitagóricos literalmente encravaram o universo na matemática. De fato, para os pitagóricos, Deus não era um matemático — *a matemática era Deus*!

A importância da filosofia pitagórica não está apenas no seu valor real, intrínseco. Ao preparar o palco e, até certo ponto, a agenda da geração seguinte de filósofos — Platão, em particular —, os pitagóricos firmaram uma posição dominante no pensamento ocidental.

Na caverna de Platão

O famoso matemático e filósofo britânico Alfred North Whitehead (1861-1947) comentou certa vez que "a generalização mais segura que se pode fazer sobre a história da filosofia ocidental é que ela é uma série de notas de rodapé a Platão".

De fato, Platão (*c.* 428-347 a.C.) foi o primeiro a juntar tópicos que vão da matemática, ciência e linguagem até religião, ética e arte, e a ter tratado tais tópicos de uma maneira unificada que essencialmente definiu a filosofia como uma disciplina. Para Platão, filosofia não era tema abstrato qualquer, divorciado das atividades do dia a dia, mas um guia fundamental de como os seres humanos deveriam viver suas vidas, reconhecer verdades e conduzir sua política. Especificamente, ele afirmava que a filosofia pode nos dar acesso a um reino de verdades situado bem mais longe do que somos capazes de perceber diretamente com nossos sentidos ou mesmo deduzir por simples senso comum. Quem foi este incansável explorador do conhecimento puro, do bem absoluto e das verdades eternas?

Platão, filho de Aristão e Perictione, nasceu em Atenas ou Égina. A figura 7 mostra um busto romano de Platão que muito provavelmente foi copiado de um original grego mais antigo, do século IV a.C. A família teve em suas origens uma longa linha de distinção de ambos os lados, incluindo figuras como Sólon, o célebre legislador, e Códrus, o último rei de Atenas. Cármides (tio de Platão) e Crítias (primo de sua mãe) eram velhos amigos do famoso filósofo Sócrates (c. 470-399 a.C.) — uma relação que, em muitos aspectos, definiu a influência formativa à qual foi exposta a mente do jovem Platão. Originalmente, Platão pretendia entrar na política, mas uma série de ações violentas por parte da facção política que o cortejava à época convenceram-no do contrário. Mais tarde na vida, essa repulsão inicial pela política pode ter estimulado Platão a delinear o que ele considerava essencial para a educação dos futuros guardiães do Estado. Em um dos casos, até tentou (sem sucesso) ser tutor do governante de Siracusa, Dionísio II.

Depois da execução de Sócrates, em 399 a.C., Platão aventurou-se em viagens que só terminaram quando ele fundou sua renomada escola

Figura 7

de filosofia e ciência — a Academia — por volta de 387 a.C. Platão foi o diretor (ou *escolarca*) da Academia até a morte e seu sobrinho Espeusipo o sucedeu nesse cargo. Diferentemente das instituições acadêmicas de hoje, a Academia era uma reunião bem informal de intelectuais que, sob a orientação de Platão, se dedicavam a uma ampla variedade de interesses. Não havia taxas escolares, nem currículos prescritos nem sequer membros de um corpo docente. Ainda assim, havia aparentemente um "requisito de ingresso" bem fora do comum. De acordo com uma oração do imperador Juliano, o Apóstata, do século IV (d.C.), uma inscrição opressiva pairava sobre a porta da Academia de Platão. O texto da inscrição, embora não apareça na oração, pode ser encontrado em outra nota marginal do século IV. Dizia a inscrição: "Que não entre ninguém desprovido de geometria." Já que não menos de oito séculos separam a criação da Academia e a primeira descrição da inscrição, não podemos ter certeza absoluta de que tal inscrição tenha de fato existido. É indubitável, entretanto, que o sentimento expresso por essa exigência refletisse a opinião pessoal de Platão. Em um dos famosos diálogos, *Górgias*, Platão escreve: "Igualdade geométrica é de enorme importância entre deuses e homens".

Os "estudantes" da Academia geralmente se autossustentavam e alguns deles — o grande Aristóteles, por exemplo — lá permaneceram por até vinte anos. Platão considerava esse contato de longo prazo entre mentes criativas o melhor veículo para a produção de novas ideias, em tópicos variando da abstrata metafísica e matemática até ética e política. A pureza e os atributos quase divinos dos discípulos de Platão foram lindamente capturados numa pintura intitulada *A escola de Platão* do pintor simbolista belga Jean Delville (1867-1953). Para enfatizar as qualidades espirituais dos estudantes, Delville os pintou nus e eles parecem andróginos, porque se supunha que esse era o estado dos seres humanos primordiais.

Fiquei decepcionado ao descobrir que os arqueólogos nunca conseguiram encontrar os restos da Academia de Platão. Numa viagem à Grécia no verão de 2007, procurei pela melhor coisa depois disso. Platão menciona o Stoa de Zeus (um passeio coberto construído no século V a.C.) como um lugar predileto para conversar com amigos. Encontrei as ruínas desse stoa na parte noroeste da antiga ágora em Atenas (que era o centro cívico na época de Platão; figura 8). Devo dizer que, mesmo tendo a temperatura atingido 46°C naquele dia, senti um certo arrepio ao caminhar pela mesma trilha que deve ter sido percorrida centenas, talvez milhares de vezes pelo grande homem.

A lendária inscrição sobre a porta da Academia fala enfaticamente sobre a atitude de Platão com a matemática. De fato, a maior parte da pesquisa matemática significativa do século IV a.C. foi realizada por pessoas associadas de uma maneira ou outra com a Academia. Contudo, o próprio Platão não foi um matemático de grande destreza técnica e suas contribuições diretas ao conhecimento desta ciência foram provavelmente mínimas. Ele foi, pelo contrário, um espectador entusiasmado, uma fonte motivadora de desafios, um crítico inteligente e um guia inspirador. O filósofo e historiador do primeiro século Filodemo pinta um quadro claro: "Naquela época, observou-se um enorme progresso na matemática, com Platão servindo como o arquiteto geral, apontando os problemas, e os matemáticos investigando-os seriamen-

Figura 8

te." Ao que o filósofo e matemático neoplatônico Próculo acrescenta: "Platão... promoveu um grande avanço da matemática em geral e geometria em particular por causa de seu zelo por esses estudos. É fato bem conhecido que seus escritos são densos de termos matemáticos e que em todos os lugares ele tenta inspirar admiração pela matemática entre os estudantes de filosofia." Em outras palavras, Platão, cujo conhecimento matemático era amplamente atualizado, conseguia conversar com os matemáticos como um igual e como apresentador de problemas, mesmo que suas realizações matemáticas pessoais não fossem significativas.

Outra incrível demonstração da apreciação que Platão tinha da matemática está naquele que talvez seja seu livro mais perfeito, *A república*, uma fusão alucinante de estética, ética, metafísica e política. Lá, no livro VII, Platão (por meio da figura central de Sócrates) delineou um ambicioso plano de educação projetado para criar governantes de estados utópicos. Esse currículo rigoroso, talvez idealizado, imaginava um treinamento precoce na infância transmitido por meio de jogos, viagens e ginástica. Depois da seleção daqueles que se revelassem promissores, o programa continuava com não menos de dez anos de matemática, cinco anos de dialética e 15 anos de experiência prática, que incluía assumir postos de comando em tempo de guerra e outros cargos "próprios à juventude". Platão deu explicações claras sobre por que ele achava esse o treino necessário aos aspirantes a políticos:

> Precisamos é que aqueles que governam não sejam amantes do poder. Do contrário, haverá uma disputa entre amantes rivais. Que outros, então, levaremos a se incumbir da tutela da cidade que não aqueles com maior conhecimento dos princípios que são os meios do bom governo, e que possuam distinções de outra espécie e uma vida que seja preferível à vida política?

Revigorante, não é? De fato, embora tal programa exigente provavelmente não fosse prático nem mesmo na época de Platão, George Washington concordava que uma educação em matemática e filosofia não era uma má ideia para aspirantes a político:

> A ciência dos algarismos, até certo ponto, não é apenas uma condição indispensável de toda e qualquer jornada da vida civilizada, como também a investigação das verdades matemáticas habitua a mente ao método e correção no raciocínio e é um emprego peculiarmente valioso do ser racional. Em um nebuloso estado de existência, onde tantas coisas parecem precárias à desnorteante pesquisa, é aqui que as faculdades racionais encontram fundamento onde se apoiar. Do alto do campo da demonstração matemática e filosófica, somos insensivelmente levados a especulações muito mais nobres e meditações muito mais sublimes.

Para a questão da natureza da matemática, mais importante ainda que Platão, o matemático ou o incentivador da matemática, foi Platão, o filósofo da matemática. Lá, as ideias desbravadoras o colocaram não apenas acima de todos os matemáticos e filósofos de sua geração, mas o identificaram como uma figura influente para os milênios seguintes.

A visão de Platão de o que a matemática verdadeiramente é faz uma forte referência à sua famosa Alegoria da Caverna. Nela, ele enfatiza a duvidosa validade das informações fornecidas por meio dos sentidos humanos. Aquilo que percebemos como mundo real, diz Platão, não é mais real que as sombras projetadas nas paredes de uma caverna. Eis uma passagem notável de *A república:*

> Consideremos que pessoas estivessem em uma moradia subterrânea semelhante a uma caverna, com uma longa entrada, aberta à luz do outro lado do comprimento da caverna. Estão nela desde a infância, com cabeças e pescoços em grilhões que os mantêm fixos, vendo apenas diretamente à sua frente porque, por causa dos grilhões, são incapazes de virar a cabeça livremente. A luz chega de um fogo que queima ao longe e por trás deles. Entre o fogo e os prisioneiros existe uma estrada acima, ao longo da qual vemos um muro, construído como os balcões que os manipuladores de marionetes colocam em frente às pessoas e sobre os

quais mostram as marionetes. (...) Mas também veem ao longo desse muro pessoas transportando toda a espécie de artefatos, que se projetam acima do muro, e estátuas de homens e outros animais moldados de pedra, madeira e toda espécie de material (...) você imagina que esses homens teriam visto alguma coisa, deles próprios e uns dos outros, que não as sombras lançadas pelo fogo sobre a parede da caverna diante deles?

De acordo com Platão, nós, seres humanos em geral, não somos diferentes daqueles prisioneiros da caverna que tomam sombras como realidade. (A figura 9 mostra uma gravura de Jan Saenredam, de 1604, que ilustra a alegoria.) Em particular, enfatiza Platão, verdades matemáticas dizem respeito não a círculos, triângulos e quadrados que podem ser desenhados sobre uma folha de papiro ou marcados com um graveto sobre a areia, mas a objetos abstratos que habitam um mundo ideal, lar das verdadeiras formas e perfeições. Esse mundo platônico de formas matemáticas é diferente do mundo físico e é nesse primeiro mundo que as proposições matemáticas, como o Teorema de Pitágoras, são verdadeiras. O triângulo retângulo que podemos desenhar sobre papel nada mais é que uma cópia imperfeita — uma aproximação — do triângulo verdadeiro, abstrato.

Outra questão fundamental que Platão examinou com algum detalhe se relacionava com a natureza da demonstração matemática como um processo que se baseia em *postulados* e *axiomas*. Axiomas são asserções básicas cuja validade é considerada autoevidente. Por exemplo, o primeiro axioma da geometria euclidiana é "Entre dois pontos quaisquer, pode-se desenhar uma *linha* reta". Em *A república*, Platão combina lindamente o conceito de postulados com sua noção do mundo das formas matemáticas:

> Acho que você sabe que aqueles que se ocupam das geometrias e cálculos e assemelhados, tomam por certo os [números] ímpares e pares, figuras, três espécies de ângulos e outras coisas cognatas a essas em cada tema; pressupondo que essas coisas são conhecidas, eles as tomam como hipótese e, daí em diante, não se sentem obrigados a oferecer qualquer expli-

Figura 9

cação com respeito a elas, seja para si próprios ou a qualquer outro, mas as tratam como evidentes para todo mundo; baseando-se nessas hipóteses, avançam imediatamente para passar pelo restante do argumento até chegarem, com assentimento geral, à conclusão particular para a qual a investigação estava direcionada. Além disso, você sabe que eles fazem uso de figuras visíveis e argumentam sobre elas, mas, em fazendo, não estão pensando sobre essas figuras, mas sobre as coisas que elas representam; portanto, é o quadrado absoluto e o diâmetro absoluto que é o objeto de seu argumento, não o diâmetro que desenham (...) o objeto do inquiridor servindo para ver as contrapartes absolutas que *não seriam vistas se não pelo pensamento* [ênfase acrescentada].

Os pontos de vista de Platão formaram a base do que se tornou conhecido na filosofia em geral e nas discussões da natureza da matemática em particular como *platonismo*. No seu sentido mais amplo, o platonismo adota uma crença em algumas realidades abstratas eternas e imutáveis inteiramente independentes do mundo transitório que nossos sentidos percebem. De acordo com o platonismo, a verdadeira existência dos objetos matemáticos é um fato tão objetivo quanto a existência do próprio universo. Não apenas os números naturais, círculos e quadrados realmente existem, mas também os números imaginários, funções, fractais, geometrias não euclidianas e conjuntos infinitos, assim como uma variedade de teoremas sobre essas entidades. Em resumo, todo conceito matemático ou sentença matemática "objetivamente verdadeiros" (a ser definido adiante) já formulados ou imaginados e uma infinidade de conceitos e sentenças ainda não descobertos são entidades absolutas ou *universais*, que não podem ser criadas nem destruídas. Existem independentemente do nosso conhecimento delas. Desnecessário dizer, esses objetos não são físicos — vivem em um mundo autônomo de essências intemporais. O platonismo enxerga os matemáticos como exploradores de terras estranhas; eles podem apenas descobrir verdades matemáticas, não inventá-las. Da mesma maneira que a América já estava lá muito antes de Colombo (ou Leif Ericson) a ter descoberto, teoremas matemáticos existiam no mundo platônico antes de os babilônios terem sequer iniciado os estudos matemáticos. Para Platão, as únicas coisas que verdadeira e inteiramente existem são aquelas formas abstratas e ideias da matemática, já que somente na matemática, defendia ele, poderíamos ganhar conhecimento absolutamente certo e objetivo. Consequentemente, na mente de Platão, matemática torna-se intimamente associada ao divino. No diálogo *Timeu*, o deus criador usa matemática para moldar o mundo e, em *A república*, assume-se que o conhecimento da matemática seja um passo crucial no caminho para conhecer as formas divinas. Platão não usa matemática para a formulação de algumas leis da natureza que são testáveis por experimentos. Pelo contrário, para ele, o caráter matemático do mundo é simplesmente uma consequência do fato de que "Deus sempre geometriza".

Platão estende as ideias sobre "formas verdadeiras" para outras disciplinas também, em particular para a astronomia. Ele argumentou que, na verdadeira astronomia, "devemos deixar os céus em paz" e não tentar explicar os arranjos e os movimentos aparentes das estrelas visíveis. Pelo contrário, Platão considerava a astronomia verdadeira uma ciência que trata das leis de movimento em algum mundo matemático ideal, para o qual o céu observável é uma mera ilustração (da mesma maneira que figuras geométricas desenhadas sobre papiro apenas ilustram figuras verdadeiras).

As sugestões de Platão para pesquisa astronômica são consideradas controversas mesmo por alguns dos platônicos mais devotos. Defensores de suas ideias argumentam que o que Platão realmente quis dizer não é que a verdadeira astronomia deveria se ocupar de algum céu ideal que não tem nada a ver com o observável, mas que deveria tratar dos movimentos reais dos corpos celestiais em oposição aos movimentos aparentes como vistos da Terra. Outros destacam, entretanto, que uma adoção demasiado literal da máxima de Platão teria impedido seriamente o desenvolvimento da astronomia observacional como ciência. Fosse qual fosse a interpretação da atitude de Platão dirigida à astronomia, o platonismo tornou-se um dos dogmas principais quando se trata dos fundamentos da matemática.

Mas realmente existe o mundo platônico da matemática? Em caso afirmativo, onde exatamente ele está? E o que são essas sentenças "objetivamente verdadeiras" que habitam esse mundo? Ou estariam os matemáticos que aderem ao platonismo simplesmente expressando o mesmo tipo de crença romântica que foi atribuído ao grande artista renascentista Michelangelo? Segundo a lenda, Michelangelo acreditava que suas magníficas esculturas já existiam dentro dos blocos de mármore e que seu papel era meramente o de revelá-las.

Os platônicos dos dias modernos (sim, eles indubitavelmente existem e suas opiniões serão descritas em mais detalhe nos capítulos adiante) insistem em que o mundo platônico de formas matemáticas é real e oferecem o que consideram exemplos concretos de sentenças matemáticas verdadeiramente objetivas que residem em tal mundo.

Tomemos a seguinte proposição fácil de entender: Todo número inteiro par maior que 2 pode ser escrito como a soma de dois primos (números divisíveis apenas por um e por si mesmos). Essa sentença, que parece fácil, é conhecida como a conjectura de Goldbach, já que uma conjectura equivalente apareceu em uma carta escrita pelo matemático amador prussiano Christian Goldbach (1690-1764) em 7 de junho de 1742. É fácil averiguar a validade da conjectura para os primeiros poucos números pares: 4 = 2 + 2; 6 = 3 + 3; 8 = 3 + 5; 10 = 3 + 7 (ou 5 + 5); 12 = 5 + 7; 14 = 3 + 11 (ou 7 + 7); 16 = 5 + 11 (ou 3 + 13); e assim por diante. A sentença é tão simples que o matemático britânico G. H. Hardy declarou que "qualquer tolo poderia ter adivinhado". De fato, o grande matemático e filósofo francês René Descartes tinha antecipado a conjectura de Goldbach. Demonstrar a conjectura, contudo, se revelou um caso bem diferente. Em 1966, o matemático chinês Chen Jingrun deu um passo significativo em direção a uma demonstração. Ele conseguiu mostrar que todo número inteiro par suficientemente grande é a soma de dois números, um dos quais é um primo e o outro tem, no máximo, dois fatores primos. Em fins de 2005, o pesquisador português Tomás Oliveira e Silva tinha demonstrado que a conjectura será verdadeira para números até 3×10^{17} (300 mil trilhões). Contudo, apesar dos enormes esforços de muitos matemáticos talentosos, uma demonstração geral continua elusiva no momento em que este texto é redigido. Mesmo a tentação adicional de um prêmio de um milhão de dólares oferecido entre 20 de março de 2000 e 20 de março de 2002 (para ajudar a divulgar um romance intitulado *Tio Petros e a conjectura de Goldbach*), não produziu o resultado desejado. Aqui, entretanto, entra o ponto crucial do significado de "verdade objetiva" em matemática. Suponhamos que uma demonstração rigorosa será realmente formulada em 2016. Poderíamos, então, dizer que a sentença já era verdadeira quando Descartes pensou nela pela primeira vez? A maioria das pessoas concordaria que a pergunta é boba. É claro que, se for demonstrado que a proposição é verdadeira, então ela *sempre* foi verdadeira, mesmo antes que soubéssemos que é verdadeira. Ou examinemos outro exemplo aparentemente inocente conhecido como *a conjectura de Catalan*. Os números 8 e 9 são inteiros consecutivos e cada um deles é igual a uma potência pura, isto é $8 = 2^3$ e $9 = 3^2$. Em 1844, o matemático belga Eugène Charles Catalan (1814-94) conjecturou que entre todas as potências possíveis de números inteiros, o único par de números consecutivos (exclusive 0 e 1) é 8 e 9. Em outras palavras, podemos gastar a vida inteira escrevendo todas as potências puras que existem. Exceto 8 e 9, não encontraremos outros dois números quaisquer que difiram em apenas 1. Em 1342, o filósofo e matemático judeu francês Levi Ben Gerson (1288-1344) de fato demonstrou uma pequena parte da conjectura — que 8 e 9 são as únicas potências de 2 e 3 que diferem de 1. Um importante avanço foi feito pelo matemático Robert Tijdeman, em 1976. Ainda assim, a demonstração da forma geral da conjectura de Catalan frustrou as melhores mentes matemáticas por mais de 150 anos. Finalmente, em 18 de abril de 2002, o matemático romeno Preda Mihailescu apresentou uma demonstração completa da conjectura. A demonstração foi publicada em 2004 e é agora inteiramente aceita. De novo, você pode perguntar: quando a conjectura de Catalan se tornou verdadeira? Em 1342? Em 1844? Em 1976? Em 2002? Em 2004? Não é óbvio que a sentença sempre foi verdadeira, só que não sabíamos que era? São esses os tipos de verdades que os platônicos chamariam de "verdades objetivas".

Alguns matemáticos, filósofos, cientistas cognitivos e outros "consumidores" da matemática (por exemplo, cientistas computacionais) consideram o mundo platônico uma fantasia da imaginação de mentes demasiado sonhadoras (descreverei essa perspectiva e outros dogmas em detalhe adiante). De fato, em 1940, o famoso historiador da matemática Eric Temple Bell (1883-1960) fez a seguinte predição:

> De acordo com os profetas, o último defensor do ideal platônico na matemática terá se juntado aos dinossauros por volta do ano 2000. Despida da mítica indumentária do eternalismo, a matemática será então reconhecida por aquilo que sempre foi, uma linguagem humanamente construída, idealizada por seres humanos para fins claramente determinados prescritos por eles mesmos. O último templo de uma verdade absoluta terá desaparecido com o nada por ele cultuado.

A profecia de Bell se revelou errada. Embora tenham emergido dogmas que são diametralmente opostos (mas em diferentes direções) ao platonismo, eles não conquistaram inteiramente as mentes (e corações!) de todos os matemáticos e filósofos, que continuam hoje tão divididos como sempre.

Suponhamos, entretanto, que o platonismo tenha ganhado o dia e todos nós tivéssemos nos tornado platônicos do fundo do coração. O platonismo realmente explica a "inexplicável efetividade" da matemática ao descrever nosso mundo? Não realmente. Por que deveria a realidade física se comportar de acordo com leis que residem no abstrato mundo platônico? Esse era, afinal, um dos mistérios de Penrose e Penrose é, ele próprio, um platônico devoto. Logo, por enquanto, temos de aceitar o fato de que, mesmo se fôssemos abraçar o platonismo, o enigma dos poderes da matemática permaneceria irresoluto. Nas palavras de Eugene Wigner: "É difícil evitar a impressão de que, aqui, estamos diante de um milagre, comparável em sua notável natureza ao milagre de a mente humana poder enfileirar mil argumentos um atrás do outro sem se meter em contradições."

Para apreciar toda a magnitude deste milagre, temos de nos aprofundar nas vidas e legados de alguns dos próprios criadores de milagres — as mentes por trás das descobertas de algumas daquelas leis matemáticas incrivelmente precisas da natureza.

CAPÍTULO 3

MÁGICOS:
O MESTRE E O HEREGE

Ao contrário dos Dez Mandamentos, a ciência não foi entregue à espécie humana em imponentes placas de pedra. A história da ciência é a da ascensão e queda de inúmeras especulações, hipóteses e modelos. Muitas ideias aparentemente inteligentes se revelaram arranques em falso ou levaram a becos sem saída. Algumas teorias que foram consideradas blindadas na época, mais tarde se dissolveram quando colocadas no causticante teste de experimentos e observações subsequentes e acabaram se tornando inteiramente obsoletas. Mesmo a extraordinária capacidade mental dos criadores de algumas concepções não as fez imunes à suplantação. O grande Aristóteles, por exemplo, achava que pedras, maçãs e outros objetos pesados caem porque buscam seu lugar natural, que está no centro da Terra. À medida que se aproximavam do solo, argumentou Aristóteles, esses corpos aumentavam a velocidade porque estavam felizes em voltar para casa. Ar e fogo, por outro lado, moviam-se para cima porque o lugar natural do ar era com as esferas celestiais. Era possível atribuir uma natureza a todos os objetos com base na sua relação percebida com os constituintes mais básicos — terra, fogo, ar e água. Nas palavras de Aristóteles:

> Algumas coisas existentes são naturais, enquanto outras se devem a outras causas. Aquelas que são naturais são (...) os corpos simples como terra,

fogo, ar e água (...) todas estas coisas evidentemente diferem daquelas que não são naturalmente constituídas, já que cada uma delas tem implantada dentro de si um princípio de movimento e estabilidade (...) Uma natureza é um tipo de princípio e causa de movimento e estabilidade dentro dessas coisas às quais pertence fundamentalmente (...) As coisas que estão de acordo com a natureza incluem as duas e o que quer que lhes pertença por próprio direito, como se deslocar para cima, pertence ao fogo.

Aristóteles até fez uma tentativa de formular uma lei quantitativa do movimento. Ele afirmava que objetos mais pesados caem mais rápido, com a velocidade sendo diretamente proporcional ao peso (isto é, um objeto duas vezes mais pesado que outro supostamente cairia com o dobro da velocidade). Embora a experiência do dia a dia pudesse ter feito essa lei parecer razoável — de fato, observava-se que um bloco atingia o solo antes de uma pena solta à mesma altura —, Aristóteles nunca examinou sua sentença quantitativa com maior precisão. De alguma forma, nunca sequer lhe ocorreu nem considerou necessário verificar se dois blocos unidos de fato caíam com o dobro da velocidade de um único bloco. Galileu Galilei (1564-1642), que tinha uma orientação matemática e experimental bem mais acentuada e que mostrou pouco respeito pela felicidade dos blocos e maçãs em queda, foi o primeiro a chamar atenção de que Aristóteles havia se enganado inteiramente. Usando um brilhante experimento de pensamento, Galileu foi capaz de demonstrar que a lei de Aristóteles simplesmente não fazia nenhum sentido porque era logicamente inconsistente. Ele argumentou assim: Suponhamos que amarrássemos dois objetos juntos, um mais pesado que o outro. Quão velozmente cairia o objeto combinado em comparação com cada um de seus dois constituintes? De um lado, de acordo com a lei de Aristóteles, poderíamos concluir que cairia a alguma velocidade intermediária, porque o objeto mais leve reduziria a velocidade do mais pesado. Do outro, dado que o objeto combinado é na verdade mais pesado que seus componentes, ele deveria cair ainda mais rápido que o mais pesado dos dois, levando a uma clara contradição. A única razão de uma pena cair na Terra mais suavemente que um bloco é que a pena sofre uma maior resistência ao ar — se largados à mesma altura em um vácuo, eles atingiriam o solo simultaneamente. Tal fato foi demonstrado em vários experimentos, nenhum mais dramático que aquele realizado por David Randolph Scott, astronauta da Apollo 15. Scott — a sétima pessoa a caminhar na Lua — soltou simultaneamente um martelo de uma mão e uma pena da outra. Já que falta à Lua uma atmosfera substancial, o martelo e a pena atingiram a superfície lunar ao mesmo tempo.

O fato surpreendente na falsa lei de movimento de Aristóteles não é que estava errada, mas que foi aceita por quase 2 mil anos. Como poderia uma ideia imperfeita desfrutar tão notável longevidade? Foi um caso de uma "tempestade perfeita" — três diferentes forças se combinando para criar uma doutrina inexpugnável. Primeiro, havia o simples fato de que, na ausência de medições precisas, a lei de Aristóteles parecia concordar com o senso comum baseado em experiência — folhas de papiro de fato flutuavam no espaço, enquanto pedaços de chumbo não. Foi necessária a genialidade de Galileu para argumentar que o senso comum poderia ser enganoso. Segundo, havia o peso colossal da reputação e autoridade praticamente inigualáveis de Aristóteles como um erudito. Afinal, foi este o homem que formulou os fundamentos de grande parte da cultura intelectual ocidental. Quer fosse a investigação de todos os fenômenos naturais ou os princípios básicos de ética, metafísica, política ou arte, Aristóteles literalmente escreveu o livro. E não foi tudo. Aristóteles, num certo sentido, até nos ensinou *como* pensar, pela introdução dos primeiros estudos formais de lógica. Hoje, praticamente qualquer criança na escola reconhece o pioneiro sistema virtualmente completo da inferência lógica de Aristóteles, conhecido como *silogismo:*

1. Todo grego é uma pessoa.
2. Toda pessoa é mortal.
3. Portanto, todo grego é mortal.

A terceira razão para a incrível durabilidade da teoria incorreta de Aristóteles foi o fato de a Igreja cristã tê-la adotado como parte de sua própria ortodoxia oficial. Isso funcionou como um impedimento contra a maioria das tentativas de se questionar as asserções de Aristóteles.

Apesar de suas impressionantes contribuições à sistematização da lógica dedutiva, Aristóteles não é notado por sua matemática. Um tanto surpreendente, talvez, é que o homem que essencialmente estabeleceu a ciência como um empreendimento organizado não se importava tanto (e certamente não tanto quanto Platão) com a matemática e era bem fraco em física. Mesmo reconhecendo a importância de relações numéricas e geométricas nas ciências, Aristóteles ainda considerava matemática uma disciplina abstrata, divorciada da realidade física. Consequentemente, embora não haja nenhuma dúvida de que ele foi uma usina intelectual, Aristóteles *não* entra na minha lista de "mágicos" matemáticos.

Uso o termo "mágicos" aqui para aqueles indivíduos que conseguiram tirar coelhos de chapéus literalmente vazios; aqueles que descobriram conexões nunca antes imaginadas entre matemática e natureza; aqueles que foram capazes de observar fenômenos naturais complexos e destilar deles leis matemáticas cristalinas. Em alguns casos, esses magníficos pensadores até usaram seus experimentos e observações para fazer avançar sua matemática. A pergunta da incompreensível efetividade da matemática em explicar a natureza nunca teria sido levantada se não fossem esses mágicos. O enigma nasceu diretamente dos estalos miraculosos desses pesquisadores.

Nenhum livro isolado pode fazer justiça a todos os soberbos cientistas e matemáticos que contribuíram para o nosso conhecimento do universo. Neste e no próximo capítulo, pretendo me concentrar somente em quatro daqueles gigantes de séculos passados, de cujo status de mágicos não pode haver nenhuma dúvida — alguns daqueles que são a nata da nata do mundo científico. O primeiro mágico da minha lista é mais lembrado por um evento bem incomum — por sair correndo inteiramente nu pela pelas ruas de sua cidade natal.

Dê-me um ponto de apoio e moverei a Terra

Quando o historiador da matemática Eric Temple Bell teve de decidir quais os três melhores matemáticos na sua opinião, ele concluiu:

Qualquer lista dos "maiores" matemáticos de toda a história incluiria o nome de Arquimedes. Os outros geralmente associados a ele são Newton (1642-1727) e Gauss (1777-1855). Alguns, considerando a relativa riqueza — ou pobreza — da matemática e da ciência física nas respectivas eras em que esses gigantes viveram e avaliando suas façanhas contra o pano de fundo de suas épocas, colocariam Arquimedes em primeiro lugar.

Arquimedes (287-212 a.C.; a figura 10 mostra um busto que supostamente representa Arquimedes, mas que pode, na realidade, ser de um rei espartano) foi de fato o Newton ou o Gauss de seu tempo; um homem de tal brilhantismo, imaginação e insight que tanto seus contemporâneos quanto as gerações que seguiram pronunciaram seu nome com admiração e reverência. Mesmo sendo mais conhecido por suas engenhosas invenções de engenharia, Arquimedes foi primordialmente um matemático e, em sua matemática, ele estava séculos à frente de seu tempo. Infelizmente, pouco se sabe sobre os primeiros tempos da vida de Arquimedes ou de sua família. Sua primeira biografia, escrita por um tal de Heráclides, não sobreviveu e os poucos detalhes que realmente conhecemos sobre sua vida e morte violenta vêm principalmente dos escri-

Figura 10

tos do historiador romano Plutarco. Plutarco (*c*. 46-120 d.C.) estava, de fato, mais interessado nas proezas militares do general romano Marcelo, que conquistou Siracusa, a cidade natal de Arquimedes, em 212 a.C. Felizmente para a história da matemática, Arquimedes tinha dado a Marcelo uma dor de cabeça tão tremenda durante o cerco a Siracusa que os três historiadores mais importantes do período, Plutarco, Políbio e Lívio, não puderam ignorá-lo.

Arquimedes nasceu em Siracusa, então um assentamento grego na Sicília. De acordo com seu próprio testemunho, era filho do astrônomo Fídias, sobre quem pouco se sabe além do fato de ter estimado a razão entre os diâmetros do Sol e da Lua. É possível que Arquimedes tivesse algum parentesco com o rei Heron II, ele próprio filho ilegítimo de um nobre (com uma das escravas deste último). Independente de quaisquer vínculos que Arquimedes possa ter tido com a família real, tanto o rei quanto seu filho, Gelon, sempre tiveram Arquimedes em alta consideração. Quando jovem, Arquimedes passou algum tempo em Alexandria, onde estudou matemática, antes de voltar a uma vida de extensas pesquisas em Siracusa.

Arquimedes foi verdadeiramente o matemático do matemático. De acordo com Plutarco, ele considerava sórdida e ignóbil "toda arte dirigida ao uso e lucro e só se esforçava para alcançar aquelas coisa que, por sua beleza e excelência, permanecem fora de todo o contato com as necessidades comuns da vida". A preocupação de Arquimedes com a matemática abstrata e o grau em que era aparentemente consumido por ela ia muito mais longe até mesmo que o entusiasmo geralmente exibido por praticantes dessa disciplina. Novamente de acordo com Plutarco:

> Continuamente enfeitiçado por uma Sereia que sempre o acompanhava, ele se esquecia de se alimentar e omitia cuidados com seu corpo; e quando, o que acontecia com muita frequência, ele era forçado a se banhar e a se ungir, ainda estaria desenhando figuras geométricas nas cinzas ou usaria os dedos para desenhar linhas sobre seu corpo ungido, sendo possuído por um grande êxtase e, na verdade, uma submissão às Musas.

Apesar do desprezo pela matemática aplicada e a pouca importância que Arquimedes dava às suas ideias de engenharia, suas invenções práticas lhe conquistavam ainda maior notoriedade que a obtida por sua genialidade matemática.

A lenda mais conhecida sobre Arquimedes amplifica ainda mais sua imagem como o estereotípico matemático distraído. A história engraçada foi contada pela primeira vez pelo arquiteto romano Vitrúvio no século I a.C. e diz mais ou menos o seguinte: o rei Heron queria consagrar um diadema de ouro aos deuses imortais. Quando o diadema foi entregue ao rei, tinha um peso igual ao ouro fornecido para sua criação. Ainda assim, o rei desconfiava que uma certa quantidade de ouro tivesse sido substituída por prata do mesmo peso. Não sendo capaz de substanciar sua suspeita, o rei recorreu ao conselho do mestre dos matemáticos — Arquimedes. Um dia, continua a lenda, Arquimedes deu um passo para entrar no banho, enquanto ainda absorto com o problema de como revelar a fraude potencial com o diadema. Ao submergir na água, entretanto, percebeu que o corpo deslocava certo volume de água, que transbordou da tina. Isso imediatamente desencadeou uma solução em sua cabeça. Dominado pela alegria, Arquimedes pulou para fora da tina e correu pelado pela rua gritando "*Eureca, eureca!*" ("Descobri, descobri!").

Outra famosa exclamação arquimediana, "Dê-me um lugar para apoiar e moverei a Terra" atualmente aparece (em uma ou outra versão) em mais de 150 mil páginas da web encontradas em uma pesquisa com o Google. Essa proclamação audaz, que quase soa como a declaração visionária de uma grande corporação, foi citada por Thomas Jefferson, Mark Twain e John F. Kennedy e até apareceu em um poema de lorde Byron. Aparentemente, a frase foi o auge das investigações de Arquimedes sobre o problema de mover um dado peso com uma dada força. Plutarco nos conta que quando o rei Heron pediu uma demonstração prática da capacidade de Arquimedes de manipular um grande peso com uma força pequena, Arquimedes conseguiu — usando uma polia composta — lançar um navio totalmente carregado para o mar. Plutarco acrescenta admirado que "ele arrastou a nave com suavidade e segurança como se ela estivesse se movendo pelo mar". Versões ligeiramente modificadas da mesma lenda aparecem em outras fontes. Embora seja difícil acreditar que Arquimedes pudesse ter realmente movido um navio inteiro com os aparatos mecânicos disponíveis a ele na época, as lendas deixam pouco espaço para duvidar que ele tenha feito alguma demonstração impressionante de uma invenção que lhe permitiu manobrar pesos pesados.

Arquimedes criou muitas outras invenções pacíficas, como um parafuso hidráulico para elevar a água e um planetário que demonstrava os movimentos dos corpos celestiais, mas tornou-se famoso na Antiguidade por seu papel na defesa de Siracusa contra os romanos.

Guerras sempre foram populares entre os historiadores. Consequentemente, os eventos do cerco romano a Siracusa durante os anos 214-212 a.C. foram prodigamente narrados em crônicas por muitos historiadores. O general romano Marco Cláudio Marcelo (*c.* 268-208 a.C.), dono então de uma considerável fama militar, previu uma rápida vitória. Ao que parece, ele deixou de considerar um obstinado rei Heron, auxiliado por um gênio da matemática e da engenharia. Plutarco fornece uma descrição vívida do estrago que as máquinas de Arquimedes impuseram sobre as forças romanas:

> Ele [Arquimedes], imediatamente disparou contra as forças terrestres todos os tipos de armas mísseis e imensas massas de pedra que desceram com incrível barulho e violência; contra eles, nenhum homem poderia resistir de pé, pois desmantelavam aqueles sobre quem caíam, quebrando todas as suas fileiras e colunas. Ao mesmo tempo, enormes mastros empurrados dos muros por cima dos navios afundaram alguns por meio de grandes pesos que deixavam cair bem do alto acima deles; outros, eles ergueram ao ar com uma mão de ferro ou um bico como de um guindaste e, depois de puxá-los para cima pela proa e colocá-los sobre a ponta acima do tombadilho, afundavam-nos no mar (...) Muitas vezes, um navio era erguido a uma grande altura no ar (uma coisa apavorante de contemplar), era empurrado para a frente e para trás e mantido girando, até que os marinheiros fossem todos lançados para fora, quando, por fim, era espatifado contra as rochas ou solto para cair.

O medo dos aparelhos arquimedianos tornou-se tão extremo que "se eles [os soldados romanos] vissem apenas um pedaço de corda ou madeira se projetando acima do muro, gritavam 'lá vem de novo', declarando que Arquimedes estava colocando alguma máquina em movimento contra eles, e davam as costas e fugiam". Mesmo Marcelo ficou profundamente impressionado, queixando-se à própria tripulação de engenheiros militares: "Não colocaremos um fim à luta contra este geométrico Briareu [o gigante com cem braços, filho de Urano e Gaia] que, sentado à vontade ao mar, brinca despreocupado com nossos navios para nossa confusão e, pela infinidade de mísseis que arremessa contra nós, faz mais que os mitológicos gigantes de cem mãos?"

De acordo com outra lenda popular que apareceu inicialmente nos escritos do grande médico grego Galeno ($c.$ 129-200 d.C.), para incendiar os navios romanos Arquimedes usou um jogo de espelhos que focalizava os raios do Sol. Antêmio de Trales, o arquiteto bizantino do século VI, e vários historiadores do século XII repetiram essa fantástica história, mesmo com a incerteza da real exequibilidade de tal façanha. Ainda assim, a coleção de histórias quase mitológicas realmente nos dá um rico testemunho da veneração que "o sábio" inspirou nas gerações posteriores.

Já comentei antes que o próprio Arquimedes — o altamente estimado "geométrico Briareu" — não vinculou nenhum significado particular a todos os seus brinquedos militares; ele basicamente os considerava diversões da geometria em ação. Lamentavelmente, tal distanciamento pode ter finalmente custado a Arquimedes a sua vida. Quando os romanos finalmente capturaram Siracusa, Arquimedes estava tão ocupado desenhando seus diagramas geométricos em uma bandeja coberta de areia que não percebeu o tumulto da guerra. De acordo com alguns relatos, quando um soldado romano ordenou a Arquimedes que o seguisse até Marcelo, o velho geômetra replicou indignado: "Meu caro, afaste-se do meu diagrama." A resposta enfureceu o soldado a tal ponto que, desobedecendo às ordens específicas do seu comandante, desembainhou a espada e matou o maior matemático da Antiguidade. A figura 11 mostra aquela que é considerada uma reprodução (do século XVIII) de um mosaico encontrado em Herculano, descrevendo os momentos finais na vida do "mestre".

A morte de Arquimedes marcou, num certo sentido, o fim de uma era extraordinariamente vibrante da história da matemática. Como disse o matemático e filósofo britânico Alfred North Whitehead:

> A morte de Arquimedes nas mãos de um soldado romano é simbólica de uma mudança de mundo de primeira magnitude. Os romanos foram uma grande raça, mas foram amaldiçoados pela esterilidade no que se refere à praticidade. Não foram sonhadores o bastante para chegar a novos pontos de vista, que poderiam propiciar um controle mais fundamental sobre as forças da natureza. Nenhum romano perdeu a vida porque estivesse absorto na contemplação de um diagrama matemático.

Felizmente, embora os detalhes da vida de Arquimedes sejam escassos, muitos (mas não todos) dos seus incríveis escritos sobreviveram. Arquimedes tinha o hábito de enviar notas sobre suas descobertas a alguns amigos matemáticos ou a pessoas que ele respeitava. A lista exclusiva de correspondentes incluía (entre outros) o astrônomo Cônon de Samos, o matemático Eratóstenes de Cirene e o filho do rei, Gelon. De-

Figura 11

pois da morte de Cônon, Arquimedes enviou algumas notas a um de seus alunos, Dositeus de Pelúsio.

A obra de Arquimedes cobre uma assombrosa seleção de matemática e física. Entre as inúmeras realizações: apresentou métodos gerais para encontrar as áreas de uma variedade de figuras planas e os volumes de espaços delimitados por todas as espécies de superfícies curvas. Entre eles estavam as áreas do círculo, segmento de uma parábola e de uma espiral, e volumes de segmentos de cilindros, cones e outras figuras geradas pela revolução de parábolas, elipses e hipérboles. Ele mostrou que o valor do número π, a razão da circunferência de um círculo pelo seu diâmetro, tinha de ser maior que $3\ {}^{10}/_{71}$ e menor que $3\ {}^{1}/_{7}$. Numa época em que não existia nenhum método para descrever números muito grandes, ele inventou um sistema que lhe permitia não apenas anotar, mas também manipular números de qualquer magnitude. Na física, Arquimedes descobriu as leis que governam corpos flutuantes, estabelecendo assim a ciência da hidrostática. Além disso, calculou os centros de gravidade de muitos sólidos e formulou as leis mecânicas das alavancas. Em astronomia, realizou observações para determinação do comprimento do ano e das distâncias até os planetas.

Os trabalhos de muitos dos matemáticos gregos se caracterizaram pela originalidade e atenção ao detalhe. Ainda assim, os métodos de raciocínio e solução de Arquimedes verdadeiramente o distinguem de todos os cientistas de sua época. Descreverei aqui apenas três exemplos representativos que dão o sabor da sua inventividade. Um deles parece, à primeira vista, nada mais que uma curiosidade divertida, mas um exame mais atento revela a profundidade de sua mente inquisitiva. As outras duas ilustrações dos métodos arquimedianos demonstram um pensamento tão adiante de seu tempo que imediatamente elevam Arquimedes àquilo que batizo de status de "mágico".

Arquimedes era aparentemente fascinado por números grandes. Mas números muito grandes são desajeitados para expressar quando escritos na notação ordinária (tente escrever um cheque pessoal de US$ 8,4 trilhões, a dívida nacional dos Estados Unidos em julho de 2006, no espaço reservado para a quantia em algarismos). Portanto, Arquimedes desenvolveu um sistema que lhe permitia representar números com 80.000 trilhões de dígitos. Ele então usou o sistema em um tratado original intitulado *O contador de areia*, para mostrar que o número total de grãos de areia no mundo não era infinito.

Mesmo a introdução a esse tratado é tão iluminada que reproduzirei aqui uma parte dela (a peça inteira foi endereçada a Gelon, filho do rei Heron II):

> Existem alguns, rei Gelon, que acham que o número da areia é infinito em sua multiplicidade; e, com areia, quero dizer não apenas a que existe em Siracusa e no restante da Sicília, mas também aquela que é encontrada em todas as regiões, sejam habitadas ou não. De novo, existem alguns que, sem considerá-la infinita, ainda assim pensam que não existe número que tenha sido nomeado que seja grande o bastante para exceder sua multiplicidade. E é evidente que aqueles que defendem essa visão, se tiverem imaginado que uma massa constituída de areia em outros aspectos tão grandes quanto a massa da Terra, incluindo nela todos os mares e as cavidades da terra preenchidas até uma altura igual àquela da mais alta das montanhas, ainda estariam muitas vezes mais longe de reconhecer que seria possível expressar qualquer número que exceda a multiplicidade da areia assim considerada. Mas tentarei lhe mostrar por meio de demonstrações geométricas que você será capaz de seguir que, dos números por mim nomeados e fornecidos no trabalho que enviei a Zeuxipus [um trabalho que foi infelizmente perdido], alguns não apenas excedem o número da massa de areia igual em magnitude à Terra preenchida da maneira descrita, mas também aquela de uma massa igual em magnitude ao universo. Ora, você sabe que "universo" é o nome dado pela maioria dos astrônomos à esfera cujo centro é o centro da Terra e cujo raio é igual à linha reta entre o centro do Sol e o centro da Terra. Esta é a explicação comum, como você já terá ouvido dos astrônomos. Mas Aristarco de Samos apresentou um livro com algumas hipóteses, nas quais as premissas levam ao resultado de que o universo é muitas vezes maior que aquele agora considerado. Suas hipóteses são que as estrelas fixas e o Sol permanecem imóveis, que a Terra gira em torno do Sol na circunferência de um círculo, o Sol situado no meio da órbita.

Essa introdução imediatamente destaca dois pontos importantes: (1) Arquimedes estava preparado para questionar mesmo as crenças bem populares (como a de que existe uma infinidade de grãos de areia) e (2) ele tratava com respeito a teoria heliocêntrica do astrônomo Aristarco (mais adiante no tratado, ele de fato corrigiu uma das hipóteses de Aristarco). No universo de Aristarco, a Terra e os planetas giravam em torno de um Sol estacionário que estava localizado no centro (lembremos que esse modelo foi proposto 1.800 anos antes de Copérnico!). Depois desses comentários preliminares, Arquimedes começa a abordar o problema dos grãos de areia, progredindo por uma série de passos lógicos. Inicialmente, ele estima quantos grãos colocados lado a lado seriam necessários para cobrir o diâmetro de uma semente de papoula. Então, quantas sementes de papoula caberiam na largura de um dedo; quantos dedos em um estádio (aproximadamente 185 metros); e continuando até 10 bilhões de estádios. No caminho, Arquimedes inventa um sistema de índices e uma notação que, quando combinados, lhe permitem classificar seus números descomunais. Já que Arquimedes pressupôs que a esfera das estrelas fixas é menos de 10 milhões de vezes mais larga que a esfera que contém a órbita do Sol (vista da Terra), ele constatou que o número de grãos em um universo preenchido de areia é menor que 10^{63} (um seguido por 63 zeros). Concluiu, então, o tratado com uma nota respeitosa a Gelon:

> Imagino, rei Gelon, que estas coisas parecerão incríveis à grande maioria das pessoas que não estudou matemática, mas, para aquelas que são versadas nela e que tenham dedicado algum tempo para pensar sobre a questão das distâncias e tamanhos da Terra, do Sol, da Lua e de todo o universo, a demonstração transmitirá convicção. E foi por este motivo que imaginei que o assunto não seria impróprio para a sua consideração.

A beleza de *O contador de areia* está na facilidade com que Arquimedes salta dos objetos cotidianos (sementes de papoula, areia, dedos) aos números abstratos e à notação matemática e, então, de volta daqueles aos tamanhos do Sistema Solar e do universo como um todo. Indubitavelmente, Arquimedes possuía tal flexibilidade intelectual que era capaz de, a seu bel-prazer, usar sua matemática para descobrir propriedades desconhecidas do universo e usar as características cósmicas para fazer avançar conceitos aritméticos.

O segundo direito que Arquimedes tem de reivindicar o título de "mágico" vem do método que ele usou para chegar a muitos de seus extraordinários teoremas geométricos. Até o século XX, muito pouco se sabia sobre esse método e sobre o processo de raciocínio de Arquimedes em geral. Seu estilo conciso revelou bem poucas pistas. Então, em 1906, uma descoberta dramática abriu uma janela para a mente desse gênio. A história desta descoberta é tão parecida com a dos romances históricos de mistério do escritor e filósofo italiano Umberto Eco que me sinto impelido a fazer um breve desvio para contá-la.

O palimpsesto de Arquimedes

Em algum momento do século X, um copista anônimo em Constantinopla (Istambul de hoje) copiou três obras importantes de Arquimedes: *O método*, *Stomachion* e *Sobre os corpos flutuantes*. Era provavelmente parte de um interesse geral na matemática grega que foi em grande parte despertado pelo matemático Leo, o Geômetra. Em 1204, entretanto, soldados da Quarta Cruzada foram seduzidos pelas promessas de apoio financeiro para saquear Constantinopla. Nos anos que se seguiram, a paixão pela matemática desapareceu gradualmente, enquanto o cisma entre a Igreja Católica do Ocidente e a Igreja Ortodoxa do Oriente tornou-se um fato consumado. Em algum momento antes de 1229, o manuscrito com as obras de Arquimedes sofreu um ato catastrófico de reciclagem — foi desencadernado e lavado para que as folhas de pergaminho pudessem ser reutilizadas para um livro de orações cristão. O copista Ioannes Myronas terminou de copiar o livro de orações em 14 de abril de 1229. Felizmente, a lavagem do texto original não obliterou a escrita inteiramente. A figura 12 mostra uma página do manuscrito, com as linhas horizontais representando os textos das orações e as esmaecidas linhas verticais, o conteúdo matemático. Por volta do século XVI, o palimpsesto — o documento reciclado — de alguma forma chegou à Terra Santa, ao mosteiro em São Sabas, a leste de Belém. No início do século XIX, a biblioteca desse mosteiro abrigava não menos de mil manuscritos. Ainda assim, por razões ainda não inteiramente claras, o palimpsesto de Arquimedes foi novamente levado para Constantinopla. Então, nos anos 1840, o famoso estudioso bíblico alemão Constantine Tischendorf (1815-74), o descobridor de um dos manuscritos mais antigos da Bíblia, visitou a Metochion do Santo Sepulcro em Constantinopla (uma filial do Patriarcado grego em Jerusalém) e viu lá o palimpsesto. Tischendorf deve ter achado o texto matemático subjacente parcialmente visível bem intrigante, já que aparentemente arrancou e roubou uma das páginas do manuscrito. O espólio de Tischendorf vendeu essa página em 1879 à Biblioteca da Universidade de Cambridge.

Em 1899, o estudioso grego A. Papadopoulos-Kerameus catalogou todos os manuscritos guardados na Metochion e o manuscrito de Arquimedes apareceu como Ms. 355 em sua lista. Papadopoulos-Kerameus conseguiu ler algumas linhas do texto matemático e, talvez percebendo a

Figura 12

importância potencial, imprimiu aquelas linhas no catálogo. Foi o momento decisivo na saga desse manuscrito. O texto matemático do catálogo foi levado à atenção do filólogo dinamarquês Johan Ludvig Heiberg (1854-1928). Reconhecendo que o texto pertencia a Arquimedes, Heiberg viajou até Istambul em 1906, examinou e fotografou o palimpsesto e, um ano depois, anunciou sua descoberta sensacional — dois tratados nunca antes vistos de Arquimedes e um anteriormente conhecido somente por sua tradução latina. Mesmo tendo sido Heiberg capaz de ler e depois publicar partes do manuscrito em seu livro sobre as obras de Arquimedes, ainda havia sérias lacunas. Infelizmente, em algum momento depois de 1908, o manuscrito desapareceu de Istambul sob circunstâncias misteriosas, para reaparecer na posse de uma família parisiense, que afirmou que o tinha desde os anos 1920. Guardado sem os devidos cuidados, o palimpsesto tinha sofrido alguns danos irreversíveis por bolor e três páginas anteriormente transcritas por Heiberg tinham desaparecido inteiramente. Além disso, depois de 1929, alguém pintou quatro iluminuras em estilo bizantino sobre quatro páginas. Finalmente, a família francesa que possuía o manuscrito o enviou à Christie's para leilão. A propriedade do manuscrito foi contestada em tribunal federal de Nova York em 1998. O Patriarcado Ortodoxo Grego de Jerusalém sustentou que o manuscrito tinha sido roubado nos anos 1920 de um de seus mosteiros, mas o juiz decidiu a favor da Christie's. O palimpsesto foi subsequentemente leiloado na Christie's em 29 de outubro de 1998 e foi vendido por US$ 2 milhões a um comprador anônimo. O proprietário depositou o manuscrito de Arquimedes no Museu de Arte Walters, em Baltimore, onde ainda está passando por intenso trabalho de conservação e um minucioso exame. Cientistas com as modernas técnicas de obtenção de imagem digitalizada têm em seu arsenal ferramentas não disponíveis aos pesquisadores anteriores. Luz ultravioleta, digitalização multiespectral e até raios X concentrados (aos quais o palimpsesto foi exposto no Centro de Aceleração Linear de Stanford) já ajudaram a decifrar partes do manuscrito que não tinham sido antes reveladas. No momento em que o presente texto foi escrito, o estudo acadêmico cuidadoso do manuscrito de Arquimedes estava em progresso. Tive a felicidade de conhecer a equipe forense do palimpsesto e, na figura 13, estou ao lado da montagem experimental que ilumina uma página do palimpsesto em diferentes comprimentos de onda.

O drama que cerca o palimpsesto é perfeito para um documento que nos dá um vislumbre sem precedentes do método do grande geômetra.

O método

Quando lemos qualquer livro de geometria grega, não podemos deixar de ficar impressionados com a economia de estilo e a precisão com que os teoremas foram enunciados e demonstrados há mais de dois milênios. O que esses livros normalmente não fazem, entretanto, é fornecer indícios claros sobre como tais teoremas foram concebidos em primeiro lugar. O excepcional documento *O método* de Arquimedes preenche parcialmente essa intrigante lacuna — revela como o próprio Arquimedes se convenceu da verdade de certos teoremas antes que soubesse como demonstrá-los. Eis uma parte daquilo que ele escreveu ao matemático Eratóstenes de Cirene (*c.* 276-194 a.C.) na introdução:

Figura 13

Eu lhe enviarei as demonstrações desses teoremas neste livro. Já que, como eu disse, sei que você é diligente, um excelente professor de filosofia e muito interessado em quaisquer investigações matemáticas que possam atravessar seu caminho, imaginei que poderia ser oportuno escrever e lhe expor neste mesmo livro um certo método especial, por meio do qual você será capacitado a reconhecer certas questões matemáticas *com o auxílio da mecânica* [ênfase acrescentada]. Estou convencido de que não é menos útil para encontrar as demonstrações desses mesmos teoremas. Pois algumas coisas, que primeiro se tornaram claras para mim pelo método mecânico, foram depois demonstradas geometricamente, porque as investigações delas pelo dito método não fornecem uma verdadeira demonstração. Pois é mais fácil fornecer a demonstração quando adquirimos anteriormente, pelo método, algum conhecimento das questões do que descobri-la sem nenhum conhecimento prévio.

Aqui, Arquimedes toca em um dos pontos mais importantes da pesquisa científica e matemática — frequentemente é mais difícil descobrir quais são as perguntas ou teoremas importantes do que encontrar soluções às perguntas ou demonstrações conhecidas de teoremas conhecidos. Então, como Arquimedes descobriu alguns novos teoremas? Usando seu conhecimento magistral de mecânica, equilíbrio e os princípios da alavanca, ele mentalmente pesou sólidos ou figuras cujos volumes ou áreas ele tentava descobrir contra aqueles que ele já conhecia. Depois de determinar dessa maneira a resposta à área ou volume desconhecidos, ele achou bem mais fácil demonstrar geometricamente a correção daquela resposta. Consequentemente, O *método* começa com várias sentenças sobre centros de gravidade e, só então, prossegue para as proposições geométricas e respectivas demonstrações.

O método de Arquimedes é extraordinário em dois aspectos. Primeiro, ele essencialmente introduziu o conceito de um *experimento de pensamento* na pesquisa rigorosa. O físico do século XIX Hans Christian Ørsted inicialmente apelidou essa ferramenta — um experimento imaginário conduzido em lugar de um real — *Gedankenexperiment* (em alemão: "um experimento conduzido no pensamento"). Na física, onde esse conceito foi extremamente frutífero, experimentos de pensamento são usados ou para fornecer insights antes da realização dos experimentos reais ou nos casos em que experimentos reais não podem ser realizados. Segundo e mais importante, Arquimedes libertou a matemática das correntes um tanto artificiais que Euclides e Platão nela tinham colocado. Para esses dois indivíduos, havia uma maneira, e uma única maneira apenas, de fazer matemática. Era necessário começar pelos axiomas e prosseguir com uma sequência inexorável de passos lógicos, utilizando ferramentas bem prescritas. O não conformista Arquimedes, por outro lado, simplesmente utilizava todo tipo de munição em que conseguia pensar para formular novos problemas e resolvê-los. Não hesitava em explorar e tirar partido das conexões entre os objetos matemáticos abstratos (as formas platônicas) e realidade física (sólidos ou objetos planos reais) para fazer avançar sua matemática.

Uma ilustração final que solidifica ainda mais o status de Arquimedes como mágico é sua presciência do *cálculo integral e diferencial* — um ramo da matemática formalmente desenvolvido por Newton (e independentemente pelo matemático alemão Leibniz) somente em fins do século XVII.

A ideia básica por trás do processo de *integração* é bem simples (depois que alguém mostra!). Suponhamos que precisássemos determinar a área do segmento de uma elipse. Poderíamos dividir a área em muitos retângulos de igual largura e somar as áreas daqueles retângulos (figura 14). Sem dúvida, quanto mais retângulos usarmos, mais próximo a soma chegará da área real do segmento. Em outras palavras, a área do segmento é realmente igual ao limite ao qual a soma dos retângulos se aproxima à medida que o número de retângulos aumenta até o infinito. Encontrar esse limite é chamado *integração*. Arquimedes utilizou alguma versão do método que acabei de descrever para descobrir os volumes e áreas superficiais da esfera, do cone e de elipsoides e paraboloides (os sólidos que obtemos ao girar as elipses ou parábolas em torno de seus eixos).

No *cálculo diferencial*, um dos principais objetos é encontrar a inclinação de uma linha reta que seja tangente à curva num dado ponto, isto é, a linha que toca a curva apenas naquele ponto. Arquimedes solucionou esse problema para o caso especial de uma espiral, espreitando, assim, o trabalho futuro de Newton e Leibniz. Hoje, as áreas do cálculo diferencial e integral e seus ramos secundários formam a base na qual a maioria dos modelos matemáticos é construída, seja na física, engenharia, economia ou dinâmica populacional.

Arquimedes mudou de uma maneira profunda o mundo da matemática e a relação percebida com o cosmo. Por exibir uma assombrosa combinação de interesses teóricos e práticos, ele forneceu a primeira evidência empírica, e não mítica, de um aparente projeto ou desenho matemático da natureza. A percepção da matemática como a linguagem do universo e, portanto, o conceito de Deus como matemático, nasceu no trabalho de Arquimedes. Ainda assim, houve uma coisa que Arquimedes não fez — nunca discutiu as limitações dos seus modelos matemáticos quando aplicados às circunstâncias físicas reais. Suas discussões teóricas das alavancas, por exemplo, pressupunham que eram infinitamente rígidas e que os bastões não tinham peso. Consequentemente, ele abriu a porta, até certo ponto, para a interpretação de "salvar as aparências" dos modelos matemáticos. Era a noção de que os modelos matemáticos podem apenas representar aquilo que é observado pelos seres humanos, mais que descrever a realidade física concreta, verdadeira. O matemático grego Gêmino (*c.* 10 a.C.-60 d.C.) foi o primeiro a discutir com algum detalhe a diferença entre criação de modelos matemáticos e explicações físicas em relação ao movimento dos corpos celestiais. Ele fez uma distinção entre astrônomos (ou matemáticos), que, de acordo com ele, tinham apenas de sugerir mo-

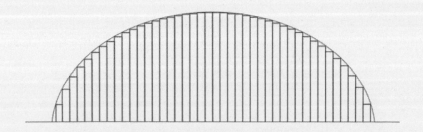

Figura 14

MÁGICOS: O MESTRE E O HEREGE 79

delos que *reproduziriam* os movimentos observados nos céus, e físicos, que tinham de encontrar *explicações* para os movimentos reais. Essa distinção particular iria chegar a um auge dramático na época de Galileu, e retornarei a ela mais adiante neste capítulo.

Um tanto surpreendentemente, talvez, o próprio Arquimedes considerava uma das suas maiores proezas a descoberta de que o volume de uma esfera inscrita em um cilindro (figura 15) é sempre 2/3 do volume do cilindro. Ele ficou tão satisfeito com esse resultado que pediu que fosse gravado em sua lápide. Cerca de 137 anos depois da morte de Arquimedes, o famoso orador romano Marco Túlio Cícero (*c.* 106-43 a.C.) descobriu o túmulo do grande matemático. Eis a descrição bem comovente de Cícero do evento:

> Quando era questor na Sicília, consegui rastrear seu túmulo [de Arquimedes]. Os siracusanos nada sabiam a respeito e, de fato, negaram que tal coisa existisse. Mas lá estava, inteiramente cercado e oculto por amoreiras silvestres e espinheiras. Lembrei-me de ter ouvido falar de alguns versos simples que tinham sido inscritos na sua lápide, referindo-se a uma esfera e um cilindro moldados em pedra no alto do túmulo. Assim sendo, dei uma boa olhada por todos os inúmeros túmulos que se erguem ao lado do Portal Agrigentino. Finalmente, notei uma pequena coluna mal visível acima do mato: era encimada por uma esfera e um

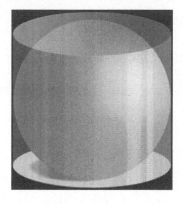

Figura 15

cilindro. Imediatamente eu disse aos siracusanos, estando comigo na ocasião alguns de seus mais importantes cidadãos, que acreditava que era exatamente esse o objeto que eu estava procurando. Homens foram enviados com foice para limpar o terreno e, quando o caminho até o monumento tinha sido aberto, caminhamos diretamente até ele. E os versos ainda estavam visíveis, embora aproximadamente a segunda metade de cada linha estivesse desgastada. Portanto, uma das cidades mais famosas do mundo grego e, em dias passados, também um grande centro de aprendizado, teria permanecido em total ignorância do túmulo do mais brilhante cidadão que ela já produziu, não tivesse um homem de Arpino vindo e apontado!

Cícero não exagerou na descrição da grandeza de Arquimedes. De fato, coloquei deliberadamente tão alta a barreira para o título de "mágico" que, progredindo do gigante Arquimedes, temos de saltar não menos que cerca de 18 séculos para a frente antes de encontrar um homem de similar estatura. Ao contrário de Arquimedes, que disse que conseguiria mover a Terra, este mágico insistia que a Terra já estava se movendo.

O melhor aluno de Arquimedes

Galileu Galilei (figura 16) nasceu em Pisa em 15 de fevereiro de 1564. O pai, Vincenzo, era um músico e a mãe, Giulia Ammannati, era uma mulher espirituosa, embora malevolente, incapaz de tolerar estupidez. Em 1581, Galileu seguiu o conselho do pai e se matriculou na faculdade de artes da Universidade de Pisa para estudar medicina. Seu interesse em medicina, entretanto, enfraqueceu quase imediatamente depois de ingressar, em favor da matemática. Consequentemente, durante as férias de verão de 1583, Galileu convenceu o matemático da corte toscana, Ostilio Ricci (1540-1603), a conhecer o pai e a convencer o último que Galileu estava destinado a se tornar um matemático. A questão foi de fato decidida logo depois — o jovem entusiasmado ficou totalmente enfeitiçado pelas obras de Arquimedes: "Aqueles que leem suas obras", escreveu ele,

Figura 16

"percebem com extrema clareza quão inferiores são todas as outras mentes comparadas à de Arquimedes e quão pouca esperança resta de algum dia se descobrir coisas semelhantes àquelas que ele descobriu". Na época, Galileu mal sabia que ele próprio possuía uma daquelas poucas mentes que não eram inferiores àquela do mestre grego. Inspirado pela lendária história de Arquimedes e o diadema do rei, Galileu publicou em 1586 um livrete intitulado *A pequena balança*, sobre uma balança hidrostática que tinha inventado. Mais tarde ele se referiu a Arquimedes em uma palestra literária na Academia de Florença, em que discutiu um tema bem fora do comum — a localização e o tamanho do inferno no poema épico de Dante, *Inferno*.

Em 1589, Galileu foi nomeado para a cátedra de matemática na Universidade de Pisa, em parte pela vigorosa recomendação de Cristóforo Clávio (1538-1612), um respeitado matemático e astrônomo de Roma, a quem Galileu visitou em 1587. A estrela do jovem matemático agora estava indiscutivelmente em ascensão. Galileu passou os três anos seguintes expondo seus primeiros pensamentos sobre a teoria do movimento. Esses ensaios, claramente estimulados pelo trabalho de Arquimedes, contêm uma fascinante mistura de ideias interessantes e falsas asserções. Por exemplo, juntamente com a pioneira percepção de que é possível testar teorias sobre corpos em queda por meio de um plano inclinado para desacelerar o movimento, Galileu afirma incorretamente que, quando corpos são soltos de torres, "a madeira se move mais agilmente que o chumbo no início de seu movimento". As inclinações e o processo geral de pensamento de Galileu durante essa fase da vida foram um tanto desvirtuados pelo seu primeiro biógrafo, Vincenzio Viviani (1622-1703). Viviani criou a imagem popular de um experimentalista meticuloso e obstinado que teve novos estalos exclusivamente a partir de observações detalhadas dos fenômenos naturais. De fato, até 1592, quando se mudou para Pádua, a orientação e metodologia de Galileu eram primordialmente matemáticas. Ele contava principalmente com experimentos de pensamento e com a descrição arquimediana do mundo em termos de figuras geométricas que obedeciam a leis matemáticas. Sua principal queixa contra Aristóteles naquela época era que o último "ignorava não apenas as profundas e mais abstrusas descobertas da geometria, mas mesmo os princípios mais elementares dessa ciência". Galileu também achava que Aristóteles confiava excessivamente nas experiências sensoriais, "porque oferecem, à primeira vista, certa aparência de verdade". Galileu, pelo contrário, propôs "empregar raciocínio em todas as ocasiões em vez de exemplos (pois buscamos as causas e efeitos e estes não são revelados pela experiência)".

 O pai de Galileu morreu em 1591, levando o jovem, que agora tinha de sustentar a família, a aceitar um cargo em Pádua, onde o salário foi triplicado. Os 18 anos seguintes se revelaram os mais felizes da vida de Galileu. Em Pádua, também iniciou seu relacionamento de longa duração com Marina Gamba, com quem jamais se casou, mas que lhe deu três filhos — Virginia, Livia e Vincenzio.

 Em 4 de agosto de 1597, Galileu escreveu uma carta pessoal ao grande astrônomo alemão Johannes Kepler na qual confessou ter sido um copernicano "durante muito tempo", acrescentando ter encontrado no modelo heliocêntrico copernicano uma maneira de explicar vários dos eventos naturais que não poderiam ser explicados pela doutrina geocêntrica. Lamentou, entretanto, o fato de que Copérnico "pareceu ser ridicularizado e vaiado". A carta marcou o alargamento da monumental desavença entre Galileu e a cosmologia aristotélica. A astrofísica moderna estava começando a tomar forma.

O mensageiro celestial

Na noite de 9 de outubro de 1604, astrônomos em Verona, Roma e Pádua ficaram assombrados em descobrir uma nova estrela que se tornou rapidamente mais brilhante que todas as estrelas no céu. O meteorologista Jan Brunowski, funcionário imperial em Praga, também a viu em 10 de outubro e, em profunda agitação, informou Kepler imediatamente. Nuvens impediram Kepler de observar a estrela até 17 de outubro, mas, assim que ele começou, continuou a registrar suas observações por um período de cerca de um ano e finalmente publicou um livro sobre a "nova estrela" em 1606. Hoje sabemos que o espetáculo celestial de 1604 não marcou o nascimento de uma nova estrela, mas sim a morte explosiva de uma velha. Esse evento, hoje denominado *supernova de Kepler*, causou grande sensação em Pádua. Galileu conseguiu ver a nova estrela com seus próprios olhos em fins de outubro de 1604 e, em dezembro e janeiro seguintes, deu três palestras públicas sobre o tema para grandes plateias. Recorrendo ao conhecimento em detrimento da superstição, Galileu mostrou que a ausência de qualquer desvio aparente (*paralaxe*) na posição da nova estrela (contra o fundo das estrelas fixas) demonstrava que a nova estrela tinha de estar localizada adiante da região lunar. O significado dessa observação foi enorme. No mundo aristotélico, todas as mudanças nos céus estavam restritas a este lado da Lua, ao passo que a esfera muito mais distante das estrelas fixas era supostamente inviolável e imune a mudanças.

O estilhaçamento da esfera imutável tinha começado já em 1572, quando o astrônomo dinamarquês Tycho Brahe (1546-1601) observou outra explosão estelar atualmente conhecida como a *supernova de Tycho*. O evento de 1604 colocou mais um prego no caixão da cosmologia de

Aristóteles. Mas o verdadeiro avanço revolucionário no entendimento do cosmo não descendeu do reino da especulação teórica nem das observações a olho nu. Foi antes o desfecho de simples experimentação com lentes de vidro convexas (abauladas para fora) e côncavas (curvadas para dentro). Segure as lentes certas com uma distância de aproximadamente 33 centímetros entre si e objetos distantes subitamente parecerão mais próximos. Em 1608, tais óculos de alcance começaram a aparecer em toda a Europa e um fabricante de óculos holandês e dois flamengos até protocolaram pedidos de patentes sobre eles. Rumores do instrumento miraculoso chegaram ao teólogo veneziano Paolo Sarpi, que informou Galileu por volta de maio de 1609. Ansioso para confirmar a informação, Sarpi também escreveu a um amigo em Paris, Jacques Badovere, para indagar se os rumores eram verdadeiros. De acordo com seu próprio testemunho, Galileu foi "apoderado pelo desejo de ter a bela coisa". Mais tarde, ele descreveu esses eventos no livro *O mensageiro sideral*, que foi publicado em março de 1610:

> Há cerca de dez meses, chegou aos meus ouvidos a notícia de que um certo flamengo tinha construído um óculo de alcance por meio do qual objetos visíveis, embora muito distantes do olho do observador, eram vistos nitidamente como se estivessem perto. Desse efeito verdadeiramente notável, foram contadas várias experiências, às quais algumas pessoas deram crédito, enquanto outras as negaram. Poucos dias depois, a notícia me foi confirmada em uma carta do nobre francês em Paris, Jacques Badovere, o que fez com que eu me concentrasse entusiasmadamente em investigar por que meios eu poderia chegar à invenção de um instrumento similar. Foi o que fiz pouco tempo depois, minha base sendo a doutrina da refração.

Galileu demonstra aqui o mesmo tipo de pensamento criativamente prático que caracterizou Arquimedes — uma vez que soube que era possível construir um telescópio, não foi necessário muito tempo até que descobrisse como construir um ele mesmo. Além do mais, entre agosto de 1609 e março de 1610, Galileu usou a inventividade para aperfeiçoar seu telescópio, de um aparelho que trazia os objetos oito vezes mais perto para um instrumento com um aumento de vinte vezes. Isso foi por si só uma considerável façanha técnica, mas a grandeza de Galileu estava prestes a ser revelada não em seu know-how prático, mas no uso que ele deu ao seu tubo amplificador da visão (que ele chamou de *perspicillum*). Em lugar de espionar navios distantes do porto de Veneza ou de examinar os telhados de Pádua, Galileu apontou o telescópio para os céus. O que se seguiu foi algo sem precedentes na história científica. Como diz o historiador de ciência Noel Swerdlow: "Em cerca de dois meses, dezembro e janeiro [1609 e 1610, respectivamente], ele fez mais descobertas que mudaram o mundo do que qualquer outro já tinha feito antes ou desde então." De fato, o ano 2009 foi batizado o Ano Internacional da Astronomia, para marcar o quarto centenário das primeiras observações de Galileu. O que Galileu realmente fez para se tornar um herói científico maior que a vida? Aqui estão apenas alguns de seus êxitos surpreendentes com o telescópio.

Apontando o telescópio para a Lua e examinando em particular o terminadouro — a linha que divide as partes escura e iluminada — Galileu descobriu que esse corpo celeste tinha uma superfície áspera, com montanhas, crateras e vastas planícies. Examinou o quanto os pontos de luz pareciam brilhantes no lado velado pela escuridão e como esses pontos se alargavam e se espalhavam exatamente como a luz do sol nascente atingindo os cumes das montanhas. Ele até usou a geometria da iluminação para determinar a altura de uma das montanhas, que resultou ter mais de 6,4 quilômetros. Mas não foi tudo. Galileu viu que a parte escura da Lua (na sua fase crescente) é também tenuemente iluminada e concluiu que isso se devia à luz solar refletida da Terra. Assim como a Terra é iluminada pela Lua cheia, afirmou Galileu, a superfície lunar se banha na luz refletida da Terra.

Embora algumas dessas descobertas não fossem inteiramente novas, a força das evidências de Galileu elevou o argumento a um nível inteiramente novo. Até a época de Galileu, havia uma distinção nítida entre o mundano e o divino e entre o terrestre e o celeste. A diferença não era apenas científica ou filosófica. Uma rica tapeçaria de mitologia, religião, poesia romântica e sensibilidade estética tinha sido urdida em torno das dessemelhanças percebidas entre o céu e a Terra. Agora, Galileu estava dizendo algo que era considerado totalmente inconcebível. Contrariamente à doutrina aristotélica, Galileu colocava a Terra e um corpo celeste (a Lua) em posição bem similar — ambos tinham superfícies sólidas rugosas e ambos refletiam a luz do Sol.

Movendo-se ainda mais além da Lua, Galileu começou a observar os planetas — o nome cunhado pelos gregos para aqueles "errantes" no céu noturno. Direcionando o telescópio para Júpiter em 7 de janeiro de 1610, ficou assombrado ao descobrir três novas estrelas em uma linha reta cruzando o planeta, duas a leste e uma a oeste. As novas estrelas pareciam mudar suas posições em relação a Júpiter nas noites seguintes. Em 13 de janeiro, observou uma quarta dessas estrelas. Em cerca de uma semana da descoberta inicial, Galileu chegou a uma chocante conclusão — as novas estrelas eram na verdade satélites orbitando Júpiter, exatamente como a Lua estava orbitando a Terra.

Uma das características distintivas dos indivíduos que tiveram um impacto significativo sobre a história da ciência foi o talento de compreender imediatamente quais descobertas provavelmente seriam verdadeiramente decisivas. Outro traço de muitos cientistas influentes foi a aptidão em tornar as descobertas inteligíveis a outros. Galileu foi mestre nos dois departamentos. Preocupado com a possibilidade de que mais alguém pudesse descobrir os satélites jovianos, Galileu se apressou em publicar os resultados e, no verão de 1610, seu tratado *Sidereus Nuncius* (*O mensageiro sideral*) foi publicado em Veneza. Ainda politicamente astuto àquela altura da vida, Galileu dedicou o livro ao grão-duque de Toscana, Cosimo II de Medici, e batizou os satélites de "Estrelas medicianas". Dois anos depois, passado aquilo a que ele se referia como um "labor atlântico", Galileu foi capaz de determinar os períodos orbitais — o tempo que levava para cada um dos quatro satélites girar ao redor de Júpiter — com uma precisão de alguns minutos. *O mensageiro sideral* tornou-se um best seller instantâneo — seus quinhentos exemplares originais se esgotaram rapidamente — tornando Galileu famoso por todo o continente.

Nunca será demais enfatizar a importância da descoberta dos satélites jovianos. Não apenas foram estes os primeiros corpos a serem acrescentados ao Sistema Solar desde as observações dos antigos gregos, mas sua mera existência removeu num único golpe uma das objeções mais sérias ao copernicianismo. Os aristotélicos argumentavam que era impossível que a Terra orbitasse o Sol, já que a própria Terra tinha a Lua orbitando-a. Como poderia o universo ter dois centros distintos de rotação, o Sol e a Terra? A descoberta de Galileu demonstrou inequivocamente que um planeta poderia ter satélites orbitando-o, ao mesmo tempo que estivesse seguindo seu próprio curso ao redor do Sol.

Outra descoberta importante feita por Galileu em 1610 foi a das fases do planeta Vênus. Na doutrina geocêntrica, pressupunha-se que Vênus se movesse em um pequeno círculo (um *epiciclo*) sobreposto à órbita ao redor da Terra. Supostamente, o centro do epiciclo deveria sempre se situar na linha que une a Terra e o Sol (como na figura 17a; não desenhada em escala). Neste caso, quando observado da Terra, seria de esperar que Vênus sempre aparecesse como um crescente de uma largura variável. No sistema copernicano, por outro lado, a aparência de Vênus deveria mudar de um pequeno disco brilhante quando o planeta estivesse do outro lado do Sol (como visto da Terra), para um grande disco quase escuro quando Vênus estivesse do mesmo lado que a Terra (figura 17b). Entre essas duas posições, Vênus deveria passar por toda uma sequência de fases semelhantes àquelas da Lua. Galileu trocou correspondência sobre esta importante diferença entre as predições das duas doutrinas com seu ex-aluno Benedetto Castelli (1578-1643) e conduziu observações cruciais entre outubro e dezembro de 1610. O veredicto foi claro. As observações confirmaram conclusivamente a predição copernicana, demonstrando que Vênus de fato orbita em torno do Sol. Em 11 de dezembro, um jocoso Galileu enviou a Kepler o obscuro anagrama *"Haec immatura a me iam frustra leguntur oy"* ("Isto já foi também tentado por mim em vão demasiado cedo"). Kepler tentou sem sucesso decifrar a mensagem oculta e acabou desistindo. Na carta seguinte, de 1º de janeiro de 1611, Galileu finalmente transpôs as letras do anagrama que

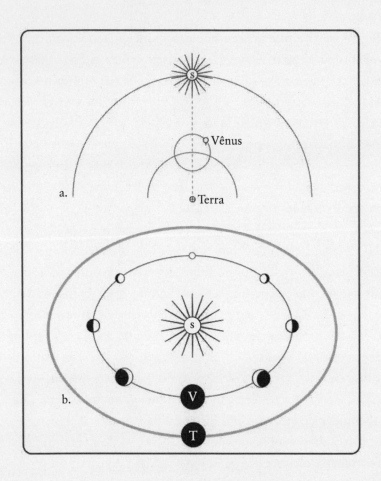

Figura 17

dizia: *"Cynthiae figuras aemulatur mater amorum"* ("A mãe do amor [Vênus] emula as figuras de Cíntia [a Lua]").

Todas as coisas que descrevi até agora tinham a ver ou com planetas do Sistema Solar — corpos celestes que orbitam o Sol e refletem sua luz — ou satélites girando em torno destes planetas. Galileu também fez duas descobertas significativas relacionadas às estrelas — objetos celestes que geram a própria luz, como o Sol. Primeiro, ele realizou observações do próprio Sol. Na visão de mundo aristotélica, o Sol supostamente simbolizava a perfeição e imutabilidade espirituais. Imagine o choque de dar-se conta que a superfície solar está longe de ser perfeita. Contém defeitos e manchas escuras que aparecem e desaparecem à medida que o Sol gira em torno de seu eixo. A figura 18 mostra imagens de manchas solares desenhadas a mão por Galileu, sobre as quais seu colega Federico Cesi (1585-1630) escreveu que elas "encantam tanto pela maravilha do espetáculo quanto pela precisão de expressão". Na verdade, Galileu não foi nem o primeiro a enxergar as manchas solares nem mesmo o primeiro a escrever sobre elas. Um panfleto em particular, *Três cartas sobre manchas solares*, escrito pelo padre jesuíta e cientista Christopher Scheiner (1573-1650) aborreceu tanto Galileu que ele se sentiu obrigado a publicar uma réplica articulada. Scheiner argumentou que era impossível que as manchas estivessem exatamente sobre a superfície do Sol. Sua alegação se baseava em parte no fato de as manchas serem, em sua opinião, demasiado escuras (ele achava que eram mais escuras que as partes escuras da Lua) e em parte no fato de que nem sempre pareciam voltar às mesmas posições. Consequentemente, Scheiner acreditava que fossem pequenos planetas orbitando o Sol. Em sua *História e demonstrações concernentes às manchas solares*, Galileu destruiu sistematicamente os argumentos de Scheiner um a um. Com meticulosidade, sagacidade e sarcasmo que teriam feito Oscar Wilde pular para ovacionar de pé, Galileu mostrou que, de fato, as manchas não eram nem um pouco escuras, apenas escuras em relação à superfície solar brilhante. Além disso, o trabalho de Galileu não deixou nenhuma dúvida de que as manchas estavam diretamente sobre a superfície do Sol (retornarei mais adiante neste capítulo à demonstração deste fato por Galileu).

As observações de outras estrelas feitas por Galileu foram verdadeiramente as primeiras aventuras humanas no cosmo que se situa adiante do nosso Sistema Solar. Ao contrário da sua experiência com a Lua e os planetas, Galileu descobriu que seu telescópio não ampliava praticamente nada as imagens das estrelas. A implicação era óbvia — as estrelas estavam muito mais distantes que os planetas. Isto, em si, foi uma surpresa, mas o que verdadeiramente saltava aos olhos era o *número* puro e simples de novas e tênues estrelas que o telescópio tinha revelado. Em uma única área pequena apenas ao redor da constelação de Órion, Galileu

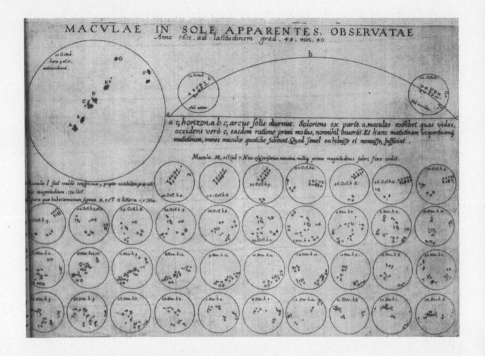

Figura 18

descobriu não menos que quinhentas novas estrelas. Quando Galileu virou o telescópio para atravessar a Via Láctea — aquele trecho de luz indistinta que cruza o céu noturno —, ele estava prestes a ter uma surpresa ainda maior. Mesmo o borrifo brilhante aparentemente homogêneo se decompôs em um número incontável de estrelas que nenhuma pessoa tinha visto antes como tal. O universo subitamente ficou muito maior. Na linguagem um tanto desapaixonada de um cientista, Galileu relatou:

> O que foi por nós observado em terceiro lugar é a natureza da matéria da própria Via Láctea, que, com o auxílio do óculo de alcance, pode ser tão bem observada que todas as discussões, que por tantas gerações exasperaram os filósofos, são destruídas pela certeza visível e somos libertados dos argumentos mundanos. Pois a Galáxia nada mais é que uma coleção disparatada de inumeráveis estrelas distribuídas em aglomera-

dos. Para qualquer que seja a região dela que direcionemos o óculo de alcance, um número imenso de estrelas imediatamente se oferece à visão. Delas, muitíssimas parecem bem grandes e bem conspícuas, mas a multiplicidade das pequenas é insondável.

Alguns dos contemporâneos de Galileu reagiram entusiasticamente. Suas descobertas inflamaram a imaginação igualmente de cientistas e não cientistas por toda a Europa. O poeta escocês Thomas Seggett exultou:

> Colombo deu ao homem terras a conquistar por derramamento de sangue,
> Galileu, novos mundos nocivos a ninguém.
> O que é melhor?

Sir Henry Wotton, um diplomata inglês em Veneza, conseguiu pôr as mãos em um exemplar do *Sidereus Nuncius* no dia em que o livro foi lançado. Ele imediatamente o encaminhou ao rei Jaime I da Inglaterra, acompanhado de uma carta que dizia em parte:

> Envio por meio desta à sua Majestade a mais estranha das notícias (como posso chamá-la com justiça) que de minha parte já tenha recebido do mundo; que é o livro anexado (chegou de fora neste exato dia) do professor de matemática de Pádua, que com o auxílio de um instrumento ótico (...) descobriu quatro novos planetas girando em torno da esfera de Júpiter, além de muitas outras estrelas fixas desconhecidas.

Volumes inteiros podem ser escritos (e, de fato, foram) sobre todas as realizações de Galileu, mas elas se situam fora do alcance do presente livro. Aqui, desejo apenas examinar o efeito que algumas dessas assombrosas revelações tiveram sobre as visões do universo de Galileu. Em particular, que relação ele percebeu, se é que percebeu alguma, entre a matemática e o vasto cosmo que se desenrola?

O grande Livro da Natureza

O filósofo da ciência Alexandre Koyré (1892-1964) comentou certa vez que a revolução de Galileu no pensamento científico pode ser destilada a um único elemento essencial: a descoberta de que matemática é a gramática da ciência. Embora os aristotélicos estivessem felizes com uma descrição qualitativa da natureza e, mesmo para isso, recorressem à autoridade de Aristóteles, Galileu insistia que os cientistas deveriam ouvir a própria natureza e que as chaves para decifrar o discurso do universo eram relações matemáticas e modelos geométricos. As inflexíveis diferenças entre as duas abordagens são exemplificadas pelos escritos de membros proeminentes dos dois campos. Eis o aristotélico Giorgio Coresio: "Concluamos, portanto, que aquele que não deseja trabalhar na escuridão deve consultar Aristóteles, o excelente intérprete da natureza." Ao qual outro aristotélico, o filósofo pisano Vincenzo di Grazia, acrescenta:

> Antes de considerarmos as demonstrações de Galileu, parece necessário mostrar quão longe da verdade estão aqueles que desejam demonstrar fatos naturais por meio de raciocínio matemático, entre os quais, se não me engano, está Galileu. Todas as ciências e todas as artes têm seus próprios princípios e suas próprias causas por meio dos quais demonstram as propriedades especiais de seu próprio objeto. *Segue-se que não temos permissão de usar os princípios de uma ciência para demonstrar as propriedades de outra* [a ênfase é minha]. Portanto, qualquer um que imagine que pode demonstrar as propriedades naturais com argumento matemático é simplesmente demente, pois as duas ciências são bem diferentes. O cientista natural estuda corpos naturais que têm movimento como seu estado natural e próprio, mas o matemático abstrai todo movimento.

Essa ideia de compartimentalização hermética dos ramos da ciência era precisamente o tipo de noção que enfurecia Galileu. No rascunho de seu tratado sobre hidrostática, *Discurso sobre os corpos flutuantes*, ele introduziu a matemática como um motor poderoso que permite que as pessoas verdadeiramente revelem os segredos da natureza:

> Prevejo uma terrível repreensão de um de meus adversários e quase o ouço gritando nos meus ouvidos que uma coisa é lidar com matérias fisicamente e outra bem diferente é fazê-lo matematicamente e que os geômetras deveriam se ater às suas fantasias e não se envolver nas questões filosóficas, onde as conclusões são diferentes daquelas da matemática. Como se a verdade pudesse alguma vez ser mais que uma; como se a geometria de nossos dias fosse um obstáculo à aquisição da verdadeira filosofia; como se fosse impossível ser um geômetra e também um filósofo, de tal maneira que devêssemos inferir como consequência necessária que qualquer um que conheça geometria não possa conhecer física e não possa racionar sobre e lidar com questões físicas fisicamente! Consequências não menos tolas que a de certo médico que, perturbado por um ataque de baço, disse que o grande médico Acquapendente [o anatomista Hieronymus Fabricius (1537-1619) de Acquapendente], sendo um famoso anatomista e cirurgião, deveria se satisfazer em permanecer entre seus bisturis e unguentos sem tentar efetuar curas por medicina, como se o conhecimento de cirurgia se opusesse à medicina e a destruísse.

Um simples exemplo de como essas diferentes atitudes com respeito a achados observacionais poderiam alterar inteiramente a interpretação dos fenômenos naturais é fornecido pela descoberta das manchas solares. Como mencionei anteriormente, o astrônomo jesuíta Christopher Scheiner observou essas manchas com competência e cuidado. Entretanto, cometeu o erro de permitir que preconceitos aristotélicos de um céu perfeito matizassem seu julgamento. Consequentemente, quando descobriu que as manchas não retornam à mesma posição e ordem, anunciou sem perder tempo que poderia "libertar o Sol da injúria das manchas". A premissa de imutabilidade celestial refreou sua imaginação e o impediu de considerar a possibilidade de que as manchas pudessem mudar, a ponto de não serem reconhecíveis. Ele concluiu, portanto, que as manchas *tinham* de ser estrelas orbitando o Sol. O curso de ataque de Galileu na questão da distância das manchas a partir da superfície do Sol foi inteiramente diferente. Ele identificou três observações que precisavam de explicação: primeira, as manchas pareceriam ser mais finas quando próximas da borda do disco solar do que quando próximas do centro do disco. Segunda, as separações entre as manchas pareciam aumentar à medida que as manchas se aproximavam do centro do disco. Finalmente, as manchas pareciam se deslocar mais rapidamente perto do centro que perto da borda. Galileu foi capaz de mostrar com uma simples construção geométrica que a hipótese — que as manchas eram contíguas à superfície do Sol e eram carregadas ao redor dele — era compatível com todos os fatos observacionais. A detalhada explicação se baseou no fenômeno visual do *aparente encurtamento* sobre uma esfera — o fato de formas parecerem mais delgadas e mais próximas entre si perto da borda (a figura 19 demonstra o efeito para círculos desenhados sobre uma superfície esférica).

A importância da demonstração de Galileu para os fundamentos do processo científico foi tremenda. Ele mostrou que dados observacionais tornam-se descrições significativas da realidade somente quando incorporados em uma teoria matemática adequada. As mesmas observações poderiam levar a interpretações ambíguas a menos que entendidas num contexto teórico mais amplo.

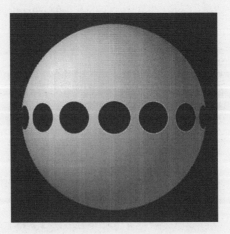

Figura 19

Galileu jamais desistiu de uma oportunidade para uma boa luta. A exposição extremamente articulada de seus pensamentos sobre a natureza da matemática e de seu papel na ciência aparece em outra publicação polêmica — *O ensaiador*. Esse tratado brilhante e magistralmente redigido tornou-se tão popular que o papa Urbano VIII ordenava que páginas da obra lhe fossem lidas durante as refeições. O mais estranho é que a tese central de Galileu em *O ensaiador* estava patentemente errada. Ele tentou argumentar que cometas eram na verdade fenômenos causados por algumas singularidades da refração ótica neste lado da Lua.

A história toda de *O ensaiador* dá um pouco a impressão de ter sido tirada do libreto de uma ópera italiana. No outono de 1618, três cometas surgiram em sucessão. O terceiro, em particular, permaneceu visível por quase três meses. Em 1619, Horácio Grassi, um matemático do Colégio Jesuíta Romano, publicou anonimamente um panfleto sobre suas observações desses cometas. Seguindo os passos do grande astrônomo dinamarquês Tycho Brahe, Grassi concluiu que os cometas estavam em algum lugar entre a Lua e o Sol. O panfleto poderia ter passado despercebido, mas Galileu decidiu responder, tendo tomado conhecimento que alguns jesuítas consideraram a publicação de Grassi um golpe contra o copernicanismo. Sua réplica foi na forma de palestras (em grande parte escritas pelo próprio Galileu) que foram proferidas pelo discípulo de Galileu, Mário Guiducci. Na versão publicada das palestras, *Discurso sobre os cometas*, Galileu atacou diretamente Grassi e Tycho Brahe. Foi a vez de Grassi ficar ofendido. Sob o pseudônimo de Lothario Sarsi e fazendo-se passar como um de seus próprios estudantes, Grassi publicou uma réplica cáustica, criticando Galileu sem meias-palavras. (A resposta foi intitulada *A balança astronômica e filosófica, na qual são pesadas as opiniões de Galileu Galilei referentes aos Cometas, bem como aquelas apresentadas na Academia Florentina por Mário Guiducci*.) Em defesa da aplicação dos métodos de Tycho para a determinação de distâncias, Grassi (falando como se fosse um aluno) argumentou:

Admitamos que meu mestre tivesse seguido Tycho. Seria um crime? A quem, então, deveria ele seguir? Ptolomeu [o criador alexandrino do sistema heliocêntrico], cujos seguidores têm a garganta ameaçada pela espada em riste de Marte agora mais próxima? Copérnico? Mas aquele que for devoto preferirá que todos se afastem dele e repelirá e rejeitará sua hipótese recentemente condenada. Portanto, Tycho continua o único a quem podemos aprovar como nosso líder entre os cursos desconhecidos das estrelas.

O texto demonstra elegantemente a delicada linha em que os matemáticos jesuítas tinham de caminhar no início do século XVII. De um lado, as críticas de Grassi a Galileu foram inteiramente justificadas e penetrantemente perspicazes. Do outro, por ser forçado a não se comprometer com o copernicanismo, Grassi teve de se impor uma camisa de força que comprometeu seu raciocínio global.

Os amigos de Galileu ficaram tão preocupados que o ataque de Grassi pudesse minar a autoridade de Galileu que instigaram o mestre a responder. Isso levou à publicação do *O ensaiador* em 1623 (o título completo explicava que, no documento, "pesa-se com uma balança ótima e exata o conteúdo dos *Instrumentos de pesagem astronômica e filosófica de Lothario Sarsi de Siguenza*").

Como já mencionado, *O ensaiador* contém a declaração mais clara e mais poderosa de Galileu referente à relação entre matemática e o cosmo. Eis o notável texto:

Acredito que Sarsi esteja firmemente convencido de que seja essencial em filosofia se apoiar na opinião de algum famoso autor, como se, quando nossas mentes não estiverem casadas com o raciocínio de outro alguém, precisassem permanecer totalmente improdutivas e estéreis. Talvez ele imagine que filosofia é um livro de ficção criado por algum homem, como a *Ilíada* ou *Orlando Furioso* [um poema épico do século XVI de Ludovico Ariosto] — livros nos quais a coisa menos importante é se o que está escrito neles é verdadeiro. Sr. Sarsi, não é assim que as questões se firmam. *Filosofia está escrita naquele grande livro que sempre se esten-*

de diante dos nossos olhos (quero dizer o universo). Não poderemos entendê-lo se não aprendermos antes a linguagem e compreendermos os caracteres em que está escrito. Está escrito na linguagem da matemática e os caracteres são triângulos, círculos e outras figuras geométricas, sem os quais é humanamente impossível compreender uma palavra sequer dela e sem os quais se vagueia inutilmente através de um labirinto escuro. [ênfase acrescentada]

Alucinante, não é? Séculos antes que fosse sequer enunciada a pergunta de por que a matemática era tão efetiva em explicar a natureza, Galileu achou que já conhecia a resposta! Para ele, matemática era simplesmente a linguagem do universo. Para entender o universo, argumentou ele, precisa-se falar essa linguagem. Deus é, de fato, um matemático.

Toda a amplitude de ideias nos escritos de Galileu pinta um quadro ainda mais detalhado de suas opiniões sobre a matemática. Em primeiro lugar, devemos perceber que, em última instância, matemática significava geometria para Galileu. Ele raramente se interessou em medir valores em números absolutos. Descreveu fenômenos principalmente com proporções entre quantidades e em termos relativos. Nisso, uma vez mais, Galileu foi um verdadeiro discípulo de Arquimedes, cujo princípio da alavanca e método de geometria comparativa ele usava intensa e efetivamente. Um segundo ponto interessante, que é revelado particularmente no último livro de Galileu, é a distinção que ele faz entre os papéis da geometria e da lógica. O livro em si, *Discursos e demonstrações matemáticas sobre duas novas ciências*, é escrito na forma de discussões estimulantes entre três interlocutores, Salviati, Sagredo e Simplício, cujos papéis são bem claramente demarcados. Salviati é realmente o porta-voz de Galileu. Sagredo, o aristocrático amante de filosofia, é um homem cuja mente já escapou das ilusões do senso comum aristotélico e que pode, portanto, ser convencido pelo vigor da nova ciência matemática. Simplício, que no trabalho anterior de Galileu foi retratado como alguém enfeitiçado pela autoridade aristotélica, aparece aqui como um erudito de mente aberta. No segundo dia do argumento, Sagredo tem um interessante diálogo com Simplício:

Sagredo: O que diremos, Simplício? Não devemos confessar que o poder da geometria é o instrumento mais potente de todos para afiar a mente e dispô-la a raciocinar perfeitamente e a especular? Não teve Platão uma boa razão para querer que seus pupilos primeiro se instruíssem em matemática?

Simplício parece concordar e apresenta a comparação com a lógica:

Simplício: Na verdade, começo a entender que, embora a lógica seja um instrumento excelente para governar nosso raciocínio, ela não se compara à agudeza da geometria em despertar a mente à descoberta.

Sagredo então aprimora a distinção:

Sagredo: Parece-me que a lógica ensina como saber se raciocínios e demonstrações já descobertos são ou não conclusivos, mas não creio que ensine como encontrar raciocínios e demonstrações conclusivos.

A mensagem de Galileu aqui é simples — ele acreditava que geometria era a ferramenta pela qual novas verdades são *descobertas*. Lógica, por outro lado, era para ele o meio pelo qual descobertas já feitas são *avaliadas e criticadas*. No capítulo 7, examinaremos uma perspectiva diferente, de acordo com a qual o todo da matemática origina-se da lógica.

Como Galileu chegou à ideia de que matemática era a linguagem da natureza? Afinal, uma conclusão filosófica dessa magnitude não poderia ter subitamente se materializado do nada. De fato, as raízes de tal concepção podem ser encontradas nos escritos de Arquimedes. O mestre grego foi o primeiro a usar matemática para explicar fenômenos naturais. Então, por meio de um caminho tortuoso que passa por alguns calculistas medievais e matemáticos da corte italiana, a natureza da matemática conquistou o status de um tema que vale a pena discutir. Finalmente, alguns dos matemáticos jesuítas da época de Galileu, Cristóforo Clávio em particular, também reconheceram o fato de que a matemática poderia ocupar algum terreno entre a metafísica — os princípios filosóficos da natureza de ser — e a realidade física. No prefácio ("Prolegômenos") dos seus *Comentários sobre os "Elementos" de Euclides*, Clávio escreveu:

> Já que as disciplinas matemáticas lidam com coisas consideradas separadas de qualquer matéria sensível, embora estejam imersas em coisas materiais, é evidente que elas ocupam um lugar intermediário entre a metafísica e a ciência natural, se levarmos em consideração seu tema.

Galileu não estava satisfeito com matemática como mero intermediário ou conduto. Ele deu um passo extra e audacioso de equiparar matemática com a linguagem natural de Deus. Essa identificação, entretanto, levantou outro sério problema — um que estava prestes a ter um impacto dramático na vida de Galileu.

Ciência e Teologia

De acordo com Galileu, Deus falava na linguagem da matemática no projeto da natureza. De acordo com a Igreja Católica, Deus era o "autor" da Bíblia. O que se devia fazer então com aqueles casos em que explicações científicas com base matemática pareciam contradizer as escrituras? Os teólogos do Concílio de Trento de 1546 responderam sem meias-palavras: "Ninguém que confie em seu próprio julgamento e que distorça as Escrituras Sagradas de acordo com sua própria concepção ousará interpretá-las contrariamente àquele sentido que a Santa Madre Igreja, a quem cabe julgar seu verdadeiro sentido e significado, sustentou ou sustenta." Assim sendo, quando, em 1616, pediram aos teólogos que dessem sua opinião sobre a cosmologia heliocêntrica de Copérnico, eles concluíram que era "formalmente herege, já que contradiz explicitamente em muitos lugares o sentido da Sagrada Escritura". Em outras palavras, o que estava verdadeiramente no cerne da objeção da Igreja ao copernicanismo de Galileu não era tanto a remoção da Terra de sua posição central no cosmos, mas, antes, o desafio à autoridade da Igreja na interpretação das escrituras. Num clima em que a Igreja Católica Romana já estava se sentindo assediada pelas controvérsias com os teólogos reformistas, Galileu e a Igreja estavam num claro curso de colisão.

Os eventos começaram a se desenrolar rapidamente em fins de 1613. Benedetto Castelli, ex-aluno de Galileu, fez uma apresentação das novas descobertas astronômicas ao grão-duque de Toscana e seu séquito. Previsivelmente, ele foi pressionado a explicar as aparentes discrepâncias entre a cosmologia copernicana e algumas narrativas bíblicas, como aquela em que Deus parou o Sol e a Lua em seus cursos para permitir que Josué e os israelitas completassem a vitória sobre os emoritas no vale de Avalon. Mesmo tendo Castelli relatado que "comportou-se como um campeão" na defesa do copernicanismo, Galileu ficou um tanto perturbado pela notícia desse confronto e se sentiu compelido a expressar suas próprias opiniões sobre contradições entre ciência e as Escrituras Sagradas. Em uma longa carta a Castelli datada de 21 de dezembro de 1613, Galileu escreve:

> Foi necessário, mesmo nas Sagradas Escrituras, para acomodar-se ao entendimento da maioria, dizer muitas coisas que aparentemente diferem do significado preciso. A natureza, pelo contrário, é inexorável e imutável e não se importa se suas causas e modos ocultos de funcionamento são ou não inteligíveis para a compreensão humana e nunca se desvia, por conta disso, das leis prescritas. Parece-me, portanto, que nenhum efeito da natureza, que a experiência coloca diante dos nossos olhos ou que seja a conclusão necessária derivada da evidência, deva ser tornada duvidosa por passagens da Escritura que contêm milhares de palavras que admitem várias interpretações, pois nenhuma sentença da Escritura está limitada por leis tão rígidas como ocorre com cada efeito da natureza.

Essa interpretação do significado bíblico estava claramente em desacordo com a de alguns dos teólogos mais rigorosos. Por exemplo, o dominicano Domingo Bañez escreveu em 1584: "O Espírito Santo não apenas inspirou tudo que está contido nas Escrituras, como também ditou e sugeriu cada palavra com a qual foram escritas." Galileu obviamente não se convenceu. Em sua *Carta a Castelli*, acrescentou:

Estou inclinado a achar que a autoridade das Sagradas Escrituras tem como objetivo convencer os homens daquelas verdades que são necessárias para a sua salvação e que, por estarem muito acima da compreensão do homem, não é possível torná-las verossímeis por aprendizado ou qualquer outro meio que não a revelação pelo Espírito Santo. Mas que o mesmo Deus, que nos dotou de sentidos, razão e compreensão, não nos permita usá-los e queira nos inteirar de tal conhecimento por qualquer outra forma que estejamos em posição de adquirir por nós mesmos por meio daquelas faculdades, parece-me que *isso* é algo em que não estou fadado a acreditar, em especial no tocante àquelas ciências sobre as quais existem apenas pequenos fragmentos e conclusões variadas nas Sagradas Escrituras; e é esse precisamente o caso com a astronomia, da qual existe tão pouco que os planetas sequer são todos enumerados.

Uma cópia da carta de Galileu chegou à Congregação do Santo Ofício em Roma, onde questões referentes à fé eram habitualmente avaliadas, e, em particular, ao influente cardeal Roberto Bellarmino (1542-1621). A reação original de Bellarmino ao copernicanismo foi bem moderada, já que considerava o modelo heliocêntrico inteiro "um meio de salvar as aparências, da mesma maneira que aqueles que propuseram epiciclos, mas realmente não acreditam em sua existência". Assim como outros antes dele, Bellarmino também tratava os modelos matemáticos expostos por astrônomos como meros subterfúgios convenientes, destinados a descrever o que as pessoas observaram, sem que estivessem ancorados em qualquer realidade física. Tais recursos para "salvar as aparências", argumentou, não demonstram que a Terra esteja realmente se movendo. Consequentemente, Bellarmino não viu nenhuma ameaça imediata vinda do livro de Copérnico (*De Revolutionibus*), apesar de acrescentar imediatamente que a alegação de que a Terra estivesse se movendo não apenas "irritaria todos os teólogos e filósofos escolásticos", mas também "feriria a Sagrada Fé por tornar falsa a Sagrada Escritura".

Os detalhes completos do restante dessa trágica história estão fora do alcance e foco principal do presente livro e, portanto, irei descrevê-los sucintamente aqui. A Congregação do Índex proibiu o livro de

Copérnico em 1616. Novas tentativas de Galileu de se basear em inúmeras passagens do mais venerado dos primeiros teólogos antigos — Santo Agostinho — para apoiar sua interpretação da relação entre as ciências naturais e as Escrituras não lhe conquistaram muita aprovação. Apesar das cartas articuladas em que sua tese principal de que não existe nenhum desacordo (exceto superficial) entre a teoria copernicana e os textos bíblicos, os teólogos de sua época consideraram os argumentos de Galileu uma indevida incursão em seu domínio. Cinicamente, esses mesmos teólogos não hesitavam em expressar opiniões sobre questões científicas.

Enquanto nuvens escuras se concentravam no horizonte, Galileu continuou a acreditar que prevaleceria a razão — um erro monumental quando se trata de desafiar a fé. Galileu publicou seu *Diálogo sobre dois máximos sistemas do mundo* em fevereiro de 1632 (a figura 20 mostra o frontispício da primeira edição). Esse texto polêmico foi a exposição mais detalhada de Galileu sobre suas ideias copernicanas. Além do mais, Galileu argumentava que, ao se dedicar à ciência com a linguagem do equilíbrio mecânico e matemática, as pessoas poderiam entender a mente divina. Dito de uma maneira diferente, quando uma pessoa encontra uma solução ao problema utilizando geometria proporcional, os insights e compreensão conquistados são divinos. A reação da Igreja foi rápida e decisiva. A circulação do *Diálogo* foi proibida já em agosto do ano de sua publicação. No mês seguinte, Galileu foi convocado a Roma para se defender das acusações de heresia. Galileu foi levado a julgamento em 12 de abril de 1633 e considerado "veementemente suspeito de heresia" em 22 de junho de 1633. Os juízes acusaram Galileu "de ter acreditado e apoiado uma doutrina — que é falsa e contrária às sagradas e divinas Escrituras — de que o Sol é o centro do mundo e não se move de leste a oeste e de que a Terra se move e não é o centro do mundo". A sentença foi severa:

> Nós o condenamos à prisão formal deste Santo Ofício indefinidamente a nosso critério e, como forma de penitência salutar, ordenamos que, durante os próximos três anos, repita uma vez por semana os sete Salmos penitenciais. Reservando-nos a liberdade de moderar, comutar ou reduzir, no todo ou em parte, as punições e penitência supracitadas.

MÁGICOS: O MESTRE E O HEREGE

Figura 20

Arrasado, Galileu então com 70 anos não conseguiu suportar a pressão. Com o espírito quebrado, Galileu submeteu sua carta de abjuração, na qual se comprometeu a "abandonar inteiramente a falsa opinião de que o Sol esteja no centro do mundo, que não se move e que a Terra não seja centro do mundo e que se mova". Ele concluiu:

> Portanto, desejando remover das mentes de vossas Eminências e de todos os cristãos essa veemente suspeição justamente concebida contra mim, com coração sincero e fé genuína, amaldiçoo e abomino os supracitados erros e heresias e, de um modo geral, os demais erros, heresias e seitas que de qualquer forma sejam contrários à Santa Igreja e juro que, no futuro, jamais voltarei a dizer nem afirmar, verbalmente ou por escrito, qualquer coisa que possa proporcionar oportunidade de similar suspeição a meu respeito.

O último livro de Galileu, *Discursos e demonstrações matemáticas sobre duas novas ciências*, foi publicado em julho de 1638. O manuscrito foi contrabandeado para fora da Itália e publicado em Leiden, na Holanda. O conteúdo deste livro expressou verdadeira e poderosamente o sentimento personificado nas lendárias palavras *"Eppur si muove"* ("E, contudo, se move"). É provável que a frase desafiadora, geralmente colocada na boca de Galileu no final de seu julgamento, nunca tenha sido proferida.

Em 31 de outubro de 1992, a Igreja Católica finalmente decidiu "reabilitar" Galileu. Reconhecendo que Galileu sempre esteve certo, mas ainda evitando críticas diretas à Inquisição, o papa João Paulo II disse:

> Paradoxalmente, Galileu, um sincero crente, mostrou-se mais perspicaz nesta questão [discrepâncias aparentes entre ciência e as escrituras] que seus adversários teólogos. A maioria absoluta dos teólogos não percebeu a distinção formal que existe entre as Sagradas Escrituras em si mesmas e sua interpretação e isso os levou indevidamente a transferir ao campo da doutrina religiosa uma questão que, na verdade, pertence à pesquisa científica.

Jornais de todo o mundo fizeram a festa. O *Los Angeles Times* declarou: "É oficial: a Terra gira ao redor do Sol, mesmo para o Vaticano."

Muitos não ficaram satisfeitos. Alguns consideraram esta *mea culpa* da Igreja pequena demais, tardia demais. O espanhol Antonio Beltrán Marí, especialista em Galileu, observou:

> O fato de o papa continuar a se considerar uma autoridade capaz de dizer qualquer coisa relevante sobre Galileu e sua ciência mostra que, pelo lado do papa, nada mudou. Ele se comporta exatamente da mesma maneira que os juízes de Galileu, cujo erro ele agora reconhece.

Para ser justo, o papa se viu num beco sem saída, numa situação sem qualquer possibilidade de vitória. Era provável que qualquer decisão de sua parte, seja ignorar a questão e manter a condenação de Galileu nos livros ou de finalmente reconhecer o erro da Igreja, fosse criticada. Ainda assim, numa época em que existem tentativas de introduzir o criacionismo bíblico como uma teoria "científica" alternativa (sob o mal velado título de "projeto (ou desenho) inteligente"), é bom lembrar que Galileu já lutou sua batalha há quase quatrocentos anos — e venceu!

CAPÍTULO 4

MÁGICOS:
O CÉTICO E O GIGANTE

Em uma das sete paródias do filme *Tudo o que você sempre quis saber sobre o sexo* (*mas tinha medo de perguntar)*, Woody Allen representa um bufão da corte que faz números cômicos para um rei medieval e seu séquito. O bufão se sente atraído pela rainha e, portanto, lhe dá um afrodisíaco, na esperança de seduzi-la. A rainha realmente se torna atraída pelo bufão, mas, ai!, ela tem um enorme cadeado no cinto de castidade. Diante da situação frustrante no quarto da rainha, o bufão suspira nervosamente: "Preciso pensar em alguma coisa rápido, antes que chegue o Renascimento pois, do contrário, *todos nós* estaremos pintando."

Piadas à parte, esse exagero é uma descrição compreensível dos eventos na Europa durante os séculos XV e XVI. O Renascimento, de fato, produziu tal riqueza de obras-primas em pintura, escultura e arquitetura que, até hoje, essas obras de arte assombrosas representam uma parte importante de nossa cultura. Em ciência, o renascimento testemunhou a revolução heliocêntrica em astronomia, liderada por Copérnico, Kepler e, especialmente, Galileu. A nova visão do universo propiciada pelas observações de Galileu com o telescópio e pelos insights obtidos de seus experimentos em mecânica, talvez mais que qualquer outra coisa, motivou os desenvolvimentos matemáticos do século seguinte. Em meio aos primeiros sinais de desmoronamento da filosofia aristotélica e aos desafios à ideologia teológica da Igreja, os filósofos começaram a procurar por um novo alicerce sobre o qual erigir o conhecimento humano. Matemática, com seu corpo de verdades aparentemente indubitável, ofereceu o que pareceu ser a base mais sólida para um novo começo.

O homem que embarcou na tarefa bem ambiciosa de descobrir uma fórmula que de alguma forma disciplinaria todo o pensamento racional e unificaria todo o conhecimento, ciência e ética era um jovem oficial e cavalheiro francês chamado René Descartes.

Um sonhador

Muitos consideram Descartes (figura 21) ao mesmo tempo o primeiro grande filósofo moderno e o primeiro biólogo moderno. Quando somamos a estas credenciais impressionantes o fato de o filósofo empirista inglês John Stuart Mill (1806-73) ter caracterizado uma das realizações de Descartes em matemática como "o maior passo isolado já dado no progresso das ciências exatas", começamos a perceber a imensidão do poder intelectual de Descartes.

René Descartes nasceu em 31 de março de 1596, em La Haye, França. Em homenagem ao seu morador mais célebre, a cidade foi rebatizada La Haye-Descartes em 1801 e, desde 1967, é simplesmente conhecida como Descartes. Aos 8 anos de idade, Descartes ingressou no Colégio Jesuíta de La Flèche, onde estudou latim, matemática, os clássicos, ciência e filosofia escolástica até 1612. Por causa de sua saúde relativamente frágil, Descartes foi dispensado de ter de se levantar à hora brutal de cinco da manhã e lhe foi permitido passar as horas matutinas na cama. Mais tarde na vida, continuou a usar a parte inicial do dia para contemplação e disse certa vez ao matemático francês Blaise Pascal que a única maneira de ele permanecer saudável e ser produtivo era nunca se levantar antes que se sentisse à vontade para fazê-lo. Como veremos em breve, essa declaração acabou se tornando tragicamente profética.

Depois de La Flèche, Descartes graduou-se na Universidade de Poitiers como advogado, mas realmente nunca exerceu o direito. Inquieto e ansioso para ver o mundo, Descartes decidiu ingressar no exército do prín-

Figura 21

cipe Maurice de Orange, que estava então estacionado em Breda, nas Províncias Unidas (Países Baixos). Um encontro acidental em Breda iria se tornar muito significativo para o desenvolvimento intelectual de Descartes. De acordo com a história tradicional, enquanto caminhava sem rumo nas ruas, ele subitamente viu uma tabuleta que parecia apresentar um problema desafiador em matemática. Descartes pediu ao primeiro transeunte que lhe traduzisse o texto de holandês para latim ou francês. Algumas horas depois, Descartes conseguiu resolver o problema, convencendo-se assim que realmente tinha uma aptidão para matemática. O tradutor se revelou ser não outro senão o matemático e cientista holandês Isaac Beeckman (1588-1637), cuja influência sobre as investigações físico-matemáticas de Descartes se manteve por anos. Os nove anos seguintes testemunharam Descartes alternando-se entre a agitação de Paris e o serviço em unidades militares de vários exércitos. Numa Europa agonizando com a luta religiosa e política e o princípio da Guerra dos Trinta Anos, foi relativamente fácil para Descartes encontrar batalhas ou tropas em marcha às quais se juntar, fosse em Praga, Alemanha ou Transilvânia. Ainda assim, durante todo esse período ele continuou, como ele mesmo disse, "profundamente imerso no estudo da matemática".

Em 10 de novembro de 1619, Descartes teve três sonhos que não apenas tiveram um efeito dramático sobre o resto da vida *dele*, mas que também marcaram, talvez, o início do mundo moderno. Tempos depois, descrevendo o evento, Descartes diz em uma de suas notas: "Fiquei tomado pelo entusiasmo e descobri os fundamentos de uma maravilhosa ciência." Do que tratavam esses sonhos influentes?

Na verdade, dois foram pesadelos. No primeiro sonho, Descartes se viu apanhado num redemoinho turbulento que o fez girar violentamente sobre o calcanhar esquerdo. Ele também ficou aterrorizado com uma sensação interminável de estar caindo a cada etapa. Um velho apareceu e tentou lhe apresentar um melão de uma terra estranha. O segundo sonho foi outra visão de horror. Ele estava aprisionado em um quarto com estrondos ameaçadores e faíscas voando por todos os lados. Em forte contraste com os dois primeiros, o terceiro sonho foi um quadro de tranquilidade e meditação. Enquanto os olhos exploravam a sala, Descartes viu livros aparecendo e desaparecendo em uma mesa. Entre eles estavam uma antologia de poemas intitulada *Corpus Poetarum* e uma enciclopédia. Ele abriu a antologia ao acaso e viu de relance o verso de abertura de um poema do poeta romano do século IV Ausônio. Dizia: *"Quod vitae sectabor iter?"* ("Que estrada deverei seguir na vida?"). Um homem surgiu milagrosamente do nada e citou outro verso: *"Est et non"* ("Sim e não" ou "É e não é"). Descartes quis lhe mostrar o verso de Ausônio, mas toda a visão desapareceu no nada.

Como costuma ser o caso com os sonhos, seu significado está não tanto no conteúdo real, que muitas vezes é desconcertante e bizarro, mas na interpretação que o sonhador decide lhe dar. No caso de Descartes, o efeito desses três sonhos enigmáticos foi assombroso. Ele supôs que a enciclopédia significava o conhecimento científico coletivo e a antologia de poesia retratava filosofia, revelação e entusiasmo. O "Sim e não" — os famosos opostos de Pitágoras — ele entendeu que representavam verdade e falsidade. (Não é de surpreender que algumas interpretações psicanalíticas tenham sugerido conotações sexuais em relação ao melão.) Descartes ficou totalmente convencido de que os sonhos lhe apontavam a direção da unificação de todo o conhecimento humano por meio da razão. Ele renunciou ao exército em 1621, mas continuou a viajar e a estudar matemática nos cinco anos seguintes. Todos aqueles que conheceram Descartes durante essa época, inclusive o influente líder espiritual cardeal Pierre de Bérulle (1575-1629), ficaram profundamente impressionados com sua agudeza e clareza de pensamento. Muitos o estimularam a publicar suas ideias. Com qualquer outro jovem, tais palavras paternais de sabedoria poderiam ter o mesmo efeito contraproducente que o conselho de uma única palavra sobre a carreira a seguir ("plásticos!") teve sobre o personagem de Dustin Hoffman no filme *A primeira noite de um homem*, mas Descartes era diferente. Uma vez que a busca da verdade já era um compromisso assumido, ele foi facilmente convencido. Ele se mudou para a Holanda que, à época, pareceu oferecer um meio intelectual mais tranquilo e, nos vinte anos seguintes, produziu um *tour de force* depois do outro.

Descartes publicou sua primeira obra-prima sobre os fundamentos da ciência, *Discurso do método de dirigir corretamente a razão e buscar a verdade nas ciências*, em 1637 (a figura 22 mostra o frontispício da primeira edição). Três apêndices extraordinários — sobre ótica, meteorologia e geometria — acompanhavam este tratado. A seguir, veio seu trabalho filosófico, *Meditações sobre filosofia primeira*, em 1641, e seu trabalho sobre física, *Princípios de filosofia*, em 1644. Descartes era então famoso por toda a Europa, contando entre seus admiradores e correspondentes a exilada princesa Elisabete da Boêmia (1618-80). Em 1649, Descartes foi convidado a instruir a pitoresca rainha Cristina da Suécia (1626-89) em filosofia. Tendo tido sempre uma queda pela realeza, Descartes concordou. De fato, sua carta à rainha foi tão cheia de expressões de reverente admiração de um cortesão do século XVII que, hoje, parece inteiramente ridícula: "Ouso protestar aqui à Vossa Majestade que vós não poderíeis me ordenar nada tão difícil que eu não estivesse sempre pronto a fazer todo o possível para executá-lo e que, mesmo que eu tivesse nascido sueco ou finlandês, não poderia ser mais nem mais perfeitamente dedicado [a vós] do que sou." A rainha de 23 anos e vontade de

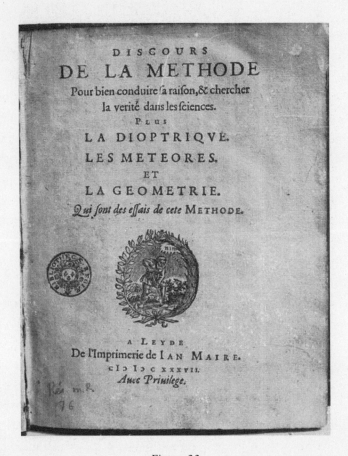

Figura 22

ferro insistiu com Descartes que lhe desse as lições no terrível horário de cinco horas da manhã. Numa terra que era tão fria que, lá, como Descartes escreveu a seu amigo, até os pensamentos congelam, isso se revelou fatal. "Estou fora do meu elemento aqui", escreveu Descartes, "e desejo apenas tranquilidade e repouso, que são bens que nem os mais poderosos monarcas na Terra podem dar àqueles que não conseguem obtê-los por si mesmos". Depois de apenas alguns meses de bravura, com o brutal inverno sueco naquelas escuras horas matutinas, que ele tinha conseguido evitar durante toda a sua vida, Descartes contraiu pneumonia. Morreu aos 53 anos de idade em 11 de fevereiro de 1650, às quatro horas da manhã, como se tentando evitar outro toque de despertar. O

Figura 23

homem cujas obras anunciaram a era moderna caiu vítima de suas próprias tendências esnobes e dos caprichos de uma jovem rainha.

Descartes foi enterrado na Suécia, mas seus restos mortais, ou pelo menos parte deles, foram transferidos para a França em 1667. Lá, foram deslocados várias vezes, até que foram finalmente enterrados, em 26 de fevereiro de 1819, em uma das capelas da catedral de Saint-Germain-des-Prés. A figura 23 me mostra ao lado da placa escura simples que celebra Descartes. Um crânio que alegam ser o de Descartes foi passado de mão em mão na Suécia até que foi comprado por um químico chamado Berzelius, que o transportou para a França. Aquele crânio encontra-se atualmente no Museu de Ciência Natural, que faz parte do Musée de l'Homme (o Museu do Homem) em Paris. O crânio está frequentemente em exposição defronte ao crânio de um homem de Neanderthal.

Um moderno

O rótulo "moderno", quando ligado a uma pessoa, geralmente se refere àqueles indivíduos capazes de conversar à vontade com seus colegas de profissão do século XX (ou, a esta altura, XXI). O que faz de Descartes um verdadeiro moderno é o fato de ele ter ousado *questionar* todas as asserções filosóficas e científicas feitas antes de seu tempo. Certa vez ele comentou que sua educação serviu apenas para ampliar sua perplexidade e torná-lo ciente da própria ignorância. No seu célebre *Discurso*, ele escreveu: "Observei com respeito à filosofia que, apesar de cultivada por muitos séculos pelas melhores mentes, ela não continha nenhum ponto que não fosse contestado e, portanto, duvidoso." Embora o destino de muitas das próprias ideias filosóficas de Descartes não fosse ser muito diferente, no sentido de filósofos posteriores terem apontado deficiências significativas em suas proposições, seu atrevido ceticismo mesmo nos conceitos mais básicos certamente faz dele moderno até a raiz dos cabelos. Mais importante da perspectiva do presente livro, Descartes reconheceu que os métodos e o processo de raciocínio da matemática produziam precisamente a espécie de *certeza* que faltava à filosofia escolástica antes de seu tempo. Ele pronunciou claramente:

> Estas longas correntes, compostas de raciocínios bem simples e fáceis, que geômetras usam costumeiramente para chegar às suas mais difíceis demonstrações, me deram a oportunidade de supor que *todas as coisas que caem dentro do escopo do conhecimento humano estão interconectadas da mesma maneira* [a ênfase é minha]. E imaginei que, contanto que nos abstenhamos de aceitar como verdadeira qualquer coisa que não o seja e que mantenhamos sempre a ordem necessária para deduzir uma coisa de outra, não poderá haver nada demasiado remoto a alcançar no final ou tão bem oculto para não ser descoberto.

Essa audaciosa declaração continua, em certo sentido, até adiante das opiniões de Galileu. Não é apenas o universo físico que é escrito na linguagem da matemática; todo o conhecimento humano segue a lógica da matemática. Nas palavras de Descartes: "... [o método da matemática] é um instrumento do conhecimento mais poderoso que qualquer outro que nos tenha sido legado pela mediação humana, sendo a fonte de todos os outros". Um dos objetivos de Descartes tornou-se, portanto, demonstrar que o mundo da física, que para ele era uma realidade matematicamente descritível, poderia ser representado sem necessidade de depender de nenhuma das nossas frequentemente enganosas percepções sensoriais. Ele defendia que a mente deveria filtrar aquilo que o olho vê e transformar as percepções em ideias. Afinal, argumentou Descartes, "não existem sinais garantidos para distinguir entre estar desperto e estar adormecido". Mas, Descartes se perguntou, se tudo que percebemos como realidade poderia de fato ser apenas um sonho, como iremos saber se mesmo a Terra e o céu não são alguns "delírios oníricos" instalados em nossos sentidos por algum "demônio malicioso de poder infinito"? Ou, como disse certa vez Woody Allen: "E se tudo for uma ilusão e nada existir? Neste caso, sem dúvida alguma paguei caro pelo meu tapete."

Para Descartes, este dilúvio de dúvidas perturbadoras finalmente produziu o que viria a se tornar seu argumento mais memorável: *Cogito ergo sum* (Penso, logo existo). Em outras palavras, por trás dos pensamentos deve existir uma mente consciente. Paradoxalmente, talvez, o próprio ato de duvidar não pode ser posto em dúvida! Descartes tentou usar esse começo aparentemente frágil para construir um empreendimento completo de conhecimento confiável. Fosse em filosofia, ótica, mecânica, medicina, embriologia ou meteorologia, Descartes pôs seu dedo em tudo e realizou proezas de algum significado em cada uma dessas disciplinas. Ainda assim, apesar de sua insistência na capacidade humana de raciocinar, Descartes não acreditou que a lógica sozinha fosse capaz de revelar verdades fundamentais. Chegando essencialmente à mesma conclusão de Galileu, ele comentou: "Quanto à lógica, seus silogismos e a maioria de suas outras observações têm utilidade mais na comunicação daquilo que já sabemos (...) que na investigação do desconhecido". Pelo contrário, durante todo o heroico empenho de reinventar, ou estabelecer, os fundamentos de disciplinas inteiras, Descartes tentou usar os prin-

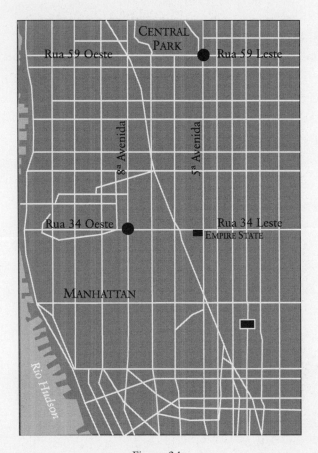

Figura 24

cípios que ele tinha destilado do método matemático para garantir que caminhava em terreno sólido. Ele descreveu essas rigorosas diretrizes em suas *Regras para a direção do espírito*. Ele começava com verdades sobre as quais não tinha nenhuma dúvida (similares aos axiomas na geometria de Euclides); tentava fragmentar problemas difíceis em outros mais manejáveis; avançava dos rudimentares aos complexos; e checava duas vezes todo o procedimento para convencer a si próprio que nenhuma solução potencial tinha sido ignorada. Desnecessário dizer que nem mesmo esse árduo processo cuidadosamente construído conseguiu tornar as conclusões de Descartes imunes ao erro. De fato, mesmo que Descartes seja mais conhecido pelos monumentais avanços revolucionários na filosofia, suas contribuições mais duradouras foram na matemática. Irei agora me concentrar particularmente naquela ideia brilhantemente simples a que John Stuart Mill se referiu como "o maior passo isolado já dado no progresso das ciências exatas".

A matemática de um mapa da cidade de Nova York

Examinemos o mapa parcial de Manhattan na figura 24. Se estivermos na esquina da Rua 34 Oeste com a Oitava Avenida e tivermos de nos encontrar com alguém na esquina da Rua 59 Leste com a Quinta Avenida, não teremos nenhuma dificuldade para encontrar o caminho, certo? Era essa a essência da ideia de Descartes para uma nova geometria. Ele a descreveu em um apêndice de 106 páginas intitulado *La Géométrie* (*A geometria*) ao seu *Discurso do método*. Difícil de acreditar, mas esse conceito incrivelmente simples revolucionou a matemática. Descartes começou com o fato quase trivial de que, assim como mostra o mapa de Manhattan, um par de números sobre o plano pode inequivocamente determinar a posição de um ponto (por exemplo, ponto A na figura 25a). Em seguida, usou tal fato para desenvolver uma poderosa teoria das curvas — a *geometria analítica*. Em homenagem a Descartes, o par de linhas retas perpendiculares que se cruzam e que nos dão o sistema referencial é conhecido como um *sistema coordenado cartesiano*. Tradicionalmente, a linha horizontal é rotulada "eixo x", a linha vertical o "eixo y" e o ponto de interseção é conhecido como a "origem". O ponto marcado "A" na figura 25a, por exemplo, tem uma coordenada x de 3 e uma coordenada y de 5, que é simbolicamente denotada pelo par ordenado de números (3,5). [Notemos que a origem é designada (0,0).] Suponhamos agora que queiramos de alguma forma caracterizar todos os pontos no plano que estejam a uma distância de precisamente 5 unidades da origem. Trata-se, é claro, precisamente da definição geométrica de um círculo em torno da origem, com um raio de cinco unidades (figura 25b). Se tomarmos o ponto (3,4) nesse círculo, veremos que as coordenadas satisfazem $3^2 + 4^2 = 5^2$. De fato, é fácil mostrar (usando o teorema de

Pitágoras) que as coordenadas (x, y) de qualquer ponto neste círculo satisfazem $x^2 + y^2 = 5^2$. Além do mais, os pontos no círculo são os únicos pontos no plano para cujas coordenadas esta equação ($x^2 + y^2 = 5^2$) é verdadeira. Isso implica que a equação algébrica $x^2 + y^2 = 5^2$ caracteriza precisa e exclusivamente esse círculo. Em outras palavras, Descartes descobriu uma maneira de representar uma curva geométrica por uma equação algébrica ou numericamente, e vice-versa. Isso pode não parecer excitante para um simples círculo, mas todo e qualquer gráfico que você já viu, seja nas subidas e descidas semanais do mercado de ações, a temperatura do Polo Norte no último século ou a velocidade de expansão do universo, se baseia na engenhosa ideia de Descartes. De repente, geometria e álgebra não eram mais dois ramos separados da matemática, mas, sim, duas representações das mesmas verdades. A equação que descreve uma curva contém implicitamente toda propriedade imaginável da curva, inclusive, por exemplo, todos os teoremas da geometria euclidiana. E não foi tudo. Descartes chamou atenção que diferentes curvas poderiam ser desenhadas no mesmo sistema de coordenadas e que seus pontos de interseção poderiam ser encontrados simplesmente encontrando-se as soluções que são comuns às respectivas equações algébricas. Assim, Descartes encontrou uma maneira de explorar os pontos fortes da álgebra para corrigir o que ele considerava as perturbadoras deficiências da geometria clássica. Por exemplo, Euclides definiu um ponto como uma entidade que não tem partes nem magnitude. Essa definição bem obscura tornou-se obsoleta para sempre depois que Descartes definiu um ponto no plano simplesmente como o par ordenado de números (x,y). Mas mesmo esses novos estalos foram apenas a ponta do iceberg. Se duas quantidades x e y podem estar relacionadas de tal maneira que para todo valor de x corresponde um único valor de y, então elas constituem aquilo que é conhecido como *função* e funções são verdadeiramente ubíquas. Independentemente de estarmos monitorando nosso peso diário durante uma dieta, a altura de um filho em aniversários consecutivos ou a dependência do consumo de gasolina por quilômetro sobre a velocidade em que dirigimos, todos esses dados podem ser representados por funções.

MÁGICOS: O CÉTICO E O GIGANTE 117

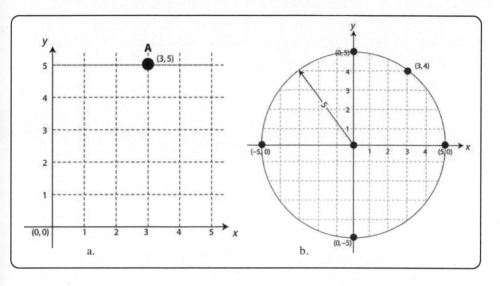

Figura 25

Funções são verdadeiramente o arroz com feijão dos cientistas, estatísticos e economistas modernos. Uma vez que observações ou experimentos científicos repetidos muitas vezes produzem as mesmas inter-relações funcionais, eles poderão adquirir o status elevado de *leis da natureza* — descrições matemáticas de um comportamento que se constata ser obedecido por todos os fenômenos naturais. Por exemplo, a lei de gravitação de Newton, à qual retornaremos adiante neste capítulo, afirma que quando a distância entre duas massas pontuais é dobrada, a atração gravitacional entre elas sempre diminui por um fator de quatro. As ideias de Descartes, portanto, abriram a porta para uma matematização sistemática de praticamente tudo — a própria essência da noção de que Deus é um matemático. Do lado puramente matemático, ao estabelecer a equivalência de duas perspectivas da matemática (algébrica e geométrica) anteriormente consideradas desconexas, Descartes expandiu os horizontes da matemática e pavimentou o caminho para a arena moderna da *análise*, que permite que os matemáticos passem comodamente de uma subdisciplina matemática para outra. Consequentemente, não apenas uma variedade de fenômenos tornou-se descritível pela matemática, mas a própria matemática tornou-se mais ampla, mais rica e mais unificada. Como disse o grande matemático Joseph-Louis Lagrange (1736-1813): "Enquanto a álgebra e a geometria seguiram por diferentes caminhos, seu avanço foi lento e suas aplicações, limitadas. Porém, quando juntaram suas forças, essas duas ciências extraíram reciprocamente uma nova vitalidade e, daí por diante, marcharam em passo acelerado rumo à perfeição."

Por mais importantes que tenham sido as realizações de Descartes na matemática, ele próprio não limitou seus interesses científicos a ela. Ciência, disse ele, era como uma árvore, com a metafísica sendo as raízes, a física, o tronco, e os três principais ramos representando a mecânica, a medicina e a moral. A escolha dos ramos pode parecer um tanto surpreendente à primeira vista, mas, de fato, os ramos simbolizavam muito bem as três áreas mais importantes às quais Descartes quis aplicar suas novas ideias: o universo, o corpo humano e a condução da vida. Descartes gastou os primeiros quatro anos de sua permanência na Holanda — 1629 a 1633 — escrevendo o tratado sobre cosmologia e física, *Le Monde* (*O mundo*). Exatamente quando o livro estava pronto para ir ao prelo, contudo, Descartes foi abalado por algumas notícias inquietantes. Numa carta ao amigo e crítico, o filósofo natural Marin Mersenne (1588-1648), ele lamentou:

> Tencionava enviar-lhe meu novo *Mundo* como um presente de ano-novo e, há apenas duas semanas, estava determinado a lhe enviar pelo menos parte dele, se não fosse possível copiar a tempo o trabalho inteiro. Mas tenho de dizer que, no meio tempo, me dei ao trabalho de indagar em Leiden e Amsterdã se o *Sistema do mundo* de Galileu estava disponível, pois achei ter ouvido dizer que tinha sido publicado na Itália no ano passado. Fui informado que, de fato, fora publicado, mas que todos os exemplares tinham sido imediatamente queimados em Roma e que Galileu tinha sido condenado e multado. Fiquei tão surpreso com a notícia que quase decidi queimar todos os meus documentos ou, no mínimo, não permitir que ninguém os visse. Eu não conseguia imaginar que ele — um italiano e, segundo sei, nas boas graças do papa — pudesse ter sido con-

siderado um criminoso por qualquer outro motivo além de ter tentado, como sem dúvida o fez, estabelecer que a Terra se move. Sei que alguns cardeais já tinham censurado essa visão, mas achei ter ouvido dizer que, de qualquer forma, era ensinada publicamente em Roma. *Devo admitir que, se tal visão for falsa, também o serão todos os fundamentos de minha filosofia* [ênfase minha], pois ela pode ser claramente demonstrada a partir deles. E ela está tão intimamente entrelaçada em cada parte do meu tratado que eu não poderia removê-la sem tornar o trabalho todo imperfeito. Mas, levando em conta todos os aspectos, não quis publicar um discurso em que pudesse ser encontrada uma única palavra que a Igreja pudesse desaprovar; portanto, preferi suprimi-lo inteiramente, em vez de o publicar de uma forma mutilada.

Descartes tinha de fato abandonado *O mundo* (o manuscrito incompleto foi finalmente publicado em 1664), mas realmente incorporou a maioria dos resultados nos seus *Princípios de Filosofia*, publicado em 1644. Nesse discurso sistemático, Descartes apresentou suas leis da natureza e sua teoria dos vórtices. Duas de suas leis são bem parecidas com as famosas primeira e segunda leis de movimento de Newton, mas as demais estavam de fato incorretas. A teoria dos vórtices pressupunha que o Sol estivesse no centro de um redemoinho criado na matéria cósmica contínua. Os planetas eram supostamente dragados ao redor deste vórtice como folhas em um redemoinho formado no fluxo de um rio. Os planetas, por sua vez, formariam seus próprios vórtices secundários que carregavam os satélites para todos os lados. Embora a teoria dos vórtices de Descartes estivesse espetacularmente errada (como, mais tarde, Newton ressaltou cruelmente), ainda era interessante, sendo a primeira tentativa séria de formular uma teoria do universo como um todo que se baseava nas mesmas leis que se aplicam à superfície da Terra. Em outras palavras, para Descartes, não havia nenhuma diferença entre fenômenos terrestres e celestes — a Terra fazia parte de um universo que obedecia a leis físicas uniformes. Lamentavelmente, Descartes ignorou seus próprios princípios ao construir uma teoria detalhada que não se baseava em matemática autocoerente nem em observações. Mesmo assim, o cenário de Descartes, no qual o Sol e os planetas de alguma forma perturbam a matéria universal uniforme ao seu redor, continha alguns elementos que, muito mais tarde, tornaram-se a pedra angular da teoria da gravidade de Einstein. Na teoria da relatividade geral de Einstein, gravidade não é alguma força misteriosa que age atravessando as vastas distâncias do espaço. Pelo contrário, corpos maciços como o Sol dobram (arqueiam) o espaço em suas vizinhanças, assim como uma bola de boliche faria uma cama elástica vergar. Os planetas, portanto, simplesmente seguem as trajetórias mais curtas nesse espaço dobrado.

Deixei deliberadamente de fora desta descrição extremamente resumida das ideias de Descartes quase todo o seu fértil trabalho em filosofia, porque isso nos teria afastado demais do foco sobre a natureza da matemática (voltarei a alguns dos pensamentos dele sobre Deus mais adiante no capítulo). Não posso me abster, entretanto, de incluir o seguinte e divertido comentário escrito pelo matemático britânico Walter William Rouse Ball (1850-1925) em 1908:

> Quanto às suas [de Descartes] teorias filosóficas, bastará dizer que ele discutiu os mesmos problemas que têm sido discutidos nos últimos dois mil anos e provavelmente serão debatidos com igual zelo nos próximos dois mil anos. Não seria necessário dizer que os próprios problemas têm importância e interesse, mas, pela natureza do caso, nenhuma solução já oferecida é capaz de dar uma rígida demonstração ou refutação; tudo o que se pode fazer é tornar uma explicação mais provável que outra e sempre que um filósofo, como Descartes, acredita ter finalmente decidido uma questão, seus sucessores conseguiram apontar as falácias nas premissas. Já li em algum lugar que a filosofia tem sempre se dedicado principalmente às inter-relações de Deus, Natureza e Homem. Os primeiros filósofos foram gregos que se ocuparam principalmente das relações entre Deus e Natureza e lidaram com o Homem separadamente. A Igreja Cristã ficou tão absorvida na relação de Deus com o Homem que descuidou inteiramente da Natureza. Finalmente, os filósofos modernos preocupam-se principalmente com as relações entre Homem e Nature-

za. Se esta é uma generalização histórica correta das visões que foram sucessivamente prevalentes não é algo que me interesse discutir aqui, mas a declaração sobre o alcance da filosofia moderna marca as limitações dos escritos de Descartes.

Descartes terminou seu livro sobre geometria com as palavras: "Espero que a posteridade me julgue generosamente, não apenas com as coisas que expliquei, mas também com aquelas que omiti intencionalmente para deixar a outros o prazer da descoberta" (figura 26). Ele não poderia ter sabido que um homem que tinha apenas 8 anos de idade no ano em que Descartes morreu pegaria suas ideias da matemática como o

> **LIVRE TROISIESME.** 413
>
> les Problefmes d'vn mefme genre, iay tout enfemble donné la façon de les reduire à vne infinité d'autres diuerfes; & ainfi de refoudre chafcun deux en vne infinité de façons. Puis outre cela qu'ayant conftruit tous ceux qui font plans, en coupant d'vn cercle vne ligne droite; & tous ceux qui font folides, en coupant auffy d'vn cercle vne Parabole; & enfin tous ceux qui font d'vn degré plus compofés, en coupant tout de mefme d'vn cercle vne ligne qui n'eft que d'vn degré plus compofée que la Parabole; il ne faut que fuiure la mefme voye pour conftruire tous ceux qui font plus compofés a l'infini. Car en matiere de progreffions Mathematiques, lorfqu'on a les deux ou trois premiers termes, il n'eft pas malayfé de trouuer les autres. Et i'efpere que nos neueux me fçauront gré, non feulement des chofes que iay icy expliqueés; mais auffy de celles que iay omifes volontairement, affin de leur laiffer le plaifir de les inuenter.
>
> **F I N.**

Figura 26

coração da ciência e daria um passo gigantesco para a frente. Este gênio sem igual provavelmente teve mais oportunidades de experimentar o "prazer da descoberta" que qualquer outro indivíduo na história da raça.

E fez-se a luz

O grande poeta inglês do século XVIII Alexander Pope (1688-1744) tinha 39 anos quando Isaac Newton (1642-1727) morreu (a figura 27 mostra o túmulo de Newton na Abadia de Westminster). Num bem conhecido dístico, Pope tentou encapsular as realizações de Newton:

> *A Natureza e as leis da Natureza permaneciam ocultas na noite:*
> *Deus disse: Que haja Newton! E tudo foi luz.*

Quase cem anos depois da morte de Newton, lorde Byron (1788-1824) acrescentou em seu poema épico *Don Juan* os versos:

> *E é este o único mortal que pôde lutar,*
> *Desde Adão, com uma queda ou com uma maçã.*

Figura 27

Para as gerações de cientistas que o sucederam, Newton de fato foi e continua sendo uma figura de proporções legendárias, mesmo para quem não dá importância aos mitos. A famosa frase de Newton "se vi mais longe é por estar sobre ombros de gigantes" é muitas vezes apresentada como um modelo de generosidade e humildade que se espera que os cientistas demonstrem sobre suas descobertas mais importantes. Na verdade, é possível que Newton tenha escrito aquela frase como uma resposta sarcástica velada pela sutileza a uma carta de alguém a quem considerava sua principal nêmese científica, o prolífico físico e biólogo Robert Hooke (1635-1703). Em diversas ocasiões, Hooke tinha acusado Newton de roubar suas próprias ideias, primeiro sobre a teoria da luz e, mais tarde, sobre a gravidade. Em 20 de janeiro de 1676, Hooke adotou um tom mais conciliatório e, numa carta pessoal a Newton, declarou: "Os seus desígnios e os meus [tocantes à teoria da luz], suponho eu, têm como objetivo a mesma coisa, que é a Descoberta da verdade e suponho que ambos sejamos capazes de tolerar objeções." Newton decidiu jogar o mesmo jogo. Em sua resposta à carta de Hooke, datada de 5 de fevereiro de 1676, escreveu: "O que Des-Cartes [Descartes] fez foi dar um bom passo [referindo-se às ideias de Descartes sobre a luz]. Você contribuiu de várias maneiras, em particular levando em consideração filosófica as cores das lâminas finas. Se vi mais longe é por estar sobre ombros de Gigantes." Já que, longe de ser um gigante, Hooke era bem baixo e sofria de uma grave corcunda, a mais conhecida citação de Newton poderia simplesmente significar que ele sentia que não devia absolutamente nada a Hooke! O fato de que Newton aproveitava todas as oportunidades para insultar Hooke, sua declaração que sua própria teoria destruiu "tudo o que ele [Hooke] disse" e a recusa em publicar seu próprio livro sobre luz, *Opticks*, antes da morte de Hooke, argumentam que essa interpretação da citação pode não ser fantasiosa. A hostilidade entre os dois cientistas atingiu um grau ainda maior quando se tratou da teoria da gravidade. Quando Newton soube que Hooke tinha afirmado ser o criador da lei da gravidade, apagou meticulosa e vingativamente toda e qualquer referência ao nome de Hooke da parte final do seu livro sobre o assunto. Ao amigo e astrônomo Edmond Halley (1656-1742), Newton escreveu em 20 de junho de 1686:

> Ele [Hooke] deveria, ao invés, ter se escusado por motivo de inaptidão. É claro pelas palavras dele que ele não sabia como lidar com a questão. Ora, não é ótimo? Matemáticos que descobrem, estabelecem e fazem todo o trabalho devem se satisfazer em não ser mais que estéreis calculistas e serviçais; e outros, que nada fazem senão fingir e se agarrar a todas as coisas, devem se limitar a admirar toda invenção, tanto daqueles que se seguirão a ele como daqueles que vieram antes.

Newton deixa muitíssimo claro aqui por que achava que Hooke não merecia qualquer crédito — não era capaz de formular suas ideias na linguagem da matemática. De fato, a qualidade que fez com que as teorias de Newton verdadeiramente se destacassem — a característica inerente que as tornou leis inevitáveis da natureza — foi precisamente o fato de terem sido todas expressas na forma de relações matemáticas cristalinas e autoconsistentes. Em comparação, as ideias teóricas de Hooke, por mais engenhosas que tenham sido em muitos casos, não pareciam ser nada além de uma coleção de palpites, conjecturas e especulações.

Incidentalmente, as atas manuscritas da Royal Society de 1661 a 1682, que por muito tempo foram consideradas perdidas, vieram subitamente à tona em fevereiro de 2006. O pergaminho, que contém mais de 520 páginas de texto com a caligrafia do próprio Robert Hooke, foi encontrado em uma casa em Hampshire, Inglaterra, onde acredita-se que tenha sido guardado em um guarda-louça por cerca de cinquenta anos. As atas de dezembro de 1679 descrevem a correspondência entre Hooke e Newton na qual discutem um experimento para confirmar a rotação da Terra.

Voltando ao golpe de mestre científico de Newton, este pegou a concepção de Descartes — de que o cosmo pode ser descrito pela matemática — e a transformou em uma realidade operacional. No prefácio à sua obra monumental *Os princípios matemáticos da filosofia natural* (em latim: *Philosophiae Naturalis Principia Mathematica*; geralmente conhecida como *Principia*), ele declarou:

> Oferecemos esta obra como os princípios matemáticos da filosofia, pois todo o fardo da filosofia parece consistir nisto — partir dos fenômenos dos movimentos para investigar as forças da natureza e, então, a partir dessas forças, demonstrar os demais fenômenos; e, para este fim, são direcionadas as proposições gerais no primeiro e segundo Livros. No terceiro Livro, damos um exemplo disso na explicação do Sistema do Mundo; pois, no terceiro, por meio das proposições matematicamente demonstradas nos Livros anteriores, derivamos a partir dos fenômenos celestes a força da gravidade com a qual os corpos inclinam-se ao Sol e aos vários planetas. Então, a partir dessas forças, por meio de outras proposições que também são matemáticas, deduzimos os movimentos dos planetas, dos cometas, da Lua e do mar.

Quando percebemos que Newton verdadeiramente realizou nos *Principia* tudo o que prometeu no prefácio, a única reação possível é: uau! A insinuação de Newton de superioridade em relação ao trabalho de Descartes era inequívoca: decidiu que o título de seu livro seria Princípios Matemáticos, em oposição aos Princípios de Filosofia de Descartes. Newton adotou o mesmo raciocínio e metodologia matemáticos até em seu livro de caráter mais experimental sobre a luz, *Opticks*. Ele começa o livro com: "Meu objetivo neste livro não é explicar as Propriedades da Luz por Hipóteses, mas propor e demonstrá-las por Raciocínio e Experimentos: para este fim, tomarei como premissas as seguintes definições e Axiomas." Ele segue então em frente como se fosse um livro sobre geometria euclidiana, com definições e proposições concisas. Então, na conclusão do livro, Newton acrescentou, para uma ênfase a mais: "Como na Matemática, também na Filosofia Natural a Investigação de Coisas difíceis pelo Método da Análise deverá sempre preceder o Método da Composição."

A façanha de Newton com sua caixa de ferramentas matemáticas foi nada menos que milagrosa. Este gênio que, por uma coincidência histórica, nasceu exatamente no mesmo ano em que Galileu morreu, formulou as leis fundamentais da mecânica, decifrou as leis que descrevem o movimento planetário, erigiu a base teórica dos fenômenos de luz e cor e fundou o estudo do cálculo diferencial e integral. Essas realizações por si bastariam para que Newton conquistasse um lugar de honra na galeria dos cientistas mais proeminentes. Foi, porém, o trabalho sobre gravidade que o elevou ao lugar mais alto do pódio dos mágicos — aquele reservado ao maior cientista que já viveu. Aquele trabalho fechou a lacuna entre os céus e a Terra, fundiu os campos da astronomia e física e colocou o cosmo inteiro sob a mesma tutela matemática. Como essa obra-prima — os *Principia* — nasceu?

Comecei a pensar na gravidade se estendendo adiante do orbe da Lua

William Stukeley (1687-1765), um antiquário e médico que foi amigo de Newton (apesar dos mais de quarenta anos de idade que os separavam), acabou se tornando o primeiro biógrafo do grande cientista. Em suas *Memórias da vida de Sir Isaac Newton*, encontramos um relato de uma das lendas mais célebres da história da ciência:

> Em 15 de abril de 1726, fiz uma visita a Sir Isaac em suas acomodações no complexo de edifícios Orbels em Kensington, jantei com ele e passei o dia todo com ele, a sós. (...) Depois do jantar, estando o tempo quente, fomos ao jardim e tomamos chá, sob a sombra de algumas macieiras, somente ele e eu. Em meio a outras conversas, ele me contou que estava exatamente na mesma situação de antes [em 1666, quando Newton saiu de Cambridge e voltou para casa por causa da peste], quando a noção de gravitação entrou em sua mente. Fora ocasionada pela queda de uma maçã, quando estava sentado em humor contemplativo. Por que deveria aquela maçã sempre cair perpendicularmente ao solo, perguntou a si

mesmo em pensamento. Por que não deveria ir para o lado ou para cima, mas constantemente para o centro da Terra? Certamente, o motivo é que a Terra a atrai. Deve existir um poder de atração na matéria: e a soma do poder de atração na matéria da Terra deve estar no centro da Terra, não em qualquer lado da Terra. Portanto, esta maçã de fato cai perpendicularmente ou em direção ao centro. Se matéria, consequentemente, atrai matéria, deve ser em proporção com sua quantidade. Logo, a maçã atrai a Terra, bem como a Terra atrai a maçã. Que existe um poder, como aquele que aqui chamamos gravidade, que se estende através do universo. (...) Foi este o nascimento daquelas assombrosas descobertas, por meio das quais ele erigiu a filosofia sobre um fundamento sólido, para o espanto de toda a Europa.

Independentemente de o mítico evento com a maçã ter ou não realmente ocorrido em 1666, a lenda subestima muito a genialidade e a singular profundidade do pensamento analítico de Newton. Embora não haja nenhuma dúvida de que Newton tenha escrito o primeiro manuscrito sobre a teoria da gravidade antes de 1669, ele não precisava ver fisicamente uma maçã em queda para saber que a Terra atraía objetos próximos de sua superfície. Nem poderia seu incrível estalo na formulação de uma lei universal da gravitação originar-se da mera visão de uma maçã em queda. De fato, existem alguns indícios que sugerem que alguns conceitos cruciais de que Newton precisava para conseguir enunciar uma força gravitacional universalmente em ação podem não ter sido concebidos antes de 1684-85. Uma ideia dessa magnitude é tão rara nos anais da ciência que mesmo alguém com uma mente fenomenal — como Newton — teve de chegar a ela através de uma longa série de passos intelectuais.

Tudo pode ter começado na juventude de Newton, com seu encontro menos que perfeito com o enorme tratado de Euclides sobre geometria, *Os elementos*. De acordo com o próprio testemunho de Newton, ele começou a "ler apenas os títulos das proposições", já que achou que eram tão fáceis de entender que ele "se perguntou como alguém se divertiria em escrever quaisquer de suas demonstrações". A primeira proposição que realmente o fez pausar e o fez introduzir algumas linhas de interpretação no livro foi aquela que começa com "em um triângulo retângulo, o quadrado da hipotenusa é igual aos quadrados dos outros dois lados" — o teorema de Pitágoras. Um tanto surpreendente, talvez, mesmo que Newton tivesse realmente lido alguns livros de matemática enquanto esteve no Trinity College em Cambridge, ele não leu muitas das obras que estavam disponíveis em sua época. Evidentemente, ele não precisou!

O único livro que acabou talvez se tornando o mais influente em guiar o pensamento matemático e científico de Newton não foi outro senão *La Géométrie*, de Descartes. Newton o leu em 1664 e releu diversas vezes, até que "pouco a pouco, ele se tornou mestre do todo". A flexibilidade conferida pela noção de funções e suas variáveis livres pareceu abrir uma infinidade de possibilidades para Newton. Não apenas a geometria analítica pavimentou o caminho para Newton fundar o cálculo, com a exploração associada de funções, suas tangentes e suas curvaturas, mas, também, o espírito científico interior de Newton verdadeiramente ardeu em chamas. Ficaram para trás as monótonas construções com régua e compasso, sendo substituídas por curvas arbitrárias que poderiam ser representadas por expressões algébricas. Então, em 1665-66, uma terrível praga atingiu Londres. Quando a contagem de vítimas fatais chegou aos milhares, as faculdades de Cambridge tiveram de ser fechadas. Newton foi forçado a sair da escola e voltar para casa no remoto vilarejo de Woolsthorpe. Lá, na tranquilidade da vida rural, Newton fez sua primeira tentativa de demonstrar que a força que segurava a Lua em sua órbita ao redor da Terra e a gravidade da Terra (a própria força que fazia as maçãs caírem) eram, de fato, exatamente a mesma. Newton descreveu aqueles primeiros esforços num memorando escrito por volta de 1714:

> E no mesmo ano [1666], comecei a pensar na gravidade se estendendo adiante do orbe da Lua e, tendo descoberto como estimar a força com a qual [um] globo dando voltas dentro de uma esfera pressiona a superfície da esfera, a partir da Regra de Kepler dos tempos periódicos dos Pla-

MÁGICOS: O CÉTICO E O GIGANTE   129

netas estando em uma proporção sesquialternada de suas distâncias a partir dos centros de seus Orbes, deduzi que as forças que mantêm os planetas em seus Orbes devem [ser] as recíprocas dos quadrados de suas distâncias a partir dos centros em torno dos quais giram: e, deste modo, comparei a força necessária para manter a Lua em seu Orbe com a força da gravidade na superfície da Terra e constatei que os resultados eram bem próximos. Tudo isto aconteceu nos dois anos da praga de 1665 e 1666, pois naqueles anos eu estava na plenitude da minha idade para invenção e me importei com a Matemática e Filosofia mais do que em qualquer época desde então.

Newton se refere aqui à sua importante dedução (a partir das leis do movimento planetário de Kepler) de que a atração gravitacional de dois corpos esféricos varia inversamente ao quadrado da distância entre eles. Em outras palavras, se a distância entre a Terra e a Lua fosse triplicada, a força gravitacional que a Lua experimentaria seria noves vezes (três ao quadrado) menor.

Por motivos que ainda não foram inteiramente elucidados, Newton essencialmente abandonou qualquer pesquisa séria sobre o tema da gravitação e movimento planetário até 1679. Então, duas cartas de seu

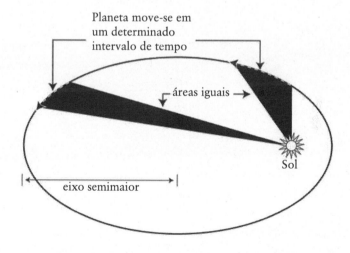

Figura 28

arquirrival Robert Hooke renovaram seu interesse em dinâmica em geral e no movimento planetário em particular. Os resultados dessa revigorada curiosidade foram bem dramáticos — usando as leis da mecânica que ele havia anteriormente formulado, Newton demonstrou a segunda lei do movimento planetário de Kepler. Especificamente, ele mostrou que quando um planeta se move em sua órbita elíptica ao redor do Sol, a linha que o liga ao Sol varre áreas iguais em intervalos de tempo iguais (figura 28). Ele também demonstrou que para "um corpo girando em uma elipse (...) a lei de atração dirigida a um foco da elipse (...) é o inverso do quadrado da distância". Foram esses os marcos importantes na estrada para os *Principia*.

Principia

Halley foi visitar Newton em Cambridge na primavera ou verão de 1684. Por algum tempo, Halley estivera discutindo as leis do movimento planetário de Kepler com Hooke e com o renomado arquiteto Christopher Wren (1632-1723). Nessas conversas em casas de café, tanto Hooke quanto Wren afirmaram ter deduzido a lei da gravidade do quadrado do inverso alguns anos antes, mas ambos também foram incapazes de construir uma teoria matemática completa a partir dessa dedução. Halley decidiu fazer a Newton a pergunta crucial: ele sabia qual seria a forma da órbita de um planeta sobre o qual agisse uma força de atração variando como uma lei do quadrado do inverso? Para seu espanto, Newton respondeu que tinha demonstrado alguns anos antes que a órbita seria uma elipse. O matemático Abraham de Moivre (1667-1754) conta a história em um memorando (do qual uma página é mostrada na figura 29):

> Em 1684, o Dr. Halley foi visitá-lo [Newton] em Cambridge. Depois que já tinham passado algum tempo juntos, o Dr. lhe perguntou qual ele achava que seria a curva que seria descrita pelos planetas supondo que a força de atração em direção ao Sol fosse a recíproca do quadrado da sua distância a partir dele. Sir Isaac respondeu imediatamente que seria uma

Elipse e o Doutor, tomado de alegria e espanto, lhe perguntou como sabia disso, ao que ele [Newton] respondeu 'ora, fiz os cálculos', que foi então quando o Dr. Halley lhe pediu os cálculos sem mais demora, e Sir Isaac olhou entre seus papéis, mas não conseguiu encontrá-los, mas lhe prometeu refazê-los e enviá-los.

Halley de fato foi novamente visitar Newton em novembro de 1684. Entre as duas visitas, Newton trabalhou freneticamente. De Moivre nos oferece uma breve descrição:

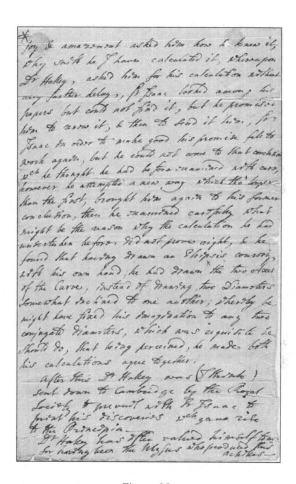

Figura 29

Sir Isaac, para cumprir a promessa, se pôs a trabalhar novamente, mas não conseguiu chegar àquela conclusão que achava ter chegado antes com cuidado, entretanto, ele tentou uma nova maneira, embora mais longa que a primeira, que voltou a levá-lo à sua conclusão anterior e, então, examinou cuidadosamente qual poderia ser a razão pela qual o cálculo que tinha efetuado antes não se revelou correto, &... ele fez que seus dois cálculos fossem concordantes.

Esse resumo seco não começa sequer a nos contar o que Newton tinha realmente realizado nos poucos meses entre as duas visitas de Halley. Ele escreveu um tratado inteiro, *De Motu Corporum in Gyrum* (*Do movimento dos corpos em órbita*), no qual demonstrou a maioria dos aspectos de corpos em movimento em órbitas circulares ou elípticas, demonstrou todas as leis de Kepler e até chegou à solução para o movimento de uma partícula movendo-se em um meio resistivo (como o ar). Halley ficou estupefato. Para sua satisfação, conseguiu pelo menos convencer Newton a publicar todas essas assombrosas descobertas — os *Principia* estavam finalmente prestes a acontecer.

Inicialmente, Newton achava que o livro não seria nada além de uma versão um pouco ampliada e mais detalhada do tratado *De Motu*. Quando começou a trabalhar, porém, percebeu que alguns tópicos exigiam um exame mais profundo. Dois pontos em particular continuavam a perturbar Newton. Um deles era este: Newton originalmente formulou sua lei da atração gravitacional como se o Sol, a Terra e os planetas fossem massas puntiformes matemáticas, sem quaisquer dimensões, o que, naturalmente, ele sabia não ser verdadeiro e, portanto, considerava os resultados apenas aproximados quando aplicados ao Sistema Solar. Alguns até especulam que ele teria de novo abandonado a dedicação ao tópico da gravidade até 1679 por causa da insatisfação com esse estado de coisas. A situação era ainda pior com respeito à força sobre a maçã. Lá, claramente as partes da Terra que estão diretamente debaixo da maçã encontram-se a uma distância muito menor até ela que as partes que se encontram do outro lado da Terra. Como alguém calcularia a atração resultante? O astrônomo Herbert Hall Turner (1861-1930) descreveu a luta mental de Newton em um artigo publicado no *Times* londrino em 19 de março de 1927:

> Naquela época, a ideia geral de uma atração variando como o inverso do quadrado da distância lhe tinha ocorrido, mas ele enxergava dificuldades sérias em sua aplicação total das quais mentes inferiores não tinham consciência. A mais importante delas ele não superou antes de 1685. (...) Foi a de associar a atração da Terra sobre um corpo tão distante quanto a Lua com sua atração sobre a maçã próxima à sua superfície. No primeiro caso, as várias partículas que compõem a Terra (às quais, individualmente, Newton esperava estender sua lei, tornando-a, assim, universal) estão a distâncias em relação à Lua que não são muito diferentes em magnitude nem em direção; mas as distâncias em relação à maçã diferem conspicuamente tanto em tamanho quanto em direção. Como deverão as distintas atrações no último caso ser somadas ou combinadas numa única resultante? E em qual "centro de gravidade", se este existir, poderão se concentrar?

O salto revolucionário finalmente chegou na primavera de 1685. Newton conseguiu demonstrar um teorema essencial: para dois corpos esféricos, "a força total com que cada uma dessas esferas atrai a outra será inversamente proporcional ao quadrado da distância dos centros". Isto é, corpos esféricos agem gravitacionalmente como se fossem massas puntiformes concentradas em seus centros. A importância dessa bela demonstração foi enfatizada pelo matemático James Whitbread Lee Glaisher (1848-1928). Em seu discurso na comemoração do bicentenário (em 1887) dos *Principia* de Newton, Glaisher disse:

> Mal Newton tinha demonstrado esse soberbo teorema — e sabemos por suas próprias palavras que ele não tinha qualquer expectativa de um resultado tão belo até que emergisse de sua investigação matemática — e todo o mecanismo do universo imediatamente se desenrolou diante dele. (...) Quão diferentes devem ter estas proposições parecido aos olhos de

Newton quando percebeu que os resultados, que ele acreditava serem apenas aproximadamente verdadeiros quando aplicados ao Sistema Solar, eram realmente exatos! (...) Podemos imaginar o efeito dessa súbita transição de aproximação para exatidão em estimular a mente de Newton em esforços ainda maiores. Estava agora em seu poder aplicar a análise matemática com precisão absoluta ao problema real da astronomia.

O outro ponto que aparentemente ainda perturbava Newton quando escreveu o rascunho inicial de *De Motu* foi o fato de que ele tinha negligenciado a influência das forças pelas quais os planetas atraíam o Sol. Em outras palavras, na formulação original, ele reduziu o Sol a um mero e inamovível centro de força do tipo que "dificilmente existirá", nas palavras de Newton, no mundo real. Esse esquema contradizia a terceira lei do movimento do próprio Newton, de acordo com a qual "as ações dos corpos atrativos e atraídos são sempre mútuas e iguais". Cada planeta atrai o Sol precisamente com a mesma força que o Sol atrai o planeta. Consequentemente, acrescentou, "se existirem dois corpos [como a Terra e o Sol], nem o corpo atrativo nem o atraído poderão estar em repouso". Essa compreensão aparentemente menor foi na realidade um importante ponto de apoio para o conceito de gravidade universal. Podemos tentar adivinhar a linha de pensamento de Newton: se o Sol traciona a Terra, então a Terra também deve tracionar o Sol, com igual vigor. Isto é, a Terra não orbita o Sol simplesmente, mas, pelo contrário, ambos giram em torno de seu mútuo centro de gravidade. Mas isso não é tudo. Todos os outros planetas também atraem o Sol e, de fato, cada planeta sente a atração não apenas do Sol, mas também de todos os outros planetas. O mesmo tipo de lógica poderia ser aplicado a Júpiter e seus satélites, à Terra e à Lua e mesmo a uma maçã e à Terra. A conclusão é assombrosa em sua simplicidade — *existe uma única força gravitacional e ela age em duas massas quaisquer, em qualquer lugar do universo*. Era tudo de que Newton precisava. Os *Principia* — 510 densas páginas em latim — foram publicados em julho de 1687.

MÁGICOS: O CÉTICO E O GIGANTE   135

Newton fez observações e os experimentos com uma precisão de apenas 4%, aproximadamente, e estabeleceu a partir deles uma lei matemática da gravidade que, afinal de contas, tinha uma precisão maior que uma parte em um milhão. Ele unificou pela primeira vez as *explicações* dos fenômenos naturais com poder da *predição* de resultados das observações. Física e matemática tornaram-se para sempre entrelaçadas, enquanto o divórcio entre ciência e filosofia tornava-se inevitável.

A segunda edição dos *Principia*, extensamente editada por Newton e, em particular, pelo matemático Roger Cotes (1682-1716), foi publicada em 1713 (a figura 30 mostra o frontispício). Newton, que nunca foi conhecido pela afetuosidade, sequer se deu ao trabalho de agradecer a Cotes no prefácio ao livro de sua fabulosa obra. Ainda assim, quando Cotes

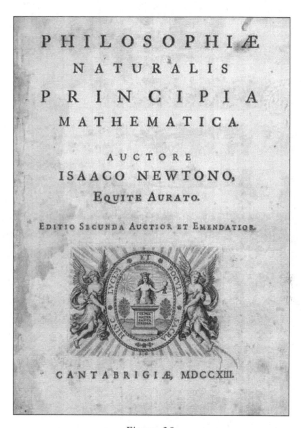

Figura 30

morreu de uma febre violenta aos 33 anos, Newton realmente demonstrou seu agradecimento: "Tivesse ele vivido, saberíamos alguma coisa."

Curiosamente, alguns dos comentários mais memoráveis de Newton sobre Deus surgiram apenas como reflexões posteriores na segunda edição. Numa carta a Cotes em 28 de março de 1713, menos de três meses antes da conclusão da segunda edição dos *Principia*, Newton incluiu a sentença: "Certamente cabe à filosofia natural discorrer sobre Deus a partir dos fenômenos [da natureza]." De fato, Newton expressou suas ideias de um Deus "eterno e infinito, onipotente e onisciente" nos "Comentários gerais" — a seção que ele considerava o toque final nos *Principia*.

Mas continuou inalterado o papel de Deus neste universo crescentemente matemático? Ou seria cada vez maior a impressão de que Deus era matemático? Afinal, até a formulação da lei de gravitação, os movimentos dos planetas tinham sido considerados uma das inconfundíveis obras de Deus. Como Newton e Descartes viram essa mudança na ênfase em direção a explicações científicas da natureza?

O Deus matemático de Newton e Descartes

Como a maioria das pessoas de sua época, Newton e Descartes eram ambos religiosos. O escritor francês conhecido pelo pseudônimo literário de Voltaire (1694-1778), que escreveu longamente sobre Newton, disse a famosa frase "se Deus não existisse, seria necessário que O inventássemos".

Para Newton, a própria existência do mundo e a regularidade matemática do cosmo observado eram evidências da presença de Deus. Esse tipo de raciocínio causal foi usado pela primeira vez pelo teólogo Tomás de Aquino (*c.* 1225-1274) e os argumentos caem nos rótulos filosóficos gerais de um *argumento cosmológico* e um *argumento teleológico*. Dito de uma forma simples, o argumento cosmológico afirma que já que o mundo físico teve de ganhar existência de alguma forma, deve existir uma Causa Primeira, a saber, um Deus criador. O argumento teleológico ou *argumento a partir do projeto* tenta fornecer evidências da existência de Deus a partir do aparente projeto do mundo. São estes os pensamentos de Newton, expressos nos *Principia*: "Este belíssimo sistema do Sol, planetas e cometas só poderia se originar da deliberação e domínio de um Ser inteligente e poderoso. E se as estrelas fixas forem os centros de outros sistemas semelhantes, estes, sendo formados pela mesma sábia deliberação, devem estar todos sujeitos ao domínio do Um." A validade dos argumentos cosmológicos, teleológicos e argumentos similares como prova da existência de Deus é tema de debate entre filósofos há séculos. Minha impressão pessoal sempre foi que teístas não precisam desses argumentos para se convencer e ateístas não se deixam convencer por eles.

Newton contribuiu com mais um ponto de debate com base na universalidade de suas leis. Ele considerava o fato de o cosmo inteiro ser governado pelas mesmas leis e parecer ser estável uma evidência a mais da mão condutora de Deus, "particularmente porque a luz das estrelas fixas é da *mesma natureza* [ênfase acrescentada] que a luz do Sol e, vinda de todo sistema, a luz passa para todos os outros sistemas: a menos que os sistemas das estrelas fixas devessem, por sua gravidade, cair um no outro mutuamente, Ele os colocou a imensas distâncias um do outro".

No seu livro *Opticks*, Newton deixou claro que não acreditava que as leis da natureza por si sós bastassem para explicar a existência do universo — Deus era o criador e provedor de todos os átomos que compõem a matéria cósmica: "Pois veio a ser ele [Deus] quem os criou [os átomos] para colocá-los em ordem. E se não o fez, não é filosófico buscar por qualquer outra Origem do mundo ou fingir que poderia se originar a partir de um Caos pelas meras Leis da natureza." Em outras palavras, para Newton, Deus era um matemático (entre outras coisas), não apenas uma figura de linguagem, mas quase literalmente — o Deus Criador deu existência a um mundo físico que era governado pelas leis matemáticas.

Tendo uma inclinação bem maior para o filosófico que Newton, Descartes tinha se preocupado muito em provar a existência de Deus. Para ele, a estrada da certeza em nossa própria existência ("Penso, logo existo") até nossa capacidade de construir um complexo tecido de ciência objetiva tinha que passar por uma demonstração irrefutável da existência de um Deus supremamente perfeito. Esse Deus, argumentou ele, era a fonte suprema de toda a verdade e o único fiador da confiabilidade do raciocínio humano. Tal argumento suspeitosamente circular (conhecido como *círculo cartesiano*) já era criticado durante a época de Descartes, em particular pelo filósofo, teólogo e matemático francês Antoine Arnauld (1612-94). Arnauld propôs uma pergunta devastadora na simplicidade: se precisarmos demonstrar a existência de Deus para garantir a validade do processo do pensamento humano, como poderemos confiar na demonstração, que é, por si só, um produto da mente humana? Embora Descartes tenha realmente feito algumas tentativas desesperadas para escapar desse círculo vicioso de raciocínio, muitos dos filósofos que se seguiram a ele não acharam seus esforços particularmente convincentes. A "demonstração suplementar" de Descartes para a existência de Deus foi igualmente questionável. Ela cai no rótulo filosófico geral de um *argumento ontológico*. O teólogo e filósofo Santo Anselmo de Canterbury (1033-1109) formulou pela primeira vez em 1078 esse tipo de raciocínio que, desde então, voltou à tona em muitas encarnações. O constructo lógico é mais ou menos o seguinte: Deus, por definição, é tão perfeito que é a maior coisa concebível. Mas se Deus não existisse, então seria possível conceber um ser ainda maior — aquele que, além de ser abençoado com todas as perfeições de Deus, também existe. Seria uma contradição à definição de Deus como o maior ser concebível — logo, Deus tem de existir. Nas palavras de Descartes: "Existência não pode ser separada da essência de Deus não mais que o fato de os ângulos de um triângulo serem equivalentes a dois ângulos retos não poder ser separado da essência de um triângulo."

Este tipo de manobra lógica não convence muitos filósofos e eles argumentam que, para estabelecer a existência de qualquer coisa que tenha consequências no mundo físico e, em particular, algo tão grandioso quanto Deus, a lógica sozinha não basta.

Por estranho que pareça, Descartes foi acusado de fomentar o ateísmo e suas obras foram incluídas no Índice de Livros Proibidos da Igreja

Católica em 1667. Foi uma acusação bizarra à luz da insistência de Descartes sobre Deus como o fiador supremo da verdade.

Deixando de lado as questões puramente filosóficas, para nossa presente finalidade, o ponto mais interessante é a visão de Descartes de que Deus criou todas as "verdades eternas". Em particular, ele declarou que "as verdades matemáticas a que chamamos eternas foram formuladas por Deus e dependem inteiramente dele não menos que todas as suas outras criaturas". Logo, o Deus cartesiano era mais que um matemático, no sentido de ser o criador tanto da matemática quanto de um mundo físico que se baseia inteiramente na matemática. De acordo com essa visão de mundo, que se tornaria predominante no fim do século XVII, é óbvio que os seres humanos *descobrem* a matemática, e não a inventam.

Mais significativamente, as obras de Galileu, Descartes e Newton mudaram as relações entre matemática e as ciências de uma maneira profunda. Em primeiro lugar, os explosivos desenvolvimentos em ciência tornaram-se fortes motivadores para investigações matemáticas. Segundo, por meio das leis de Newton, até os campos matemáticos mais abstratos, como o cálculo, tornaram-se a *essência* das explicações físicas. Finalmente — e talvez o mais importante, a fronteira entre matemática e as ciências se tornou cada vez mais tênue até não ser mais reconhecível, quase ao ponto de uma completa fusão entre insights matemáticos e grandes trechos de exploração. Todos esses desenvolvimentos criaram um nível de entusiasmo pela matemática que, talvez, não era vivido desde os tempos dos antigos gregos. Os matemáticos sentiram que o mundo era deles para conquistar e que oferecia um potencial ilimitado para descoberta.

CAPÍTULO 5

ESTATÍSTICOS E PROBABILISTAS: A CIÊNCIA DA INCERTEZA

O mundo não fica parado. A maioria das coisas que nos cercam está em movimento ou em contínua mutação. Mesmo a Terra aparentemente firme debaixo dos nossos pés está, de fato, rodopiando em torno do seu eixo, girando ao redor do Sol e se deslocando (juntamente com o Sol) ao redor do centro da nossa galáxia, a Via Láctea. O ar que respiramos é composto de trilhões de moléculas que se movem incessante e aleatoriamente. Ao mesmo tempo, as plantas crescem, os materiais radioativos decaem, a temperatura atmosférica sobe e desce, tanto diariamente quanto de acordo com as estações, e a expectativa de vida humana continua crescendo. Essa agitação cósmica por si só, entretanto, não truncou a matemática. O ramo da matemática chamado *cálculo* foi introduzido por Newton e Leibniz precisamente para permitir uma análise rigorosa e uma criação precisa de modelos tanto de movimento quanto de alterações. Atualmente, essa incrível ferramenta tornou-se tão potente e abrangente que pode ser utilizada para examinar problemas tão díspares quanto o movimento do ônibus espacial ou a disseminação de uma doença infecciosa. Assim como um filme pode capturar o movimento por meio da decomposição em uma sequência quadro a quadro, o cálculo pode medir alterações num quadriculado tão delicado a ponto de permitir a determinação de quantidades que têm uma existência apenas fugaz, como a velocidade instantânea, aceleração ou taxa de variação.

Seguindo os passos gigantes de Newton e Leibniz, matemáticos da Idade da Razão (fins do século XVII e século XVIII) estenderam o cálculo ao ramo ainda mais poderoso e amplamente aplicável das *equações diferenciais*. Munidos da nova arma, os cientistas agora eram capazes de apresentar detalhadas teorias matemáticas de fenômenos variando desde a música produzida por uma corda de violino até o transporte de calor, desde o movimento de um pião até o fluxo de líquidos e gases. Durante um tempo, as equações diferenciais se transformaram na ferramenta escolhida para fazer progresso em física.

Alguns dos primeiros exploradores dos novos panoramas desbravados pelas equações diferenciais eram membros da lendária família Bernoulli. Entre meados do século XVII e meados do século XIX, essa família produziu não menos de oito matemáticos proeminentes. Esses indivíduos talentosos tornaram-se conhecidos pelas amargas hostilidades intrafamiliares quase tanto quanto por sua matemática extraordinária. Embora as discórdias dos Bernoulli sempre estivessem ligadas à competição por supremacia matemática, alguns dos problemas sobre os quais brigaram podem hoje não parecer de maior significado. Ainda assim, a solução desses intricados quebra-cabeças muitas vezes pavimentou o caminho para avanços matemáticos revolucionários mais impressionantes. Tudo somado, não há dúvida de que os Bernoullis tiveram um papel importante no estabelecimento da matemática como a linguagem de uma variedade de processos físicos.

Uma história pode ajudar a exemplificar a complexidade das mentes de dois dos Bernoullis mais brilhantes — os irmãos Jakob (1654-1705) e Johann (1667-1748). Jakob Bernoulli foi um dos pioneiros da *teoria da probabilidade* e voltaremos a ele mais adiante no capítulo. Em 1690, entretanto, Jakob estava ocupado ressuscitando um problema inicialmente examinado pelo homem renascentista por excelência, Leonardo da Vinci, dois séculos antes: qual a forma tomada por uma corrente elástica, mas inextensível, suspensa por dois pontos fixos (como na figura 31)? Leonardo esboçou algumas dessas correntes em seus cadernos. O problema foi também apresentado a Descartes pelo amigo Isaac Beeckman, mas

Figura 31

não há evidências de tentativas de Descartes para resolvê-lo. O problema finalmente tornou-se conhecido como o problema da *catenária* (da palavra latina *catena*, que significa "cadeia"). Galileu achou que a forma seria parabólica, mas o jesuíta francês Ignatius Pardies (1636-73) demonstrou que ele estava errado. Pardies, entretanto, não estava à altura da tarefa de realmente resolver matematicamente a forma correta.

Apenas um ano depois de Jakob Bernoulli expor o problema, seu irmão mais jovem Johann o solucionou (por meio de uma equação diferencial). Leibniz e o físico matemático holandês Christiaan Huygens (1629-95) também o resolveram, mas a solução de Huygens empregou um método geométrico mais obscuro. O fato de Johann ter conseguido resolver um problema que tinha frustrado o irmão e professor continuou sendo uma grande fonte de satisfação ao Bernoulli mais jovem, mesmo 13 anos depois da morte de Jakob. Numa carta que Johann escreveu em 29 de setembro de 1718, ao matemático francês Pierre Rémond de Montmort (1678-1719), não conseguiu esconder seu prazer:

> Você diz que meu irmão propôs esse problema; é verdade, mas segue-se que ele tivesse uma solução dele então? De forma alguma. Quando ele propôs o problema por sugestão minha (pois fui o primeiro a pensar nele),

nenhum de nós foi capaz de resolvê-lo; tínhamos perdido a esperança por considerá-lo insolúvel, até que o Sr. Leibniz participou ao público no periódico de Leipzig de 1690, p. 360, que tinha solucionado o problema, mas que não publicava a solução para dar tempo a outros analistas, e foi isso que nos estimulou, meu irmão e eu, a voltarmos a nos concentrar nele.

Depois de se apossar descaradamente da autoria até mesmo da sugestão do problema, Johann continuou com indisfarçável alegria:

> Os esforços do meu irmão foram sem sucesso; de minha parte, tive mais sorte pois encontrei a destreza (digo-o sem me gabar, por que deveria eu esconder a verdade?) de resolvê-lo na totalidade. (...) É verdade que me custou um estudo que me privou do repouso por uma noite inteira (...) mas na manhã seguinte, cheio de alegria, corri até meu irmão, que ainda estava lutando miseravelmente com esse nó górdio sem chegar a lugar nenhum, sempre pensando como Galileu que a catenária era uma parábola. Pare! Pare!, disse a ele, não se torture mais para tentar demonstrar a identidade da catenária com a parábola, já que é inteiramente falsa. (...) Mas, então, você me surpreende ao concluir que meu irmão descobriu um método de resolver este problema. (...) Pergunto-lhe, você realmente acha que, se meu irmão tivesse resolvido o problema em questão, ele teria sido tão cortês comigo a ponto de não aparecer entre os que resolveram, apenas para me ceder a glória de aparecer sozinho no palco na qualidade do primeiro a resolver, juntamente com Srs. Huygens e Leibniz?

Se algum dia o leitor precisou de uma prova que os matemáticos são seres humanos afinal, esta história a fornece com folga. A rivalidade familiar, entretanto, em nada diminui as realizações dos Bernoullis. Durante os anos que seguiram o episódio da catenária, Jakob, Johann e Daniel Bernoulli (1700-1782) foram adiante e resolveram não apenas outros problemas similares de cordas pendentes, mas também fizeram avançar a teoria das equações diferenciais em geral e a resolveram para o movimento de projéteis através de um meio resistivo.

A narrativa da catenária serve para mostrar outra faceta do poder da matemática — mesmo problemas físicos aparentemente triviais têm soluções matemáticas. A forma da própria catenária, aliás, continua a deliciar milhões de visitantes do famoso Arco Portal em St. Louis, Missouri. O arquiteto finlandês-americano Eero Saarinen (1910-61) e o engenheiro estrutural alemão-americano Hannskarl Bandel (1925-93) projetaram essa estrutura icônica numa forma que é semelhante àquela de uma catenária invertida.

O surpreendente sucesso das ciências físicas na descoberta de leis matemáticas que governam o comportamento do cosmo em geral levantou a inevitável questão de se princípios similares poderiam ou não formar a base dos processos biológicos, sociais ou econômicos. É a matemática apenas a linguagem da natureza, os matemáticos se perguntaram, ou é também a linguagem da natureza humana? Mesmo que não existam princípios verdadeiramente universais, poderiam as ferramentas matemáticas, na pior das hipóteses, ser usadas para modelar e subsequentemente explicar comportamento social? A princípio, muitos matemáticos estavam bem convencidos de que "leis" baseadas em alguma versão do cálculo seriam capazes de predizer com precisão todos os eventos futuros, grandes ou pequenos. Era essa a opinião, por exemplo, do grande físico matemático Pierre-Simon de Laplace (1749-1827). Os cinco volumes da *Mécanique céleste* (*Mecânica celeste*) de Laplace deram a primeira solução virtualmente completa (embora aproximada) para os movimentos no sistema solar. Além disso, Laplace foi aquele que respondeu a pergunta que deixou perplexo até o gigante Newton: Por que o Sistema Solar é tão estável? Newton achava que, devido às atrações mútuas, os planetas tinham de cair no Sol ou se afastar voando rumo ao espaço livre e invocou a mão de Deus para manter o sistema solar intacto. Laplace tinha opiniões bem diferentes. Em vez de recorrer ao trabalho braçal de Deus, simplesmente demonstrou matematicamente que o sistema solar é estável ao longo de períodos de tempo que são muito maiores que aqueles previstos por Newton. Para resolver esse complexo problema, Laplace introduziu mais um formalismo matemático conhecido como *teoria da perturbação*, que lhe permitiu calcular o efeito cumulativo de várias pequenas perturbações para a órbita de cada planeta. Finalmente, para coroar, Laplace propôs um dos primeiros modelos para a própria origem do sistema solar — na sua influente *hipótese da nebulosa*, ele se formou a partir de uma nebulosa gasosa em contração.

Dadas todas estas proezas impressionantes, talvez não seja surpreendente que, em seu *Ensaio filosófico sobre probabilidades*, Laplace tenha pronunciado ousadamente:

> Todos os eventos, mesmo aqueles que, por conta da insignificância, não parecem seguir as grandes leis da natureza, são resultado dela tão necessariamente quanto as revoluções do Sol. Na ignorância dos vínculos que unem tais eventos à totalidade do sistema do universo, fizemos com que dependessem de causas finais para ou por risco. (...) Devemos então considerar o presente estado do universo como o efeito de seu estado anterior e como a causa daquele que deverá se seguir. Dado que, por um instante, uma inteligência que pudesse compreender todas as forças pelas quais a natureza é animada e as respectivas situações dos seres que a compõem — uma inteligência suficientemente vasta para submeter esses dados à análise —, ela abrangeria na mesma fórmula os movimentos dos maiores corpos do universo e do átomo mais leve; por isso, nada seria incerto e o futuro, assim como o passado, estaria presente aos seus olhos. A mente humana oferece, na perfeição que foi capaz de dar à astronomia, uma frágil ideia de tal inteligência.

Só para o caso de você se perguntar, quando Laplace falou sobre esta hipotética "inteligência" suprema, ele não quis dizer Deus. Ao contrário de Newton e Descartes, Laplace não era uma pessoa religiosa. Quando deu um exemplar da sua *Mecânica celeste* a Napoleão Bonaparte, este último, que tinha ouvido dizer que não havia nenhuma referência a Deus no trabalho, comentou: "Senhor Laplace, contaram-me que o senhor escreveu este livro enorme sobre o sistema do universo e não fez uma única menção ao seu criador." Laplace imediatamente respondeu: "Não precisei fazer tal hipótese." Napoleão contou ao matemático Joseph-Louis

Lagrange sobre a resposta e o último exclamou: "Ah! Essa é uma bela hipótese; explica muitas coisas." Mas a história não para aí. Quando soube da reação de Lagrange, Laplace comentou secamente: "Esta hipótese, senhor, explica de fato tudo, mas não permite predizer nada. Como estudioso, devo lhe fornecer trabalhos que permitam previsões."

O desenvolvimento da mecânica quântica no século XX — a teoria do mundo subatômico — demonstrou que a expectativa de um universo inteiramente determinístico era demasiado otimista. A física moderna de fato mostrou que é impossível predizer o resultado de todo experimento, mesmo em princípio. Pelo contrário, a teoria só pode predizer as probabilidades para diferentes resultados. A situação nas ciências sociais é claramente mais complexa ainda por causa da multiplicidade de elementos inter-relacionados, muitos dos quais são, na melhor das hipóteses, altamente incertos. Os pesquisadores do século XVII perceberam logo que uma procura por princípios sociais universais precisos do tipo da lei de gravitação de Newton estava condenada desde o início. Por algum tempo, pareceu que, quando as complexidades da natureza humana são inseridas na equação, previsões seguras tornam-se virtualmente impossíveis. A situação pareceu ainda mais sem esperança quando as mentes de uma população inteira estavam envolvidas. Em vez de se desesperar, entretanto, alguns pensadores geniais desenvolveram um novo arsenal de ferramentas matemáticas inovadoras — *estatística* e *teoria da probabilidade*.

As chances além de morte e impostos

O romancista inglês Daniel Defoe (1660-1731), mais conhecido por seu romance de aventuras *Robinson Crusoé*, foi também o autor de uma obra sobre o sobrenatural intitulada *A história política do demônio*. Nela, Defoe, que enxergou evidências das ações do demônio em toda parte, escreveu: "Conseguimos acreditar mais firmemente em certezas como morte e impostos." Benjamin Franklin (1706-90) parece ter subscrito a mesma perspectiva com respeito à certeza. Em uma carta que escreveu aos 83 anos ao físico francês Jean-Baptiste Leroy, ele disse: "Nossa Constituição está realmente em operação. Tudo parece prometer que ela durará; mas, neste mundo, nada é certo, exceto morte e impostos." De fato, os cursos de nossas vidas parecem imprevisíveis, propensos a desastres naturais, suscetíveis a erros humanos e afetados por pura casualidade. Frases como "[- - - -] acontece" foram inventadas precisamente para expressar nossa vulnerabilidade ao inesperado e nossa incapacidade de controlar o acaso. Apesar desses obstáculos e talvez até mesmo por causa desses desafios, matemáticos, cientistas sociais e biólogos têm se aventurado desde o século XVI em tentativas sérias de atacar metodicamente as incertezas. Depois do estabelecimento do campo da mecânica estatística e diante da compreensão de que os próprios fundamentos da física — na forma de mecânica quântica — se baseiam na incerteza, físicos dos séculos XX e XXI alistaram-se na batalha com entusiasmo. A arma que os pesquisadores utilizam para combater a falta de determinismo preciso é a capacidade de calcular as chances de um determinado desfecho. Exceção feita à capacidade de realmente prever um resultado, a computação da probabilidade das diferentes consequências é a segunda melhor coisa. As ferramentas que foram inventadas para melhorar as meras adivinhações e especulações — a estatística e a teoria da probabilidade — fornecem a sustentação não apenas de parte considerável da ciência moderna, mas também de uma ampla gama de atividades sociais, da economia aos esportes.

Todos nós usamos probabilidades e estatística em quase todas as decisões que tomamos, às vezes subconscientemente. Por exemplo, o leitor provavelmente não sabe que o número de fatalidades por acidentes de carro nos Estados Unidos foi 42.636 em 2004. Entretanto, se esse número fosse, digamos, 3 milhões, tenho certeza de que o leitor saberia. Além do mais, tal conhecimento provavelmente o faria pensar duas vezes antes de entrar no carro de manhã. Por que esses dados precisos sobre fatalidades nas estradas nos dão certa confiança em nossa decisão de dirigir? Como veremos em breve, um ingrediente importante na confiabilidade é o fato de estarem baseados em números muito grandes. O número de fatalidades na cidade de Frio, Texas, com uma população de 49 habitantes em 1969 dificilmente teria sido igualmente convincente. Probabilidade e estatística estão entre as flechas mais importantes para os arcos de economistas, consultores políticos, geneticistas, seguradoras e qualquer pessoa que esteja tentando destilar conclusões significativas de vastas quantidades de dados. Quando falamos sobre a matemática permear até as disciplinas que não se encontravam originalmente sob o abrigo das ciências exatas, frequentemente é através das janelas abertas pela teoria da probabilidade e estatística. Como emergiram estes campos férteis?

Estatística — um termo derivado do italiano *stato* (estado) e *statista* (uma pessoa que lida com questões de Estado) — referia-se inicialmente à simples coleta de fatos por funcionários governamentais. O primeiro trabalho importante sobre estatística no sentido moderno foi realizado por um pesquisador improvável — um lojista da Londres do século XVII. John Graunt (1620-74) foi treinado a vender botões, agulhas e tecidos. Já que seu emprego lhe proporcionava um considerável tempo livre, Graunt estudou latim e francês por conta própria e começou a se interessar pelos Boletins de Mortalidade — números semanais de mortes, paróquia por paróquia — que vinham sendo publicados em Londres desde 1604. O processo de emissão desses relatórios foi criado principalmente para propiciar um sinal de advertência precoce para epidemias devastadoras. Usando tais números brutos, Graunt começou a fazer observações interessantes que acabou publicando em um livrinho de 85 páginas intitulado *Observações naturais e políticas mencionadas em um índice a seguir, e feitas com os Boletins de Mortalidade*. A figura 32 apresenta um exemplo de tabela do livro de Graunt, em que não menos de 63 doenças e mortes foram listadas em ordem alfabética. Em uma dedicatória ao presidente da Royal Society, Graunt chama atenção ao fato de seu trabalho, por dizer respeito ao "Ar, Campos, Estações, Produtividade, Saúde, Doenças, Longevidade e a proporção entre o Sexo e Idades da Espécie Humana", ser, na realidade, um tratado de história natural. De fato, Graunt fez muito mais que meramente coligir e apresentar os dados. Por exemplo, pelo exame dos números médios de batismos e enterros de homens e mulheres em Londres e na paróquia rural de Romsey, em

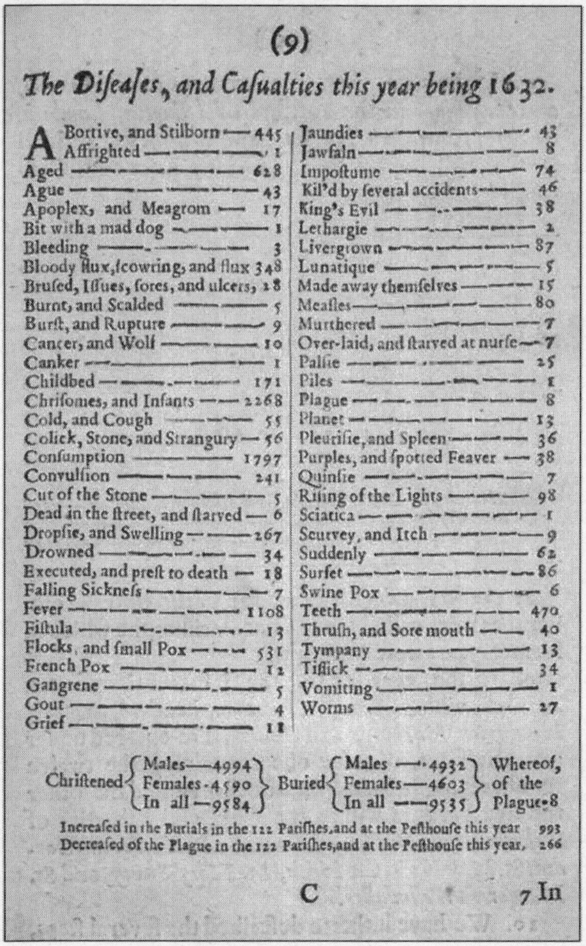

(9)

The Diseases, and Casualties this year being 1632.

Abortive, and Stilborn — 445	Jaundies — 43
Affrighted — 1	Jawfaln — 8
Aged — 628	Impostume — 74
Ague — 43	Kil'd by several accidents — 46
Apoplex, and Meagrom — 17	King's Evil — 38
Bit with a mad dog — 1	Lethargie — 2
Bleeding — 3	Livergrown — 87
Bloody flux, scowring, and flux 348	Lunatique — 5
Brused, Issues, sores, and ulcers, 28	Made away themselves — 15
Burnt, and Scalded — 5	Measles — 80
Burst, and Rupture — 9	Murthered — 7
Cancer, and Wolf — 10	Over-laid, and starved at nurse — 7
Canker — 1	Palsie — 25
Childbed — 171	Piles — 1
Chrisomes, and Infants — 2268	Plague — 8
Cold, and Cough — 55	Planet — 13
Colick, Stone, and Strangury — 56	Pleurisie, and Spleen — 36
Consumption — 1797	Purples, and spotted Feaver — 38
Convulsion — 241	Quinsie — 7
Cut of the Stone — 5	Rising of the Lights — 98
Dead in the street, and starved — 6	Sciatica — 1
Dropsie, and Swelling — 267	Scurvey, and Itch — 9
Drowned — 34	Suddenly — 62
Executed, and prest to death — 18	Surfet — 86
Falling Sicknefs — 7	Swine Pox — 6
Fever — 1108	Teeth — 470
Fistula — 13	Thrush, and Sore mouth — 40
Flocks, and small Pox — 531	Tympany — 13
French Pox — 12	Tissick — 34
Gangrene — 5	Vomiting — 1
Gout — 4	Worms — 27
Grief — 11	

Christened { Males—4994 / Females-4590 / In all —9584 } Buried { Males —4932 / Females—4603 / In all —9535 } Whereof, of the Plague-8

Increased in the Burials in the 122 Parishes, and at the Pesthouse this year 993
Decreased of the Plague in the 122 Parishes, and at the Pesthouse this year, 266

C 7 In

Figura 32

Hampshire, ele demonstrou pela primeira vez a estabilidade da razão entre sexos ao nascimento. Especificamente, ele constatou que, em Londres, nasciam 13 meninas para cada 14 meninos e, em Romsey, 15 meninas para 16 meninos. É extraordinário que Graunt tenha tido a presciência de expressar o desejo de que "viajantes se informassem se seria igual em outros países". Ele também observou que "é uma bênção para a humanidade, que por este excedente de *Homens* exista esta Proibição natural à *Poligamia*: pois em tal estado, Mulheres não poderiam viver naquela paridade e igualdade de dispêndio com seus Maridos, como agora e aqui elas o fazem". Hoje, a proporção geralmente aceita entre meninos e meninas ao nascimento é aproximadamente 1,05. Tradicionalmente, a explicação desse excesso de meninos é que a Mãe Natureza desequilibre o baralho em favor dos nascimentos masculinos por causa da fragilidade um tanto maior dos fetos e bebês do sexo masculino. Incidentalmente, por motivos que não são inteiramente claros, tanto nos Estados Unidos como no Japão a proporção de bebês do sexo masculino vem caindo ligeiramente a cada ano desde os anos 1970.

Outro esforço pioneiro de Graunt foi a tentativa de construir uma distribuição etária ou uma "tabela de vida" para a população viva, utilizando os dados sobre o número de mortes de acordo com a causa. Foi claramente um empreendimento de enorme importância política, já que teve implicações para o número de homens para combate — homens entre 16 e 56 anos de idade — na população. Estritamente falando, Graunt não teve informações suficientes para deduzir a distribuição etária. É precisamente aqui, contudo, que ele demonstrou engenhosidade e pensamento criativo. É desta maneira que ele descreve a estimativa de mortalidade na infância:

> Nossa primeira Observação sobre as Mortes será que, em vinte anos lá, morreram de todas as doenças e fatalidades 229.250, que 71.124 morreram de Sapinho, Convulsão, Raquitismo, Dentição e Vermes; e como Abortados, Pagãos, Bebês, Fígado Aumentado e Asfixiado; isto significa que cerca de $1/3$ do total morreu daquelas doenças que supomos que acometeram rapidamente as Crianças com menos de quatro ou cinco Anos de idade. Houve mortes também de Varíola, Catapora e Sarampo, e de Vermes sem Convulsões, 12.210, de cujo número igualmente supomos que cerca de $1/2$ possa ser de Crianças com menos de seis Anos de idade. Ora, se considerarmos que 16 dos mencionados 229 mil morreram daquela extraordinária e grandiosa enfermidade, a Praga, descobriremos que cerca de trinta seis por cento de todas as concepções rápidas morreram antes dos seis anos de idade."

Em outras palavras, Graunt estimou que a mortalidade antes dos seis anos era $(71.124 + 6.105) \div (229.250 - 16.000) = 0,36$. Empregando argumentos similares e suposições com certa base, Graunt foi capaz de estimar a mortalidade da velhice. Finalmente, ele preencheu a lacuna entre os 6 e 76 anos por meio de uma premissa matemática sobre o comportamento do índice de mortalidade com a idade. Embora muitas das conclusões de Graunt não tenham sido particularmente sólidas, seu estudo lançou a ciência da estatística como a conhecemos. Sua observação de que as percentagens de determinados eventos anteriormente considerados puramente uma questão de acaso ou destino (como as mortes causadas por diversas doenças) de fato exibiam uma regularidade extremamente robusta, introduziu o pensamento científico quantitativo nas ciências sociais.

Os pesquisadores que seguiram Graunt adotaram alguns aspectos de sua metodologia, mas também desenvolveram um melhor entendimento matemático do uso de estatística. É talvez surpreendente que a pessoa que fez os avanços mais significativos na tabela de vida de Graunt tenha sido o astrônomo Edmond Halley — a mesma pessoa que convenceu Newton a publicar os seus *Principia*. Por que todo mundo estava tão interessado em tabelas de vida? Em parte porque essa era, e ainda é, a base para o seguro de vida. As empresas de seguro de vida (e, de fato, aqueles que dão o golpe do baú e se casam por dinheiro!) estão interessadas em perguntas como: se uma pessoa vivesse até os sessenta, qual a probabilidade de que também estivesse viva aos oitenta?

Para construir a tabela de vida, Halley usou registros detalhados que eram mantidos na cidade de Breslau, na Silésia, desde o fim do século XVI. Um pastor naquela cidade, o Dr. Caspar Neumann, estava usando aquelas listas para combater superstições em sua paróquia tais como as de que a saúde é afetada pelas fases da Lua ou pelas idades que são divisíveis por sete e nove. Finalmente, o artigo de Halley, que tinha o título bem longo de "Uma estimativa dos graus de mortalidade da espécie humana, extraída das curiosas Tabelas de Nascimentos e Funerais da cidade de Breslau; com uma tentativa de garantir o preço de anuidades sobre vidas", tornou-se a base da matemática do seguro de vida. Para se ter uma ideia de como as empresas seguradoras podem estimar as chances, examinemos a tabela de vida de Halley abaixo:

Tabela de vida de Halley

IDADE ATUAL	PESSOAS	IDADE ATUAL	PESSOAS	IDADE ATUAL	PESSOAS
1	1.000	11	653	21	592
2	855	12	646	22	586
3	798	13	640	23	579
4	760	14	634	24	573
5	732	15	628	25	567
6	710	16	622	26	560
7	692	17	616	27	553
8	680	18	610	28	546
9	670	19	604	29	539
10	661	20	598	30	531

IDADE ATUAL	PESSOAS	IDADE ATUAL	PESSOAS	IDADE ATUAL	PESSOAS
31	523	41	436	51	335
32	515	42	427	52	324
33	507	43	417	53	313
34	499	44	407	54	302
35	490	45	397	55	292
36	481	46	387	56	282
37	472	47	377	57	272
38	463	48	367	58	262
39	454	49	357	59	252
40	445	50	346	60	242

IDADE ATUAL	PESSOAS	IDADE ATUAL	PESSOAS	IDADE ATUAL	PESSOAS
61	232	71	131	81	34
62	222	72	120	82	28
63	212	73	109	83	23
64	202	74	98	84	20
65	192	75	88		
66	182	76	78		
67	172	77	68		
68	162	78	58		
69	152	79	49		
70	142	80	41		

A tabela mostra, por exemplo, que, das 710 pessoas vivas aos seis anos, 346 ainda estavam vivas aos cinquenta anos. Poderíamos, então, tomar a razão 346/710 ou 0,49 como uma estimativa da probabilidade de que uma pessoa de seis anos viveria até os cinquenta. Da mesma forma, das 242 com sessenta anos, 41 estavam vivas aos oitenta. A probabilidade de conseguir chegar dos sessenta aos oitenta poderia ser então estimada em 41/242 ou aproximadamente 0,17. A justificativa por trás desse procedimento é simples. Baseia-se na experiência passada para determinar a probabilidade de vários eventos futuros. Se a amostra na qual a experiência se baseia for suficientemente grande (a tabela de Halley se baseou numa população de aproximadamente 34 mil) e se certas premissas forem válidas (como a que o índice de mortalidade é constante com o tempo), então as probabilidades calculadas são razoavelmente confiáveis. Foi assim que Jakob Bernoulli descreveu o mesmo problema:

> Que mortal, pergunto eu, poderia determinar o número de doenças, contando todos os casos possíveis, que afligem o corpo humano em cada uma de suas muitas partes e em todas as idades e dizer quão provável é que uma doença seja mais fatal que outra (...) e em que base fazer uma previsão sobre as relações entre vida e morte nas futuras gerações?

Depois de concluir que essas e outras previsões semelhantes "dependem de fatores que são inteiramente obscuros e que constantemente enganam nossos sentidos pela interminável complexidade de suas inter-relações", Bernoulli também sugeriu uma abordagem estatística/probabilística:

> Existe, entretanto, outro meio que nos levará àquilo que estamos procurando e permitirá que, no mínimo, estabeleçamos *a posteriori* o que não podemos determinar a *priori*, isto é, estabelecê-lo a partir dos resultados observados em inúmeros casos semelhantes. Deve-se pressupor neste contexto que, sob condições semelhantes, a ocorrência (ou a não ocorrência) de um evento no futuro seguirá o mesmo padrão que foi observado para eventos similares no passado. Por exemplo, se tivermos

observado que das 300 pessoas da mesma idade e com a mesma constituição que um determinado *Fulano*, 200 morreram no período de dez anos enquanto os demais sobreviveram, podemos com razoável certeza concluir que as chances de que Fulano também terá de pagar sua dívida com a natureza na década seguinte será o dobro das chances de que ele viverá além desse período.

Halley deu sequência a seus artigos matemáticos sobre mortalidade com nota curiosa que tinha tons mais filosóficos. Uma das passagens é particularmente comovente:

> Além dos usos mencionados no meu precedente, talvez possa não ser algo aceitável inferir das mesmas Tabelas quão injustamente nos lamentamos da brevidade de nossas vidas e nos achemos injustiçados se não atingimos a Velhice; ao passo que parece que a metade daqueles que nascem estão mortos na ocasião dos Dezessete anos, 1.238 sendo nessa ocasião reduzidos a 616. Portanto, em vez de nos lastimar com o que chamamos de Morte extemporânea, devemos com Paciência e despreocupação nos submeter àquela Dissolução que é a Condição necessária de nossos Materiais perecíveis de nossa bela e delicada Estrutura e Composição: E considerar uma Bênção que tenhamos sobrevivido, talvez por muitos Anos, àquele Período da Vida ao qual metade de toda a Raça Humana não chega.

Embora as condições em boa parte do mundo moderno tenham melhorado significativamente em comparação com a triste estatística de Halley, infelizmente isso não é verdadeiro para todos os países. Em Zâmbia, por exemplo, a mortalidade para crianças com até cinco anos de idade foi estimada em assombrosas 182 mortes por 1.000 nascimentos vivos, em 2006. A expectativa de vida em Zâmbia persiste nos deprimentemente irrisórios 37 anos.

Estatística, entretanto, não diz respeito apenas à morte. Ela penetra em cada aspecto da vida humana, desde meros traços físicos até produtos intelectuais. Um dos primeiros a reconhecer o poder da estatística de potencialmente produzir "leis" para as ciências sociais foi o polímata belga Lambert-Adolphe-Jacques Quetelet (1796-1874). Ele, mais que qualquer outro, foi responsável pela introdução do conceito estatístico comum do "homem mediano", ou aquilo que hoje iríamos nos referir como a "pessoa mediana".

A pessoa mediana

Adolphe Quetelet nasceu em 22 de fevereiro de 1796, na antiga cidade belga de Ghent. O pai, um funcionário municipal, morreu quando Adolphe tinha 7 anos. Forçado a se sustentar cedo na vida, Quetelet começou a ensinar matemática na jovem idade de 17. Quando não estava cumprindo a obrigação como instrutor, ele compôs poesias, escreveu o libreto de uma ópera, participou da redação de dois dramas e traduziu algumas obras literárias. Ainda assim, seu tema favorito continuava sendo a matemática e ele foi o primeiro a se graduar com o grau de doutor em ciência na Universidade de Ghent. Em 1820, Quetelet foi eleito membro da Academia Real de Ciências em Bruxelas e, em pouco tempo, tornou-se seu participante mais ativo. Os poucos anos seguintes foram dedicados principalmente ao ensino e à publicação de alguns tratados sobre matemática, física e astronomia.

Quetelet costumava iniciar seu curso sobre a história da ciência com a seguinte observação arguta: "Quanto mais avançadas se tornam as ciências, mais elas tendem a entrar no domínio da matemática, que é uma espécie de centro para o qual todas convergem. Podemos julgar a perfeição a que uma ciência chegou pela maior ou menor facilidade com que ela pode ser abordada pelo cálculo."

Em dezembro de 1823, Quetelet foi mandado a Paris a expensas do Estado, principalmente para estudar técnicas observacionais em astronomia. Ocorreu, entretanto, que essa visita de três meses à então capital matemática do mundo desviou Quetelet para uma direção inteiramente diferente — a teoria da probabilidade. A pessoa que foi basicamente responsável por acender um interesse entusiasmado de Quetelet no tema foi o próprio Laplace. Quetelet mais tarde resumiu sua experiência com estatística e probabilidade:

Acaso, aquela misteriosa palavra usada abusivamente, deveria ser considerado apenas um véu para nossa ignorância; é um fantasma que exerce o mais absoluto domínio sobre a mente comum, acostumada a considerar eventos apenas como isolados, mas que é reduzido a nada diante do filósofo, cujos olhos abarcam uma longa série de eventos e cuja penetração não se deixa extraviar pelas variações, que desaparecem quando ele se supre de suficiente perspectiva para capturar as leis da natureza.

Nunca será exagerado enfatizar a importância dessa conclusão. Quetelet essencialmente rejeitou o papel do acaso e o substituiu pela ousada (mesmo que não inteiramente demonstrada) inferência de que mesmo os fenômenos sociais têm causas e que as regularidades exibidas pelos resultados estatísticos podem ser usadas para revelar as regras subjacentes à ordem social.

Numa tentativa de colocar à prova sua abordagem estatística, Quetelet iniciou um ambicioso projeto de coletar milhares de medições relacionadas ao corpo humano. Por exemplo, ele estudou as distribuições das medições do tórax de 5.738 soldados escoceses e as alturas de 100 mil recrutas franceses representando por gráfico separadamente a frequência com que cada traço humano ocorria. Em outras palavras, ele representou graficamente quantos recrutas tinham alturas entre, digamos, 1,52m e 1,57m e, depois, entre 1,57m e 1,62m, e assim sucessivamente. Mais tarde, construiu curvas similares mesmo para aquilo que ele chamou de traços "morais" para os quais ele tinha dados suficientes. Essas últimas qualidades incluíam suicídios, casamentos e propensão ao crime. Para sua surpresa, Quetelet descobriu que todas as características humanas seguiam aquilo que é hoje conhecido como a distribuição de frequências *normal* (ou *gaussiana*, batizada um tanto injustificadamente em homenagem ao "príncipe da matemática" Carl Friedrich Gauss) em forma de sino (figura 33). Independente de serem alturas, pesos, medições dos comprimentos de membros ou mesmo qualidades intelectuais determinadas por aqueles que eram então testes psicológicos pioneiros, o mesmo tipo de curva apareceu seguidas vezes. A curva em si não era algo

Figura 33

novo para Quetelet — matemáticos e físicos a reconheciam desde meados do século XVIII e Quetelet estava familiarizado com ela por seu trabalho em astronomia —, foi simplesmente a associação da curva com as características humanas que foi um tanto chocante. Antes, ela era conhecida como a *curva de erro*, por causa de seu aparecimento em qualquer tipo de erros em medições.

Imaginemos, por exemplo, que estivéssemos interessados em medir com grande exatidão a temperatura de um líquido em um recipiente. Podemos usar um termômetro de alta precisão e fazer mil leituras consecutivas durante um período de uma hora. Descobriremos que devido a erros aleatórios e possivelmente algumas flutuações na temperatura, nem todas as medições fornecem exatamente o mesmo valor. Ao contrário, as medições tenderiam a se aglomerar em torno de um valor central, com algumas medições fornecendo temperaturas que são maiores e outras que são menores. Se representarmos graficamente o número de vezes que cada medição ocorreu contra o valor da temperatura, obteremos o mesmo tipo de curva em forma de sino que Quetelet encontrou para as características humanas. De fato, quanto maior o número de medições realizadas em qualquer quantidade física, mais a distribuição obtida de frequências se aproximará da curva normal. A implicação imediata desse fato para a questão da inexplicável efetividade da matemática é, por si só, bem dramática — mesmo erros humanos obedecem a algumas regras matemáticas estritas.

Quetelet achou que as conclusões tinham um alcance ainda maior. Ele considerou o achado que as características humanas seguiam a curva de erros uma indicação de que o "homem mediano" era, de fato, um tipo que a natureza estaria tentando produzir. De acordo com Quetelet, assim como erros de fabricação criariam uma distribuição de comprimentos em torno do comprimento médio (correto) de um prego, os erros da natureza estavam distribuídos em torno de um tipo biológico preferencial. Ele declarou que as pessoas de uma nação estavam aglomeradas em torno de sua média "como se fossem os resultados das medições feitas em uma e uma só pessoa, mas com instrumentos desajeitados o bastante para justificar o tamanho da variação".

Indubitavelmente, as especulações Quetelet foram um pouco longe demais. Embora sua descoberta de que características biológicas (sejam elas físicas ou mentais) estão distribuídas de acordo com a curva normal de frequências tenha sido extremamente importante, ela não poderia ser aceita como demonstração das intenções da natureza nem poderiam as variações individuais ser tratadas como meros enganos. Por exemplo, Quetelet constatou que a altura média dos recrutas franceses era 163cm. Na extremidade inferior, entretanto, encontrou um homem de 43,2cm. Obviamente não era possível cometer um erro de quase 122cm na medição da altura de um homem de 163cm de altura.

Mesmo se ignorarmos a noção de Quetelet de "leis" que modelam os seres humanos em uma única forma, o fato de distribuições de diversos tipos de traços que vão desde altura até níveis de QI seguirem, todas elas, a curva normal é, por si só, bem impressionante. E se isso não bastasse, até a distribuição das médias de rebatida da liga principal de beisebol é razoavelmente normal, como também é a taxa anual de retorno nos índices de ações (que são compostos de várias ações individuais). De fato, distribuições que se desviam da curva normal às vezes exigem um exame cuidadoso. Por exemplo, a constatação de que a distribuição das notas de inglês em alguma escola não é normal poderia provocar uma investigação das práticas de dar notas da escola em questão. Isso não quer dizer que todas as distribuições sejam normais. A distribuição dos comprimentos de palavras que Shakespeare empregou em suas peças não é normal. Ele usou muito mais palavras de três e quatro letras que de 11 ou 12. A renda familiar anual nos Estados Unidos também é representada por uma distribuição não normal. Em 2006, por exemplo, 6,37% das famílias no topo da escala ganharam aproximadamente um terço de toda a renda. Esse fato, por si só, levanta uma questão interessante: se as características tanto físicas quanto intelectuais dos seres humanos (que presumivelmente determinam o potencial de renda) têm uma distribuição normal, por que a renda não tem? A resposta a tais perguntas socioeconômicas está, entretanto, fora do alcance do presente livro. De nossa presente perspectiva limitada, o fato surpreendente é que essencialmente todas as particularidades fisicamente mensuráveis dos seres humanos ou dos animais e plantas (de qualquer dada variedade) estão distribuídas de acordo com um único tipo de função matemática.

Características humanas serviram historicamente não apenas como a base para o estudo das distribuições estatísticas de frequências, mas também para o estabelecimento do conceito matemático de *correlação*. A correlação mede o grau em que alterações no valor de uma variável são acompanhadas de alterações em outra. Por exemplo, é possível esperar que mulheres mais altas usem sapatos maiores. Psicólogos também encontraram uma correlação entre a inteligência dos pais e o grau em que os filhos se saem bem na escola.

O conceito de uma correlação torna-se particularmente útil naquelas situações em que não existe nenhuma dependência funcional precisa entre as duas variáveis. Imaginemos, por exemplo, que uma variável seja a temperatura diurna máxima no sul do Arizona e a outra seja o número de incêndios florestais naquela região. Para um dado valor da temperatura, não se pode predizer com exatidão o número de incêndios florestais que surgirá, já que o último depende de outras variáveis como a umidade e o número de incêndios iniciados por pessoas. Em outras palavras, para qualquer valor da temperatura, poderia haver muitos números correspondentes de incêndios florestais e vice-versa. Mesmo assim, o conceito matemático conhecido como *coeficiente de correlação* nos permite medir quantitativamente a força da relação entre duas de tais variáveis.

A pessoa que introduziu pela primeira vez a ferramenta do coeficiente de correlação foi o geógrafo, meteorologista, antropólogo e estatístico vitoriano Sir Francis Galton (1822-1911). Galton — que, aliás, era meio-primo de Charles Darwin — não era um matemático profissional. Sendo um homem extraordinariamente prático, geralmente deixava os refinamentos matemáticos de seus conceitos inovadores para outros, em particular para o estatístico Karl Pearson (1857-1936). Foi desta maneira que Galton explicou o conceito de correlação:

> O comprimento do cúbito [o antebraço] está correlacionado com a altura, porque um cúbito longo geralmente implica um homem alto. Se a correlação entre eles for bem estreita, um cúbito muito longo geralmente implicaria uma estatura bem alta, mas se não fosse muito estreita, um cúbito bem longo estaria em média associado apenas com uma estatura alta, e não muito alta; ao mesmo tempo, se fosse *nula*, um cúbito muito longo não estaria associado com nenhuma estatura especial e, portanto, na média, seria banal.

Pearson acabou fornecendo uma definição matemática precisa do coeficiente de correlação. O coeficiente é definido de tal maneira que, quando a correlação for bem alta — isto é, quando uma variável acompanhar de perto as tendências de subida e descida da outra — o coeficiente assume o valor 1. Quando duas quantidades estão *anticorrelacionadas*, significando que quando uma aumenta, a outra decresce e vice-versa, o coeficiente é igual a –1. Duas variáveis em que cada uma se comporta como se a outra sequer existisse têm um coeficiente de correlação de 0. (Por exemplo, o comportamento de alguns governos infelizmente revela uma correlação praticamente igual a zero com os desejos das pessoas a quem supostamente representam.)

Pesquisas médicas e previsões econômicas de hoje dependem crucialmente da identificação e cálculo de correlações. As ligações entre tabagismo e câncer pulmonar e entre exposição ao Sol e câncer de pele, por exemplo, foram inicialmente estabelecidas pela descoberta e avaliação de correlações. Analistas do mercado de ações estão constantemente tentando encontrar e quantificar correlações entre comportamento do mercado e outras variáveis; qualquer descoberta desse tipo pode ser imensamente lucrativa.

Como os primeiros estatísticos rapidamente perceberam, tanto a coleta dos dados estatísticos quanto sua interpretação podem ser bem complexas e devem ser manuseadas com uma extrema cautela. Um pescador que usa uma rede com buracos de 25 cm de lado poderia ser tentado a concluir que todos os peixes têm mais de 25 cm, simplesmente porque os menores escapariam de sua rede. Esse é um exemplo de *efeitos de seleção* — vieses introduzidos nos resultados seja pelo aparelho usado para a coleta de dados ou pela metodologia usada para analisá-los. Amostragem traz outro problema. Por exemplo, as pesquisas de opinião dos tempos modernos geralmente entrevistam não mais de alguns milhares de pessoas. Como podem os entrevistadores ter certeza de que as opiniões expressas pelos membros dessa amostra representam corretamente as opiniões de centenas de milhões? Outro ponto a perceber é que a correlação não necessariamente implica causalidade. As vendas de novas torradeiras podem estar em ascensão ao mesmo tempo em que aumentam os públicos em concertos de música clássica, mas isso não significa que a presença de uma nova torradeira na casa aumente a apreciação musical. A bem da verdade, os dois efeitos podem ser causados por uma melhora na economia.

Apesar dessas importantes salvaguardas, estatística tornou-se um dos instrumentos mais efetivos na sociedade moderna, literalmente colocando a "ciência" nas ciências sociais. Mas por que a estatística funciona afinal? A resposta é dada pela matemática da *probabilidade*, que reina sobre muitas facetas da vida moderna. Engenheiros que tentam decidir quais mecanismos de segurança instalar no Veículo de Exploração Tripulado para astronautas, físicos de partículas que analisam os resultados de experimentos com aceleradores, psicólogos que classificam crianças em testes de QI, companhias farmacêuticas que avaliam a eficácia de novos medicamentos e geneticistas que estudam a hereditariedade humana, todos precisam usar a teoria matemática da probabilidade.

Jogos de azar

O estudo sério da probabilidade teve início bem modesto — tentativas dos jogadores de ajustar as apostas às chances de sucesso. Em particular, em meados do século XVII, um nobre francês — o Chevalier de Méré — que também era um jogador de renome, fez uma série de perguntas sobre jogos ao famoso matemático e filósofo francês Blaise Pascal (1623-62). Este último manteve em 1654 uma extensa correspondência sobre essas questões com o outro grande matemático francês da época, Pierre de Fermat (1601-65). A teoria da probabilidade essencialmente nasceu dessa correspondência.

Examinemos um dos fascinantes exemplos discutidos por Pascal em uma carta datada de 29 de julho de 1654. Imaginemos dois nobres dedicados a um jogo que envolve a rolagem de um único dado. Cada jogador colocou na mesa 32 pistolas* de ouro. O primeiro jogador escolhe o número 1 e o segundo escolhe o número 5. Cada vez que o número escolhido de um dos jogadores aparece, esse jogador recebe um ponto. O ganhador é o primeiro a ter três pontos. Suponhamos, entretanto, que, depois que o jogo tiver sido jogado por algum tempo, o número 1 tenha aparecido duas vezes (de maneira que o jogador que escolheu esse número tem dois pontos), enquanto o número 5 apareceu uma única vez (e, portanto, o oponente tem um único ponto). Se, por qualquer motivo, o jogo tiver de ser interrompido àquela altura, como as 64 pistolas sobre a mesa deveriam ser divididas entre os dois jogadores? Pascal e Fermat encontraram a resposta matematicamente lógica. Se o jogador com dois pontos fosse ganhar a próxima rolagem, as 64 pistolas pertenceriam a ele. Se o outro jogador fosse ganhar a rolagem seguinte, cada jogador teria ficado com dois pontos e, portanto, cada um teria obtido 32 pistolas. Portanto, se os jogadores se separassem sem a próxima rolagem, o primeiro jogador poderia argumentar corretamente: "Tenho certeza sobre as 32 pistolas mesmo que eu perdesse esta rolagem e, quanto

---
*Antiga moeda francesa. (N. da T.)

às outras 32 pistolas, talvez eu as ganhasse e talvez você as ganhasse; as chances são iguais. Vamos então dividir igualmente estas 32 pistolas e também me dar as 32 pistolas das quais eu tenho certeza." Em outras palavras, o primeiro jogador deveria ficar com 48 pistolas e o outro, com 16. Incrível, não é, que uma nova e profunda disciplina matemática pudesse ter emergido desse tipo de discussão aparentemente trivial? É exatamente por este motivo, porém, que a efetividade da matemática é tão "inexplicável" e misteriosa como ela é.

A essência da teoria da probabilidade pode ser vislumbrada dos fatos simples a seguir. Ninguém pode predizer com certeza qual a face que uma moeda lícita jogada ao ar mostrará ao cair. Mesmo que a moeda tenha acabado de mostrar cara dez vezes seguidas, isso não melhora em nada nossa habilidade de predizer com certeza a próxima jogada. Mesmo assim, podemos predizer com certeza que, se você jogar ao ar aquela moeda 10 milhões de vezes, um número bem próximo da metade das jogadas mostrará cara e um número bem próximo da metade mostrará coroa. De fato, no fim do século XIX, o estatístico Karl Pearson teve a paciência de jogar uma moeda 24 mil vezes. Ele obteve cara em 12.012 das jogadas. É com isso, num certo sentido, que a teoria da probabilidade realmente tem a ver. A teoria da probabilidade nos fornece informações precisas sobre a coleção dos resultados de um grande número de experimentos; ela nunca pode predizer o resultado de qualquer experimento específico. Se um experimento pode produzir n resultados possíveis, cada qual com a mesma chance de ocorrer, então a probabilidade de cada resultado é $1/n$. Se você rolar um dado lícito, a probabilidade de obter o número 4 será 1/6, porque o dado tem seis faces e cada face é um resultado igualmente provável. Suponhamos que o dado seja rolado sete vezes seguidas e, a cada vez, seja obtido um 4, qual seria a probabilidade de se obter um 4 no próximo lançamento? A teoria da probabilidade dá uma resposta clara como a água: a probabilidade ainda seria 1/6 — o dado não tem memória e todas as noções de "mão quente" ou da próxima jogada compensando o desequilíbrio anterior são apenas mitos. O verdadeiro é que se você rolasse um dado um milhão de vezes, os resultados chegariam a uma média e o 4 apareceria um número bem próximo de um sexto das vezes.

Examinemos uma situação um pouco mais complexa. Suponhamos que três moedas sejam lançadas simultaneamente. Qual a probabilidade de se obter duas coroas e uma cara? Podemos encontrar a resposta pela simples listagem de todos os resultados possíveis. Se denotarmos cara por "Ca" e coroa por "Co", então haverá oito resultados possíveis: CoCoCo, CoCoCa, CoCaCo, CoCaCa, CaCoCo, CaCoCa, CaCaCo, CaCaCa. Destes, podemos verificar que três são favoráveis ao evento "duas coroas e uma cara". Portanto, a probabilidade deste evento é 3/8. Ou, mais genericamente, se dos n resultados de iguais chances, m forem favoráveis ao evento de interesse, então a probabilidade de tal evento acontecer será m/n. Notemos que isso significa que a probabilidade sempre toma um valor entre zero e um. Se o evento de interesse for de fato impossível, então $m = 0$ (sem resultado favorável) e a probabilidade seria zero. Se, por outro lado, o evento for absolutamente certo, isso significará que todos os n eventos são favoráveis ($m = n$) e a probabilidade será, então, simplesmente $n/n = 1$. Os resultados dos três lançamentos de moeda demonstram mais um outro resultado importante da teoria da probabilidade — se tivermos vários eventos que sejam inteiramente *independentes* entre si, então a probabilidade de todos eles acontecerem será o produto das probabilidades individuais. Por exemplo, a probabilidade de obtenção de três caras é 1/8, que é o produto das probabilidades de obtenção de caras em cada uma das três moedas: $1/2 \times 1/2 \times 1/2 = 1/8$.

Certo, você poderia pensar, mas se não for para jogos de cassino e demais atividades de jogo, que outros usos poderemos fazer desses conceitos bem básicos de probabilidade? Acredite se quiser, essas leis aparentemente insignificantes da probabilidade estão no coração do estudo moderno da genética — a ciência da herança das características biológicas.

A pessoa que introduziu probabilidade na genética foi um padre morávio. Gregor Mendel (1822-84) nasceu em um vilarejo próximo à fronteira entre a Morávia e a Silésia (hoje Hynčice, na República Tcheca). Depois de ingressar na abadia agostiniana de S. Tomás, em Brno, estudou zoologia, botânica, física e química na Universidade de Viena. Ao retornar a Brno, começou uma experimentação ativa com ervilhas, com forte apoio do abade do mosteiro agostiniano. Mendel escolheu ervilhas por serem fáceis de cultivar e também porque possuíam tanto órgãos reprodutivos masculinos como femininos. Consequentemente, as ervilhas podem ser tanto autopolinizadas quanto sofrer polinização cruzada com outra planta. Por meio de polinização cruzada de plantas que produzem apenas sementes verdes com plantas que produzem apenas sementes amarelas, Mendel obteve resultados que, à primeira vista, pareceram bem enigmáticos (figura 34). A primeira geração de descendentes tinha apenas sementes amarelas. Entretanto, a geração seguinte apresentava sistematicamente uma proporção de 3:1 de sementes amarelas para verdes! Desses achados surpreendentes, Mendel foi capaz de destilar três conclusões que se tornaram marcos importantes da genética:

1. A herança de uma característica envolve a transmissão de certos "fatores" (aquilo que hoje chamamos *genes*) dos genitores aos descendentes.
2. Todo descendente herda um de tais "fatores" de cada genitor (para qualquer dado traço).
3. Uma dada característica pode não se manifestar em um descendente, mas ainda pode ser passada à geração seguinte.

Mas como é possível explicar os resultados quantitativos no experimento de Mendel? Mendel argumentou que cada uma das plantas-genitoras

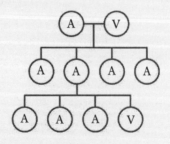

Figura 34

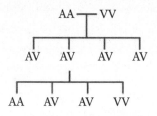

Figura 35

deve ter tido dois "fatores" idênticos (aquilo que hoje chamaríamos alelos, variedades de um gene), ou dois amarelos ou dois verdes (como na figura 35). Quando foi feito o cruzamento, cada descendente herdou dois alelos diferentes, um de cada genitor (de acordo com a regra 2 acima). Isto é, cada semente descendente continha um alelo amarelo e um alelo verde. Por que, então, as ervilhas dessa geração eram todas amarelas? Porque, explicou Mendel, amarelo era a cor dominante e mascarou a presença do alelo verde na geração (regra 3 acima). Entretanto (ainda de acordo com a regra 3), o amarelo dominante não impediu o verde recessivo de ser passado para a geração seguinte. Na rodada seguinte de cruzamento, cada planta contendo um alelo amarelo e um alelo verde foi polinizada por outra planta contendo a mesma combinação de alelos. Já que os descendentes contêm um alelo de cada genitor, as sementes da geração seguinte podem conter uma das seguintes combinações (figura 35): verde-verde, verde-amarelo, amarelo-verde ou amarelo-amarelo. Todas as sementes com um alelo amarelo tornaram-se ervilhas amarelas, porque amarelo é dominante. Portanto, já que todas as combinações de alelos são igualmente prováveis, a razão de ervilhas amarelas para verdes deve ser 3:1.

Você pode ter percebido que o exercício inteiro de Mendel é essencialmente idêntico ao experimento do lançamento de duas moedas. Atribuir cara para verde e coroa para amarelo e perguntar qual fração de ervilhas seria amarela (dado que amarelo é dominante na determinação da cor) é precisamente o mesmo que perguntar qual a probabilidade de se obter pelo menos uma coroa no lançamento de duas moedas. É evidente que a resposta é 3/4, já que três dos resultados possíveis (coroa-coroa, coroa-cara, cara-coroa, cara-cara) contêm uma coroa. Isso significa que a razão entre o número de lançamentos que realmente contêm pelo menos uma coroa e o número de lançamentos que não contêm deveria ser (com o decorrer do tempo) 3:1, exatamente como nos experimentos de Mendel.

Apesar de Mendel ter publicado seu artigo "Experimentos sobre hibridização de plantas" em 1865 (e também ter apresentado os resultados em dois congressos científicos), seu trabalho permaneceu basicamente despercebido até ser redescoberto no início do século XX. Embora algumas questões relacionadas à precisão de seus resultados tenham sido levantadas, ele ainda é considerado o primeiro a ter formulado os fundamentos matemáticos da genética moderna. Seguindo o caminho aberto por Mendel, o influente estatístico britânico Ronald Aylmer Fisher (1890-1962) estabeleceu o campo da genética populacional — o ramo da matemática que se centra na criação de modelos de distribuição de genes de uma população e no cálculo de como as frequências de genes se alteram com o tempo. Os geneticistas de hoje podem usar amostragens estatísticas em combinação com estudos de DNA para prever características prováveis de descendentes não nascidos. Mas, mesmo assim, quais são exatamente as relações entre probabilidade e estatística?

Fatos e previsões

Cientistas que tentam decifrar a evolução do universo geralmente tentam atacar o problema partindo das duas pontas. Existem aqueles que começam a partir das mais minúsculas flutuações do tecido cósmico do universo primordial e existem aqueles que estudam cada detalhe no estado atual do universo. O primeiro usa simulações com grandes computadores numa tentativa de fazer o universo evoluir para a frente. O último se dedica ao trabalho detetivesco de tentar deduzir o passado do universo a partir de uma infinidade de fatos sobre seu estado presente. A teoria da probabilidade e a estatística estão relacionadas de uma maneira semelhante. Na teoria da probabilidade, as variáveis e o estado inicial são conhecidos e a meta é predizer o resultado final mais provável. Na estatística, o resultado é conhecido, mas as causas passadas são incertas.

Examinemos um simples exemplo de como os dois campos se suplementam reciprocamente e se encontram, por assim dizer, no meio. Podemos começar do fato que estudos estatísticos mostram que as medições de uma grande variedade de quantidades físicas e mesmo de muitas características humanas são distribuídas de acordo com a *curva normal de frequências*. Mais precisamente, a curva normal não é única, mas uma família de curvas, todas passíveis de serem descritas pela mesma função geral e todas sendo inteiramente caracterizadas por apenas duas quantidades matemáticas. A primeira destas quantidades — a *média* — é o valor central em torno do qual a distribuição é simétrica. O valor real da média depende, é claro, do tipo de variável que está sendo medida (por exemplo, peso, altura ou QI). Mesmo para a mesma variável, a média pode ser diferente para diferentes populações. Por exemplo, a média das alturas dos homens da Suécia é provavelmente diferente da média das alturas de homens do Peru. A segunda quantidade que define a curva normal é conhecida como *desvio padrão*. Esta é uma medida de quão estreitamente os dados se aglomeram ao redor do valor médio. Na figura 36, a curva normal (a) tem o maior desvio padrão, porque os valores estão mais amplamente dispersos. Aqui, entretanto, entra um fato interessante. Pelo uso de cálculo integral para calcular áreas sob a curva, pode-se demonstrar matematicamente que, independentemente dos valores da média ou do desvio padrão, 68,2% dos dados situam-se no intervalo de valores abarcados por um único desvio padrão em cada lado da média (como na figura

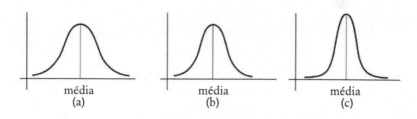

Figura 36

37). Em outras palavras, se o QI médio de uma determinada população (grande) for 100 e o desvio padrão for 15, então 68,2% das pessoas naquela população terão valores de QI entre 85 e 115. Além do mais, para todas as curvas normais de frequências, 95,4% de todos os casos situam-se a, no máximo, dois desvios padrões da média e 99,7% dos dados situam-se a, no máximo, três desvios padrões em qualquer lado da média (figura 37). A implicação é que, no exemplo acima, 95,4% da população têm valores de QI entre 70 e 130; e 99,7% têm valores entre 55 e 145.

Suponhamos agora que queiramos predizer qual seria a probabilidade de uma pessoa escolhida ao acaso naquela população ter um valor de QI entre 85 e 100. A figura 37 nos informa que a probabilidade seria 0,341 (ou 34,1%) já que, de acordo com as leis da probabilidade, a probabilidade é simplesmente o número de resultados favoráveis dividido pelo número total de possibilidades. Ou poderíamos estar interessados em descobrir qual seria a probabilidade de alguém (escolhido aleatoriamente) ter um valor de QI maior que 130 naquela população. Uma olhadela na figura 37 revela que a probabilidade é de apenas aproximadamente 0,022 ou 2,2%. De maneira parecida, usando as propriedades da distribuição normal e a ferramenta do cálculo integral (para calcular áreas), pode-se calcular a probabilidade do valor de QI estar em qualquer dada faixa. Em outras palavras, a teoria da probabilidade e sua colega de trabalho, a estatística, se combinam para nos dar a resposta.

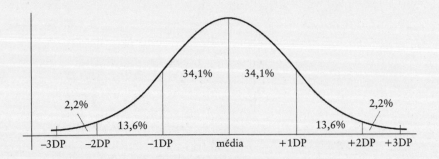

Figura 37

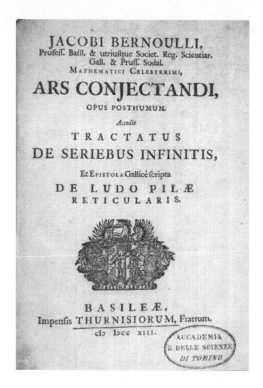

Figura 38

Já comentei várias vezes que a probabilidade e a estatística se tornam significativas quando lidamos com um grande número de eventos — nunca eventos individuais. Quem se deu conta desse fato, conhecido como a *lei dos grandes números*, foi Jakob Bernoulli, que a formulou como um teorema em seu livro Ars Conjectandi (*A arte da conjectura*; a figura 38 mostra o frontispício). Em termos simples, o teorema declara que se a probabilidade de ocorrência de um evento é p, então p é a proporção mais provável de ocorrências do evento em relação ao número total de tentativas. Além disso, à medida que o número de tentativas se aproxima do infinito, a proporção de sucessos se torna p com certeza. Eis como Bernoulli introduziu a lei dos grandes números em *Ars Conjectandi*: "O que ainda precisa ser investigado é se aumentando o número de observações também continuamos aumentando a probabilidade de que a proporção registrada de casos favoráveis para desfavoráveis irá se aproximar da razão verdadeira, de maneira que esta probabilidade finalmente superará qualquer grau desejado de certeza." Ele então prossegue e explica o conceito com um exemplo específico:

> Temos uma jarra contendo 3.000 pequenos seixos brancos e 2.000 pretos e desejamos determinar empiricamente a razão de seixos brancos para os pretos — algo que não sabemos — pela retirada de um seixo depois do outro da jarra e registrando com que frequência um seixo branco é tirado e com que frequência um preto é tirado. (Lembro ao leitor que um importante requisito desse processo é que cada seixo seja colocado de volta, depois de anotar a cor, antes de se retirar o seguinte, de maneira que o número de seixos na urna permaneça constante.) Agora perguntamos: é possível, pela ampliação indefinida das tentativas realizadas, tornar 10, 100, 1.000 etc. vezes mais provável (e, em última instância, "moralmente certo") que a razão entre o número de retiradas de um seixo branco e o número de retiradas de um seixo preto assuma o mesmo valor (3:2) da razão entre seixos brancos e pretos na urna, do que a razão das retiradas assuma um valor diferente? Se a resposta for não, então admitirei que provavelmente fracassaremos na tentativa de averiguar o número de instâncias em cada caso (isto é, o número de seixos brancos e pretos) por observação. Mas se for verdadeiro que podemos finalmente atribuir certeza moral por esse método [e Jakob Bernoulli demonstra que esse é o caso no capítulo seguinte de *Ars Conjectandis*]... então poderemos determinar o número de casos *a posteriori* com uma precisão tão grande quanto se nós o conhecêssemos *a priori*.

Bernoulli dedicou vinte anos ao aperfeiçoamento desse teorema, que, desde então, tornou-se um dos pilares centrais da estatística. Ele concluiu com a crença na existência suprema de leis reguladoras, mesmo naqueles exemplos que parecem ser uma questão de acaso:

> Se todos os eventos de agora em diante até a eternidade fossem continuamente observados (e, assim sendo, a probabilidade acabaria se tornando certeza), seria constatado que tudo no mundo ocorre por motivos defi-

nidos e em conformidade definida com a lei e que, por isso, somos obrigados, mesmo para as coisas que possam parecer bem acidentais, a pressupor certa necessidade e, se assim fosse, fatalidade. Pelo que sei, é isso que Platão tinha em mente quando, na doutrina do ciclo universal, ele afirmou que, depois da passagem de séculos incontáveis, tudo retornaria ao seu estado original.

O desfecho deste conto da ciência da incerteza é bem simples: matemática é aplicável de algumas maneiras mesmo nas áreas menos "científicas" de nossas vidas — inclusive aquelas que parecem ser governadas pelo puro acaso. Assim, na tentativa de explicar a "inexplicável efetividade" da matemática, não podemos limitar nossa discussão apenas às leis da física. Pelo contrário, teremos eventualmente que decifrar de alguma forma o que é que torna a matemática tão onipresente.

Os incríveis poderes da matemática não foram perdidos no famoso dramaturgo e ensaísta George Bernard Shaw (1856-1950). Definitivamente não identificado pelos talentos matemáticos, Shaw certa vez escreveu um artigo iluminado sobre estatística e probabilidade intitulado "O vício do jogo e a virtude do seguro". Nele, Shaw admite que, para ele, seguro se "fundamenta em fatos inexplicáveis e riscos calculáveis apenas por matemáticos profissionais". Contudo, ele oferece a seguinte observação bem perspicaz:

> Imaginemos, então, uma conversa comercial entre um mercador ávido por comércio exterior, mas com medo desesperado de naufrágio ou de ser comido por selvagens, e um capitão de navio ávido pelo carregamento e passageiros. O capitão responde ao mercador que as mercadorias estarão perfeitamente seguras, e ele próprio estará igualmente seguro se as acompanhar. Mas o mercador, com a cabeça cheia de aventuras de Jonas, S. Paulo, Odisseia e Robinson Crusoé, não ousa se aventurar. A conversa entre eles seria mais ou menos assim:
>
> Capitão: Venha! Apostarei com você um zilhão de libras que, se você navegar comigo, estará vivo e bem daqui a um ano.

Mercador: Mas se eu aceitar a aposta, estarei apostando com você essa soma que morrerei em um ano.

Capitão: Ora, não se você perder a aposta, como certamente acontecerá?

Mercador: Mas se eu me afogar, você também se afogará; e, então, o que acontece com nossa aposta?

Capitão: Verdade. Mas encontrarei para você um homem em terra firme que fará a aposta com sua esposa e família.

Mercador: Isso altera o caso, é claro; mas e quanto ao meu carregamento?

Capitão: Puf! A aposta pode ser também sobre o carregamento. Ou duas apostas: uma sobre a sua vida, a outra sobre o carregamento. Ambos estarão a salvo, eu lhe garanto. Nada acontecerá; e você verá todas as maravilhas que existem para serem vistas lá fora.

Mercador: Mas se eu e minhas mercadorias atravessarmos com segurança, terei de lhe pagar o valor da minha vida e das mercadorias pela barganha. Se eu não me afogar, estarei arruinado.

Capitão: É bem verdade, também. Mas não há muito nisso para mim, como você pensa. Se você se afogar, eu me afogarei antes; pois devo ser o último homem a abandonar o navio que está afundando. Mesmo assim, deixe-me convencê-lo a se arriscar. Farei a aposta de dez para um. Isso lhe seduziria?

Mercador: Ah, nesse caso —

O capitão descobriu o seguro exatamente como os ourives descobriram as transações bancárias.

Para alguém como Shaw, que se queixou de que durante sua educação formal "nenhuma palavra nos foi dita sobre o significado ou utilidade da matemática", essa versão cômica da "história" da matemática do seguro é digna de nota.

Com a exceção do texto de Shaw, até agora acompanhamos o desenvolvimento de alguns ramos da matemática mais ou menos por meio dos

ESTATÍSTICOS E PROBABILISTAS: A CIÊNCIA DA INCERTEZA 175

olhos de matemáticos práticos. Para esses indivíduos e, de fato, para muitos filósofos racionalistas como Spinoza, o platonismo era óbvio. Não havia nenhuma dúvida de que verdades matemáticas existiam em seu próprio mundo e que a mente humana poderia acessar essas verdades sem nenhuma observação, unicamente por meio da faculdade da razão. Os primeiros sinais de uma lacuna potencial entre a percepção da geometria euclidiana como uma coleção de verdades universais e outros ramos da matemática foram postos a nu pelo filósofo irlandês George Berkeley, bispo de Cloyne (1685-1753). Em um panfleto intitulado *O analista; ou um discurso dirigido a um matemático descrente* (este último supostamente Edmond Halley), Berkeley criticou os próprios fundamentos dos campos de cálculo e análise, como introduzidos por Newton (nos *Principia*) e Leibniz. Em particular, Berkeley demonstrou que o conceito de Newton de "flúxions", ou taxas instantâneas de variação, estava longe de ser rigorosamente definido, o que, na mente de Berkeley, bastava para lançar dúvida sobre a disciplina inteira:

> O método dos flúxions é a chave geral, com o auxílio da qual os matemáticos modernos destrancam os segredos da Geometria e, consequentemente, da Natureza. (...) Mas, independentemente de tal Método ser claro ou obscuro, consistente ou repugnante, demonstrativo ou precário, já que investigarei com a máxima imparcialidade, submeterei minha investigação ao seu próprio Julgamento e ao de cada Leitor sincero.

Berkeley certamente tinha um argumento e o fato é que uma teoria da análise totalmente consistente foi formulada apenas nos anos 1960. Mas a matemática estava prestes a passar por uma crise mais dramática no século XIX.

CAPÍTULO 6

GEÔMETRAS:
O CHOQUE DO FUTURO

No seu famoso livro *O choque do futuro*, o escritor Alvin Toffler definiu o termo do título como "a tensão e desorientação avassaladoras que induzimos nos indivíduos por submetê-los a mudanças demais em um tempo tão curto". No século XIX, matemáticos, cientistas e filósofos passaram justamente pela experiência de tal choque. De fato, a crença de milênios de que a matemática oferece verdades eternas e imutáveis foi esmagada. Essa inesperada rebelião intelectual foi causada pela emergência de novos tipos de geometrias, atualmente conhecidas como *geometrias não euclidianas*. Mesmo que a maioria dos não especialistas possa nunca ter ouvido falar de geometrias não euclidianas, a magnitude da revolução no pensamento introduzida por esses novos ramos da matemática tem sido comparada por alguns àquela inaugurada pela teoria da evolução de Darwin.

Para apreciar inteiramente a natureza desta mudança generalizada na visão de mundo, temos antes de sondar rapidamente o pano de fundo histórico-matemático.

"Verdade" euclidiana

Até o início do século XIX, se havia um ramo do conhecimento que tinha sido considerado a apoteose da verdade e certeza, era a geometria euclidiana, a geometria tradicional que aprendemos na escola. Não surpreende, portanto, que o grande filósofo holandês judeu Baruch Spinoza (1632-77) tenha intitulado sua ousada tentativa de unificar ciência, religião, ética e razão *Ética, demonstrada na ordem geométrica*. Além do mais, apesar da nítida distinção entre o mundo platônico ideal de formas matemáticas e realidade física, a maioria dos cientistas considerava os objetos da geometria euclidiana simplesmente abstrações destiladas de suas contrapartidas físicas reais. Mesmo empiristas leais como David Hume (1711-76), que insistia que os próprios fundamentos da ciência eram bem menos certos do que qualquer um já tivesse suspeitado, concluíram que a geometria euclidiana era tão sólida quanto o Rochedo de Gibraltar. Em *Investigações sobre o entendimento humano*, Hume identificou "verdades" de dois tipos:

> Todos os objetos da razão ou investigação humana podem ser naturalmente divididos em duas espécies, a saber, Relações de Ideias e Questões de Fato. Da primeira espécie são (...) toda afirmação que seja intuitiva ou demonstrativamente certa (...) Proposições dessa espécie podem ser descobertas pela mera operação do pensamento, sem dependência daquilo que exista em qualquer lugar do universo. Embora nunca tenha existido um círculo ou triângulo na natureza, as verdades demonstradas por Euclides reteriam para sempre sua certeza e evidência. Questões de Fato (...) não são estabelecidas da mesma maneira; nem é nossa evidência de sua verdade, por maior que seja, de natureza igual à das precedentes. O contrário de toda questão de fato é ainda possível; porque pode nunca implicar uma contradição (...) Que o Sol não nascerá amanhã não é uma proposição menos inteligível e não implica mais contradição que a afirmativa que ele nascerá. Seria vão, portanto, tentar demonstrar sua falsidade.

Em outras palavras, embora Hume, assim como todos empiristas, defendesse que todo conhecimento origina-se da observação, geometria e suas "verdades" continuaram a desfrutar de um status privilegiado.

O ilustre filósofo alemão Immanuel Kant (1724-1804) nem sempre concordou com Hume, mas também exaltava a geometria euclidiana a um status de certeza absoluta e validade inquestionável. Na memorável *Crítica da razão pura*, Kant tentou reverter num certo sentido as relações entre a mente e o mundo físico. Em lugar de impressões da realidade física serem gravadas em uma mente, do contrário, inteiramente passiva, Kant deu à mente a função ativa de "construir" ou "processar" o universo percebido. Voltando a atenção para o interior, Kant perguntou não *o que* podemos saber, mas *como* podemos saber o que podemos saber. Ele explicou que, embora nossos olhos detectem partículas de luz, estas não formam uma imagem em nossa consciência enquanto a informação não for processada e organizada em nossos cérebros. Um papel crucial nesse processo de construção foi designado à compreensão humana intuitiva ou sintética *a priori* de espaço, que, por sua vez, supôs-se que se baseasse na geometria euclidiana. Kant acreditava que a geometria euclidiana proporcionava o único caminho verdadeiro para o processamento e conceitualização de espaço e que esta familiaridade intuitiva universal com o espaço estava no cerne de nossa experiência do mundo natural. Nas palavras de Kant:

> Espaço não é um conceito empírico que se derivou da experiência externa (...) Espaço é uma representação necessária *a priori*, formando o próprio fundamento de todas as intuições externas (...) Nessa necessidade de uma representação de espaço *a priori* se apoia a certeza claramente demonstrada de todos os princípios geométricos e a possibilidade de sua construção *a priori*. Pois se a intuição de espaço fosse um conceito conquistado *a posteriori*, tomado emprestado da experiência externa geral, os primeiros princípios da definição matemática não seriam nada além de percepções. Seriam expostos a todos os acidentes da percepção e não haver senão uma única linha reta entre dois pontos não seria uma necessidade, mas apenas algo ensinado em cada caso por experiência.

Dito de uma maneira simples, de acordo com Kant, se percebemos um objeto, então necessariamente esse objeto é espacial e euclidiano.

As ideias de Hume e de Kant colocam em primeiro plano os dois aspectos bem diferentes, mas igualmente importantes, que eram historicamente associados à geometria euclidiana. O primeiro foi a afirmativa de que a geometria euclidiana representa a única descrição precisa do espaço físico. O segundo foi a identificação da geometria euclidiana com uma estrutura dedutiva firme, decisiva e infalível. Tomadas em conjunto, essas duas supostas propriedades forneceram aos matemáticos, cientistas e filósofos aquilo que eles consideraram a mais forte evidência de que verdades informativas, inescapáveis, sobre o universo realmente existem. Até o século XIX, tais afirmativas eram aceitas como certas. Mas eram realmente verdadeiras?

Os fundamentos da geometria euclidiana foram assentados por volta de 300 a.C. pelo matemático grego Euclides de Alexandria. Numa obra monumental de 13 volumes intitulada *Os elementos*, Euclides tentou erigir a geometria sobre uma base lógica bem definida. Ele começou com dez axiomas considerados incontestavelmente verdadeiros e buscou demonstrar um grande número de proposições com base naqueles postulados por nada além de deduções lógicas.

Os primeiros quatro axiomas euclidianos eram extremamente simples e primorosamente concisos. Por exemplo, o primeiro axioma dizia: "Entre dois pontos quaisquer, pode-se desenhar uma linha reta." O quarto afirmava: "Todos os ângulos retos são iguais." Em contraste, o quinto axioma, conhecido como o "postulado das paralelas", era mais complicado na formulação e consideravelmente menos autoevidente: "Se duas linhas situadas em um plano cruzarem uma terceira linha de tal maneira que a soma dos ângulos internos de um lado seja menor que os dois ângulos retos, então as duas linhas inevitavelmente irão se cruzar entre si se suficientemente prolongadas nesse lado." A figura 39 demonstra graficamente o conteúdo deste axioma. Embora ninguém duvidasse da verdade da sentença, ela não tinha a simplicidade dos demais axiomas. Tudo indica que mesmo o próprio Euclides não estava inteiramente feliz com o seu quinto postulado — as demonstrações das primeiras 28 proposições de *Os elementos* não fazem uso dele. A versão mais citada equiva-

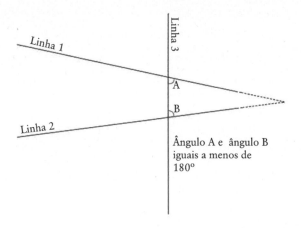

Figura 39

lente ao "quinto" hoje apareceu pela primeira vez nos comentários do matemático grego Próculo no século V, mas é geralmente conhecida como o "axioma de Playfair", em homenagem ao matemático escocês John Playfair (1748-1819). Ela diz: "Dada uma linha e um ponto não pertencente à linha, é possível desenhar exatamente uma linha paralela à dada linha através daquele ponto" (veja a figura 40). As duas versões do axioma são equivalentes no sentido que o axioma de Playfair (juntamente com os demais axiomas) necessariamente implica o quinto axioma original de Euclides e vice-versa.

Ao longo dos séculos, a insatisfação crescente com o quinto axioma resultou em várias tentativas fracassadas de realmente demonstrá-lo a partir dos outros nove axiomas ou de substituí-lo por um postulado mais óbvio. Quando tais esforços fracassaram, outros geômetras começaram a tentar responder uma intrigante pergunta "e se" — e se o quinto axioma, de fato, não se revelasse verdadeiro? Alguns desses empreendimentos começaram a levantar dúvidas irritantes sobre se os axiomas de Euclides eram verdadeiramente autoevidentes, em vez de ser baseados na experiência. O surpreendente veredicto final emergiu no século XIX: novas espécies de geometria poderiam ser criadas pela *escolha* de um axioma diferente do quinto de Euclides. Além do mais, essas geometrias

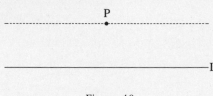

Figura 40

não euclidianas poderiam, em princípio, descrever o espaço físico com a mesma precisão da geometria euclidiana!

Quero fazer uma pausa aqui, por um momento, para deixar que o significado da palavra "escolha" penetre profundamente. Durante milênios, a geometria euclidiana tinha sido considerada singular e *inevitável* — a única descrição verdadeira de espaço. O fato de ser possível escolher os axiomas e obter uma descrição igualmente válida revolucionou o conceito inteiro. O esquema dedutivo correto cuidadosamente construído subitamente se tornou mais semelhante a um jogo, no qual os axiomas simplesmente jogavam o papel das regras. Era possível mudar os axiomas e jogar um jogo diferente. Não será exagerada a ênfase dada ao impacto desta percepção sobre a compreensão da natureza da matemática.

Alguns matemáticos criativos prepararam o terreno para o ataque final contra a geometria euclidiana. Particularmente notável entre eles foram o padre jesuíta Girolamo Saccheri (1667-1733), que investigou as consequências da substituição do quinto postulado por uma sentença diferente, e os matemáticos alemães Georg Klügel (1739-1812) e Johann Heinrich Lambert (1728-77), que foram os primeiros a se dar conta de que geometrias alternativas à euclidiana poderiam existir. Ainda assim, alguém precisou dar o golpe final na ideia de que a geometria euclidiana é a única representação do espaço. Essa honra foi dividida por três matemáticos, um da Rússia, um da Hungria e um da Alemanha.

Estranhos mundos novos

O primeiro a publicar um tratado inteiro sobre um novo tipo de geometria — uma que pudesse ser construída em uma superfície com um formato como a de uma sela curva (figura 41a) — foi o russo Nikolai Ivanovich Lobachevsky (1792-1856; figura 42). Nesse tipo de geometria (atualmente conhecida como *geometria hiperbólica*), o quinto postulado de Euclides é substituído pela sentença que dados uma linha num plano e um ponto não pertencente a essa linha, existem pelo menos duas linhas através do ponto paralelas à linha dada. Outra diferença importante entre a geometria lobachevskiana e a geometria euclidiana é que, enquanto na última, os ângulos de um triângulo sempre somam 180 graus (figura 41b), na primeira, a soma é sempre menor que 180 graus. Por ter sido publicado no bem obscuro *Kazan Bulletin*, o trabalho de Lobachevsky passou quase inteiramente despercebido até que traduções para o francês e alemão começaram a aparecer em fins dos anos 1830. Sem ter conhecimento do trabalho de Lobachevsky, um jovem matemático húngaro, János Bolyai (1802-60), formulou uma geometria semelhante durante os anos 1820. Numa explosão de entusiasmo juvenil, ele escreveu em 1823 ao pai (o matemático Farkas Bolyai; figura 43): "Descobri coisas tão magníficas que fiquei pasmo... Criei um novo mundo diferente a partir do nada." Em 1825, János já foi capaz de apresentar ao Bolyai mais velho o primeiro rascunho de sua nova geometria. O manuscrito se

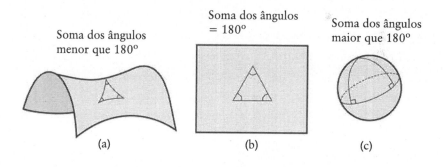

Figura 41

Figura 42

intitulava *A ciência absoluta do espaço*. Apesar da exuberância do jovem, o pai não ficou inteiramente convencido da solidez das ideias de János. Mesmo assim, decidiu publicar a nova geometria como um apêndice ao seu próprio tratado de dois volumes sobre os fundamentos de geometria, álgebra e análise (o título supostamente convidativo era *Ensaio sobre os elementos de matemática para jovens estudiosos*). Um exemplar do livro foi enviado em junho de 1831 ao amigo de Farkas, Carl Friedrich Gauss (1777-1855; figura 44), que foi não apenas o matemático mais proeminente da época, mas que é também considerado por muitos, ao lado de Arquimedes e Newton, um dos três maiores de todos os tempos. Esse livro foi de alguma forma perdido no caos criado por uma epidemia de cólera e Farkas teve de enviar um segundo exemplar. Gauss enviou uma resposta em 6 de março de 1832 e seus comentários não foram exatamente aqueles que o jovem János esperava:

Figura 43

Se eu começasse dizendo que não posso elogiar este trabalho, você certamente ficaria surpreso por um momento. Mas não posso dizer o contrário. Elogiá-lo seria elogiar a mim mesmo. De fato, o conteúdo inteiro do trabalho, o caminho seguido por seu filho, os resultados aos quais ele é levado, coincidem quase inteiramente com minhas meditações, que têm ocupado parcialmente a minha mente nos últimos trinta ou trinta e cinco anos. Fiquei, portanto, estupefato. No que se refere ao meu próprio trabalho, do qual até agora coloquei pouco em papel, minha intenção era não permitir que fosse publicado enquanto eu vivesse.

Quero fazer um parêntese para observar que, aparentemente, Gauss temia que a geometria radicalmente nova fosse considerada uma heresia filosófica pelos filósofos kantianos, a quem ele se referia como "os boécios" (sinônimo de "estúpido" para os gregos antigos). Gauss então continuou:

Por outro lado, era minha ideia colocar tudo isso no papel mais tarde para que, no mínimo, não morresse comigo. É, portanto, uma agradável

Figura 44

surpresa para mim que eu seja poupado desse trabalho e estou muito contente que seja o filho de meu velho amigo que tenha obtido a prioridade de maneira tão notável.

Embora Farkas tenha ficado muito satisfeito com o elogio de Gauss, que ele considerou "ótimo", János ficou totalmente arrasado. Por quase uma década, ele se recusou a acreditar que a alegação de prioridade de Gauss não fosse falsa e seu relacionamento com o pai (de quem suspeitou que tivesse comunicado prematuramente os resultados a Gauss) foi seriamente estremecido. Quando finalmente percebeu que Gauss tinha de fato começado a trabalhar no problema já a partir de 1799, János ficou profundamente amargurado e seu trabalho matemático subsequente (ele deixou cerca de 20 mil páginas de manuscritos ao morrer) ficou sem brilho, por comparação.

Não resta muita dúvida, entretanto, que Gauss tinha realmente pensado consideravelmente sobre a geometria não euclidiana. Em uma anotação no diário de setembro de 1799, ele escreveu: *"In principiis geo-*

metriae egregios progressus fecimus" ("Sobre os princípios de geometria obtivemos realizações maravilhosas"). Então, em 1813, ele anotou: "Na teoria das linhas paralelas, não progredimos mais que Euclides. É esta a *partie honteuse* [parte vergonhosa] da matemática, que mais cedo ou mais tarde precisa tomar uma forma bem diferente." Poucos anos depois, numa carta escrita em 28 de abril de 1817, ele afirmou: "Estou cada vez mais me convencendo que a inevitabilidade de nossa geometria [euclidiana] não pode ser demonstrada." Finalmente, e contrariamente às opiniões de Kant, Gauss concluiu que a geometria euclidiana não poderia ser considerada uma verdade universal e que, pelo contrário, "seria necessário classificar a geometria [euclidiana] não com aritmética, que é válida *a priori*, mas aproximadamente com mecânica". Ferdinand Schweikart (1780-1859), um professor de jurisprudência, chegou independentemente a conclusões semelhantes e informou Gauss sobre seu trabalho em algum momento em 1818 ou 1819. Entretanto, já que nem Gauss nem Schweikart realmente publicaram os resultados, a prioridade da primeira publicação é tradicionalmente creditada a Lobachevsky e Bolyai, mesmo que os dois dificilmente possam ser considerados os únicos "criadores" da geometria não euclidiana.

A geometria hiperbólica atingiu o mundo da matemática rápido como um raio, desferindo um tremendo golpe na percepção da geometria euclidiana como a única e infalível descrição do espaço. Antes do trabalho de Gauss-Lobachevsky-Bolyai, a geometria euclidiana *era*, na realidade, o mundo natural. O fato de que fosse possível selecionar um conjunto diferente de axiomas e construir um tipo diferente de geometria levantou pela primeira vez a suspeita de que a matemática é, afinal, uma invenção humana, e não a descoberta de verdades que existem independentemente da mente humana. Ao mesmo tempo, o desmoronamento da conexão imediata entre geometria euclidiana e espaço físico verdadeiro expôs o que pareceu serem deficiências fatais na ideia da matemática como a linguagem do universo.

O status privilegiado da geometria euclidiana foi de mal a pior quando um dos estudantes de Gauss, Bernhard Riemann, mostrou que a geometria hiperbólica não era a única geometria não euclidiana possível. Em uma palestra brilhante em Göttingen em 10 de junho de 1854 (a figura 45 mostra a primeira página da palestra publicada), Riemann apresentou seus pontos de vista "Sobre as hipóteses subjacentes aos fundamentos da geometria". Ele começou dizendo que "a geometria pressupõe o conceito de espaço, bem como supõe os princípios básicos para construções no espaço. Ela dá apenas definições nominais dessas coisas, embora suas especificações essenciais surjam na forma de axiomas". Entretanto, observou: "As relações entre essas pressuposições são deixadas nas trevas; não vemos se, ou até que ponto, qualquer conexão entre elas é necessária, ou *a priori* se qualquer conexão entre elas é sequer possível."

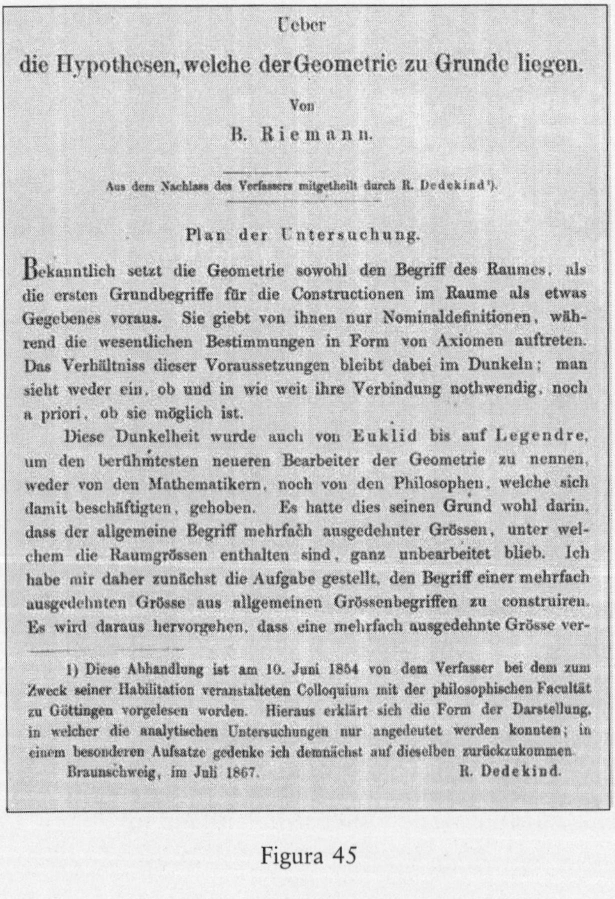

Ueber

die Hypothesen, welche der Geometrie zu Grunde liegen.

Von

B. Riemann.

Aus dem Nachlass des Verfassers mitgetheilt durch R. Dedekind[1]).

Plan der Untersuchung.

Bekanntlich setzt die Geometrie sowohl den Begriff des Raumes, als die ersten Grundbegriffe für die Constructionen im Raume als etwas Gegebenes voraus. Sie giebt von ihnen nur Nominaldefinitionen, während die wesentlichen Bestimmungen in Form von Axiomen auftreten. Das Verhältniss dieser Voraussetzungen bleibt dabei im Dunkeln; man sieht weder ein, ob und in wie weit ihre Verbindung nothwendig, noch a priori, ob sie möglich ist.

Diese Dunkelheit wurde auch von Euklid bis auf Legendre, um den berühmtesten neueren Bearbeiter der Geometrie zu nennen, weder von den Mathematikern, noch von den Philosophen, welche sich damit beschäftigten, gehoben. Es hatte dies seinen Grund wohl darin, dass der allgemeine Begriff mehrfach ausgedehnter Grössen, unter welchem die Raumgrössen enthalten sind, ganz unbearbeitet blieb. Ich habe mir daher zunächst die Aufgabe gestellt, den Begriff einer mehrfach ausgedehnten Grösse aus allgemeinen Grössenbegriffen zu construiren. Es wird daraus hervorgehen, dass eine mehrfach ausgedehnte Grösse ver-

1) Diese Abhandlung ist am 10. Juni 1854 von dem Verfasser bei dem zum Zweck seiner Habilitation veranstalteten Colloquium mit der philosophischen Facultät zu Göttingen vorgelesen worden. Hieraus erklärt sich die Form der Darstellung, in welcher die analytischen Untersuchungen nur angedeutet werden konnten; in einem besonderen Aufsatze gedenke ich demnächst auf dieselben zurückzukommen.

Braunschweig, im Juli 1867. R. Dedekind.

Figura 45

Entre as teorias geométricas possíveis, Riemann discutiu a *geometria elíptica*, do tipo que se esperaria encontrar na superfície de uma esfera (figura 41c). Note que em tal geometria a distância mais curta entre dois pontos não é uma linha reta, mas sim um segmento de um grande círculo, cujo centro coincide com o centro da esfera. Companhias aéreas tiram proveito deste fato — voos dos Estados Unidos para a Europa não seguem o que pareceria ser uma linha reta no mapa, mas sim um grande círculo que inicialmente ruma para o norte. É fácil de verificar que dois grandes círculos quaisquer se encontram em dois pontos diametralmente opostos. Por exemplo, dois meridianos na Terra, que parecem paralelos no Equador, se encontram nos dois polos. Consequentemente, contrariamente à geometria euclidiana, onde existe exatamente uma linha paralela através de um ponto externo, e a geometria hiperbólica, na qual existem pelo menos duas paralelas, *não* existe absolutamente nenhuma linha paralela na geometria elíptica em uma esfera. Riemann levou os conceitos não euclidianos um passo adiante e introduziu geometrias em espaços curvos de três, quatro e até mais dimensões. Um dos conceitos fundamentais ampliados por Riemann foi o de *curvatura* — o ritmo em que uma curva ou uma superfície se curva. Por exemplo, a superfície de uma casca de ovo se curva mais suavemente ao redor de sua cintura que ao longo de uma curva que passa por uma de suas bordas pontudas. Riemann prosseguiu e deu uma definição matemática precisa de uma curvatura em espaços de qualquer número de dimensões. Ao fazê-lo, solidificou o casamento entre álgebra e geometria que tinha sido iniciado por Descartes. No trabalho de Riemann, equações de qualquer número de variáveis encontraram suas contrapartes geométricas e novos conceitos advindos das geometrias avançadas tornaram-se parceiros das equações.

O prestígio da geometria euclidiana não foi a única vítima dos novos horizontes que o século XIX abriu para a geometria. As ideias de Kant sobre o espaço não sobreviveram muito mais tempo. Lembremos que Kant afirmou que informações de nossos sentidos são organizadas exclusivamente com moldes euclidianos antes de serem registradas em nossa consciência. Geômetras do século XIX rapidamente desenvolveram uma intuição nas geometrias não euclidianas e aprenderam a sentir o mundo ao longo dessas linhas. A percepção euclidiana de espaço acabou afinal se revelando aprendida, e não intuitiva. Todos esses dramáticos desenvolvimentos levaram o grande matemático francês Henri Poincaré (1854-1912) a concluir que os axiomas da geometria "não são nem intuições sintéticas *a priori* nem fatos experimentais. *São convenções* [ênfase acrescentada]. Nossa escolha entre todas as convenções possíveis é guiada por fatos experimentais, mas ela permanece livre". Em outras palavras, Poincaré considerava os axiomas apenas "definições disfarçadas".

Os pontos de vista de Poincaré foram inspirados não apenas pelas geometrias não euclidianas descritas até agora, mas também pela proliferação de outras novas geometrias que, antes do fim do século XIX, parecia estar quase saindo de controle. Na *geometria projetiva* (como aquela obtida quando uma imagem sobre filme celuloide é projetada numa tela), por exemplo, era literalmente possível intercambiar os papéis de pontos e linhas, de maneira que os teoremas sobre pontos e linhas (nesta ordem) tornavam-se teoremas sobre linhas e pontos. Na *geometria diferencial*, matemáticos usavam cálculo para estudar as propriedades geométricas locais de diversos espaços matemáticos, como a superfície de uma esfera ou um toroide. Essas e outras geometrias pareceram, à primeira vista pelo menos, invenções geniais de mentes matemáticas criativas, e não descrições precisas do espaço físico. Como, então, seria ainda possível defender o conceito de Deus como um matemático? Afinal, se "Deus sempre geometriza" (uma frase atribuída a Platão pelo historiador Plutarco), qual dessas muitas geometrias o divino pratica?

O reconhecimento rapidamente crescente das deficiências da geometria clássica forçou os matemáticos a examinar seriamente os fundamentos da matemática em geral e as relações entre matemática e lógica em particular. Retornaremos a esse importante tópico no capítulo 7. Aqui, quero apenas notar que a própria noção do caráter autoevidente dos axiomas tinha sido estilhaçada. Consequentemente, embora o século XIX tenha testemunhado outros desenvolvimentos significativos na álgebra e na análise, a revolução na geometria provavelmente teve os efeitos de maior influência sobre as visões da natureza da matemática.

Sobre espaço, números e seres humanos

Antes que os matemáticos pudessem se voltar ao tópico bem abrangente dos fundamentos da matemática, entretanto, umas questões "menores" exigiam atenção imediata. Em primeiro lugar, o fato de as geometrias não euclidianas terem sido formuladas e publicadas não implicou necessariamente que fossem descendentes legítimas da matemática. Havia o temor sempre presente da inconsistência — a possibilidade de levar essas geometrias até as últimas consequências lógicas produziria contradições irresolutas. Pelos anos 1870, o italiano Eugenio Beltrami (1835-1900) e o alemão Felix Klein (1849-1925) tinham demonstrado que, desde que a geometria euclidiana fosse consistente, também o eram as geometrias não euclidianas. Isso ainda deixou em aberto a questão maior da solidez dos fundamentos da geometria euclidiana. Então, havia a importante questão da relevância. A maioria dos matemáticos via as novas geometrias como curiosidades divertidas, na melhor das hipóteses. Enquanto a geometria euclidiana derivou muito de seu poder histórico de ser considerada a descrição do espaço real, a impressão que as geometrias não euclidianas tinha inicialmente causado era que não tinham nenhuma conexão de qualquer tipo que fosse com a realidade física. Consequentemente, as geometrias não euclidianas foram tratadas por muitos matemáticos como primas pobres da geometria euclidiana. Henri Poincaré foi um pouco mais complacente que a maioria, mas mesmo ele insistiu que se os seres humanos fossem transportados a um mundo em que a geometria aceita fosse não euclidiana, ainda assim era "certo que não iríamos achar mais cômodo fazer uma mudança" da geometria euclidiana para não euclidiana. Duas questões, portanto, se agigantavam ameaçadoramente: (1) Poderiam a geometria (em particular) e outros ramos da matemática (em geral) ser determinados em fundamentos lógicos axiomáticos sólidos?; e (2) Qual era a relação, se é que existia, entre matemática e o mundo físico?

Alguns matemáticos adotaram uma abordagem pragmática com relação à validação dos fundamentos da geometria. Decepcionados ao se darem conta que o que consideravam verdades absolutas acabou se revelando mais baseado em experiência do que rigoroso, eles se voltaram à aritmética — a matemática dos números. A geometria analítica de Descartes, na qual pontos no plano eram identificados com pares ordenados de números, círculos com pares satisfazendo uma dada equação (veja o capítulo 4) e assim por diante, forneceu exatamente as ferramentas necessárias para o reerguimento dos fundamentos da geometria com base em números. O matemático alemão Jacob Jacobi (1804-51) presumivelmente expressou essas ondas em transformação quando substituiu o "Deus sempre geometriza" de Platão por seu próprio lema: "Deus sempre aritmetiza". Num certo sentido, entretanto, esses esforços apenas transportaram o problema a um ramo diferente da matemática. Embora o grande matemático alemão David Hilbert (1862-1943) realmente tenha conseguido demonstrar que a geometria euclidiana era consistente desde que a aritmética fosse consistente, a consistência da última estava longe de estar inequivocamente estabelecida àquela altura.

Sobre a relação entre matemática e o mundo físico, havia um novo sentimento no ar. Por muitos séculos, a interpretação da matemática como uma leitura do cosmo tinha sido dramática e continuamente ampliada. A matematização das ciências por Galileu, Descartes, Newton, os Bernoullis, Pascal, Lagrange, Quetelet e outros foi aceita como uma forte evidência de um desenho matemático subjacente na natureza. Era claramente possível argumentar que, se a matemática não fosse a linguagem do cosmo, por que funcionava tão bem em explicar coisas que variavam desde as leis básicas da natureza até as características humanas?

Sem dúvida, os matemáticos realmente perceberam que a matemática lidava apenas com formas platônicas bem abstratas, mas elas eram consideradas idealizações razoáveis dos elementos físicos reais. De fato, o sentimento de que o livro da natureza era escrito na linguagem da matemática estava tão profundamente enraizado que muitos matemáticos se recusaram inteiramente a sequer considerar conceitos e estruturas matemáticos que não estivessem diretamente relacionados ao mundo físico. Foi este o caso, por exemplo, com o pitoresco Gerolamo Cardano (1501-76). Cardano era um matemático consumado, um médico renomado e um jogador compulsivo. Em 1545, publicou um dos livros mais influentes na história da álgebra — Ars Magna (A grande arte). Nesse tratado abrangente, Cardano explorou em grande detalhe as soluções para equações algébricas, desde a equação quadrática simples (na qual a incógnita aparece à segunda potência: x^2) a soluções pioneiras para as equações cúbicas (envolvendo x^3) e quárticas (envolvendo x^4). Na matemática clássica, entretanto, quantidades eram frequentemente interpretadas como elementos geométricos. Por exemplo, o valor da incógnita x era identificado com um segmento de linha daquele comprimento, a segunda potência x^2 era uma área e a terceira potência x^3 era um sólido com o volume correspondente. Consequentemente, no primeiro capítulo de Ars Magna, Cardano explica:

> Concluímos nossa detalhada consideração com a cúbica, as demais sendo meramente mencionadas, mesmo que geralmente de passagem. Já que *positio* [a primeira potência] se refere à linha, *quadratum* [o quadrado] à superfície e *cubum* [o cubo] a um corpo sólido, seria bem insensato que avançássemos além deste ponto. A Natureza não o permite. Portanto, como veremos, todas essas questões até e inclusive a cúbica estão inteiramente demonstradas, mas para as demais que acrescentaremos, seja por necessidade ou por curiosidade, não iremos além da simples exposição.

Em outras palavras, Cardano argumenta que já que o mundo físico como percebido pelos nossos sentidos contém apenas três dimensões, seria tolo que os matemáticos se ocupassem com um maior número de dimensões ou com equações de grau superior.

Uma opinião semelhante foi expressa pelo matemático inglês John Wallis (1616-1703), de cuja obra *Arithmetica Infinitorum* Newton aprendeu os métodos de análise. Em outro livro importante, *Tratado de álge-*

bra, Wallis proclamou inicialmente: "A Natureza com certeza não admite mais que *três* dimensões (locais)." Em seguida, ele se aprofundou:

> Uma Linha desenhada em uma Linha, criará um Plano ou Superfície; esta desenhada em uma Linha, criará um Sólido. Mas se este Sólido for desenhado em uma Linha ou este Plano em um Plano, o que criará? Um Plano-Plano? Isso é um Monstro na Natureza e menos possível que uma *Quimera* [um monstro que lançava fogo pelas narinas na mitologia grega, composto por uma serpente, um leão e um bode] ou um *Centauro* [na mitologia grega, um ser com a porção superior de um homem e o corpo e pernas de um cavalo]. Pois Comprimento, Largura e Espessura formam o todo do *Espaço*. Nem pode nossa Fantasia imaginar como deveria existir uma Quarta Dimensão Local além dessas Três.

Novamente, a lógica de Wallis aqui foi clara: não há motivo para sequer imaginar uma geometria que não descrevesse o espaço real.

Finalmente, as opiniões começaram a mudar. Matemáticos do século XVIII foram os primeiros a considerar tempo uma quarta dimensão potencial. Em um artigo intitulado "Dimension" [Dimensão] publicado em 1754, o físico Jean D'Alembert (1717-83) escreveu:

> Declarei acima que é impossível conceber mais de três dimensões. Um homem de qualidades intelectuais, conhecido meu, defende, contudo, que se pode considerar a duração uma quarta dimensão e que o produto do tempo e da solidez é, de certa maneira, um produto de quatro dimensões. A ideia pode ser contestada, mas me parece ter algum mérito que não a mera novidade.

O grande matemático Joseph Lagrange deu mais um passo à frente, declarando mais categoricamente, em 1797:

> Já que a posição de um ponto no espaço depende de três coordenadas retangulares, concebe-se que essas coordenadas nos problemas de mecânica sejam funções de t [tempo]. Logo, podemos considerar a mecânica

uma geometria de quatro dimensões e a análise mecânica uma extensão da análise geométrica.

Essas ideias ousadas abriram a porta para extensões da matemática que tinham sido antes consideradas inconcebíveis — geometrias em qualquer número de dimensões — que ignoram inteiramente a questão de se teriam alguma relação com o espaço físico.

Kant pode ter se enganado em acreditar que nossos sentidos de percepção espacial seguem exclusivamente moldes euclidianos, não há dúvida de que nossa percepção opera mais natural e intuitivamente em até três dimensões. Podemos imaginar com relativa facilidade que aparência teria nosso mundo tridimensional no universo bidimensional de sombras de Platão, mas ir além de três para um maior número de dimensões exige verdadeiramente a imaginação de um matemático.

Parte do trabalho inovador no tratamento da *geometria n-dimensional* — geometria em um número arbitrário de dimensões — foi realizada por Hermann Günther Grassmann (1809-77). Grassmann, um de 12 filhos e ele próprio pai de 11, era um professor que nunca teve nenhum treino universitário em matemática. Durante a vida, recebeu mais reconhecimento por seu trabalho em linguística (em particular pelos estudos de sânscrito e gótico) que pelas realizações em matemática. Um de seus biógrafos escreveu: "Parece ser destino de Grassmann ser redescoberto de tempos em tempos, a cada vez como se tivesse sido virtualmente esquecido desde sua morte." Ainda assim, Grassmann foi responsável pela criação de uma ciência abstrata de "espaços", dentro da qual a geometria usual era apenas um caso especial. Grassmann publicou as ideias pioneiras (que deram origem a um ramo da matemática conhecido como álgebra linear) em 1844, em um livro geralmente conhecido como *Ausdehnungslehre* que significa *Teoria da extensão*; o título completo era: *Teoria da extensão linear: um novo ramo da matemática.*

No prefácio ao livro, Grassmann escreveu: "A geometria não pode de forma alguma ser vista (...) como um ramo da matemática; pelo contrário, a geometria se relaciona com algo já dado na natureza, a saber, espaço. Eu também tinha me dado conta de que deve existir um ramo da matemática que produza de maneira puramente abstrata leis semelhantes àquelas da geometria."

Era uma visão radicalmente nova da natureza da matemática. Para Grassmann, a geometria tradicional — a herança dos antigos gregos — lida com espaço físico e, portanto, não pode ser tomada com um ramo verdadeiro da matemática abstrata. Para ele, a matemática era antes um constructo abstrato do cérebro humano que não tem necessariamente qualquer aplicação no mundo real.

É fascinante seguir o encadeamento aparentemente trivial de pensamento que colocou Grassmann no caminho para a teoria da álgebra geométrica. Ele começou com a fórmula simples $AB + BC = AC$, que aparece em qualquer livro de geometria na discussão de comprimentos de segmento de linhas (veja a figura 46a). Aqui, entretanto, Grassmann percebeu algo interessante. Ele descobriu que a fórmula permanece válida independentemente da ordem dos pontos A, B, C, desde que não se interprete AB, BC etc. meramente como comprimentos, mas também lhes seja atribuída uma "direção", tal que $BA = -AB$. Por exemplo, se C se situa entre A e B (como na figura 46b), então $AB = AC + CB$, mas já que $CB = -BC$, vemos que $AB = AC - BC$ e a fórmula original $AB + BC = AC$ é recuperada pela simples adição de BC em ambos os lados.

Isso, por si só, era bem interessante, mas a extensão de Grassmann continha mais surpresas ainda. Notemos que, se estivéssemos lidando com álgebra em lugar de geometria, então uma expressão como AB geralmente denotaria o produto $A \times B$. Nesse caso, a sugestão de Grassmann de $BA = -AB$ viola uma das sacrossantas leis da aritmética — que duas quantidades multiplicadas uma pela outra produzem o mesmo resultado independentemente da ordem em que as quantidades sejam tomadas.

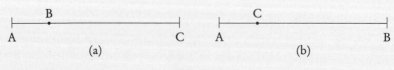

Figura 46

Grassmann enfrentou de frente essa possibilidade perturbadora e inventou uma nova álgebra consistente (conhecida como *álgebra exterior*) que permitia vários processos de multiplicação e, ao mesmo tempo, era capaz de manusear a geometria em qualquer número de dimensões.

Pelos anos 1860, a geometria n-dimensional estava se disseminando como cogumelos depois de um temporal. Não apenas a influente e criativa palestra de Riemann tinha estabelecido espaços de qualquer curvatura e de números arbitrários de dimensões como uma área fundamental de pesquisa, mas outros matemáticos, como Arthur Cayley e James Sylvester na Inglaterra e Ludwig Schläfli na Suíça, estavam fazendo contribuições originais ao campo. Os matemáticos começaram a sentir que estavam sendo libertados das restrições que por séculos tinham amarrado a matemática apenas aos conceitos de espaço e número. Essas amarras tinham sido historicamente levadas com tanta seriedade que, mesmo no século XVIII, o prolífico matemático suíço Leonhard Euler (1707-83) ainda expressava a opinião de que a "matemática, em geral, é a ciência da quantidade; ou, a ciência que investiga os meios de mensuração de quantidade". Foi apenas no século XIX que os ventos da mudança começaram a soprar.

Primeiro, a introdução de espaços geométricos abstratos e da noção de infinito (tanto na geometria como na teoria dos conjuntos) tinham embaçado o significado de "quantidade" e de "medição" a ponto de não serem mais reconhecidos. Segundo, os estudos de abstrações matemáticas que se multiplicavam rapidamente ajudaram a distanciar a matemática ainda mais da realidade física, ao mesmo tempo insuflando vida e "existência" nas próprias abstrações.

Georg Cantor (1845-1918), o criador da *teoria dos conjuntos*, caracterizava o espírito de liberdade recém-descoberto da matemática pela seguinte "declaração de independência": "A matemática é em seu desenvolvimento inteiramente livre e apenas limitada no aspecto autoevidente de que seus conceitos devem ser ao mesmo tempo consistentes entre si e também permanecer válidos em relações exatas, ordenadas por definições, com aqueles conceitos que foram anteriormente introduzidos e já estejam à mão e estabelecidos." A isso, o algebrista Richard Dedekind (1831-1916) acrescentou seis anos depois: "Considero o conceito de número inteiramente independente das noções ou intuições de espaço e tempo. (...) Números são criações livres da mente humana." Ou seja, Cantor e Dedekind consideravam a matemática uma investigação abstrata, conceitual, refreada apenas pela exigência de consistência, sem obrigações de quaisquer tipos seja com cálculo ou com a linguagem da realidade física. Como resumiu Cantor: "A *essência da matemática* está inteiramente em sua *liberdade.*"

Em fins do século XIX, a maioria dos matemáticos aceitava as visões de Cantor e de Dedekind sobre a liberdade da matemática. O objetivo da matemática deixou de ser a pesquisa de verdades sobre a natureza e passou a ser a construção de estruturas abstratas — sistemas de axiomas — e a busca de todas as consequências lógicas daqueles axiomas.

Poderíamos imaginar que isso colocaria um ponto final em toda agonia sobre a questão de a matemática ter sido descoberta ou inventada. Se matemática não era nada mais que um jogo, mesmo que complexo, jogado com regras arbitrariamente inventadas, então, evidentemente não havia nenhum motivo para acreditar na realidade de conceitos matemáticos, havia?

Surpreendentemente, o afastamento em relação à realidade física infundiu em alguns matemáticos exatamente o sentimento oposto. Em lugar da conclusão de que a matemática era uma invenção humana, eles se voltaram à noção platônica original da matemática como um mundo independente de verdades, cuja existência era tão real quanto a do universo físico. As tentativas de conectar matemática à física foram tratadas por esses "neoplatônicos" como curiosidades em matemática *aplicada*, em oposição à matemática *pura* que era supostamente indiferente a qualquer coisa física. Foi da seguinte maneira que o matemático francês Charles Hermite (1822-1901) se expressou em uma carta escrita ao matemático holandês Thomas Joannes Stieltjes (1856-94) em 13 de maio de 1894: "Caro amigo", escreveu ele,

GEÔMETRAS: O CHOQUE DO FUTURO 199

Sinto-me muito contente de saber que você está inclinado a se transformar em um naturalista para observar os fenômenos do mundo aritmético. Sua doutrina é a mesma que a minha; acredito que números e as funções da análise não são produtos arbitrários de nossa mente; penso que existem fora de nós com as características necessárias iguais às das coisas da realidade objetiva e que os encontramos ou descobrimos e os estudamos, assim como os físicos, os químicos e os zoólogos.

O matemático inglês G. H. Hardy, ele próprio praticante de matemática pura, foi um dos platônicos modernos mais francos. Num eloquente discurso na Associação Britânica para o Avanço da Ciência em 7 de setembro de 1922, ele pronunciou:

Os matemáticos construíram um número bem grande de diferentes sistemas de geometria. Euclidiano ou não euclidiano, de uma, duas, três ou qualquer número de dimensões. Todos esses sistemas são de total e igual validade. Incorporam os resultados das observações de matemáticos sobre sua realidade, a realidade muito mais intensa e muito mais rígida que a duvidosa e fugidia realidade da física. (...) A função de um matemático é, portanto, simplesmente observar os fatos sobre seu próprio sistema rígido e complexo de realidade, aquele complexo assombrosamente belo de relações lógicas que formam o tema de sua ciência, como se ele fosse um explorador examinando uma distante cadeia de montanhas e registrasse os resultados de suas observações em uma série de mapas, cada qual um ramo da matemática pura.

Indubitavelmente, mesmo com as evidências contemporâneas apontando para a natureza arbitrária da matemática, os intransigentes platônicos não estavam prestes a depor suas armas. Exatamente ao contrário, eles encontraram a oportunidade para se aprofundar, nas palavras de Hardy, em "sua realidade", ainda mais empolgante que continuar explorando as amarras com a realidade física. Entretanto, independentemente das opiniões sobre a realidade metafísica da matemática, uma coisa estava se tornando óbvia. Mesmo com a liberdade aparentemente irrefreada da matemática, uma limitação continuava imutável e inabalável — a da consistência lógica. Matemáticos e filósofos estavam se tornando mais cientes que nunca que o cordão umbilical entre matemática e lógica não poderia ser cortado. Isso deu origem a outra ideia: poderia toda a matemática ser construída em um único fundamento lógico? Em caso afirmativo, era esse o segredo de sua efetividade? Ou, reciprocamente, poderiam os métodos matemáticos ser usados no estudo do raciocínio em geral? Neste caso, a matemática se tornaria não apenas a linguagem da natureza, mas também a linguagem do pensamento humano.

CAPÍTULO 7

LÓGICOS:
PENSANDO SOBRE RACIOCÍNIO

A tabuleta do lado de fora da barbearia de um vilarejo diz: "Barbeio todos e apenas aqueles homens do vilarejo que não se barbeiam." Soa perfeitamente razoável, não é? Evidentemente, os homens que se barbeiam não precisam dos serviços do barbeiro e é simplesmente natural que o barbeiro barbeie todos os outros. Mas, o leitor se pergunta, quem é que barbeia o barbeiro? Se ele se barbeia, então, de acordo com a tabuleta, ele deveria ser um daqueles que ele não barbeia. Por outro lado, se ele não se barbeia, então, novamente de acordo com a tabuleta, ele deveria ser um daqueles que ele barbeia! Então, ele se barbeia ou não? Historicamente, questões bem menos importantes resultaram em hostilidades familiares sérias. Esse paradoxo foi apresentado por Bertrand Russell (1872-1970), um dos mais proeminentes lógicos e filósofos do século XX, simplesmente para demonstrar que a intuição lógica humana é falível. Paradoxos ou *antinomias* refletem situações em que premissas aparentemente aceitáveis levam a conclusões inaceitáveis. No exemplo acima, o barbeiro do povoado barbeia-se e não se barbeia. Pode este paradoxo particular ser resolvido? Uma resolução possível para o paradoxo, estritamente como acima exposto, é simples: o barbeiro é uma mulher! Por outro lado, se tivéssemos sido informados de antemão que o barbeiro tinha de ser um homem, então a conclusão absurda teria sido o resultado, em primeiro lugar, da aceitação da premissa. Em outras palavras, tal barbeiro simplesmente não pode existir. Mas o que isso tudo tem a ver com matemática? Ocorre que matemática e lógica estão intimamente relacionadas. Eis como o próprio Russell descreveu a ligação:

> Matemática e lógica, historicamente falando, têm sido estudos inteiramente distintos. A matemática tem sido conectada com ciência, a lógica com grego. Mas ambas se desenvolveram em tempos modernos: a lógica tornou-se mais matemática e a matemática tornou-se mais lógica. A consequência é que agora [em 1919] tornou-se inteiramente impossível desenhar uma linha entre as duas; de fato, as duas são uma. Diferem como um menino e um homem: lógica é a juventude da matemática e matemática é a maturidade da lógica.

Russell defende aqui que, basicamente, *a matemática pode ser reduzida à lógica*. Em outras palavras, que os conceitos básicos da matemática, mesmo objetos como números, podem de fato ser definidos em termos das leis fundamentais do raciocínio. Além do mais, Russell mais tarde argumentaria que aquelas definições podem ser usadas em conjunção com princípios lógicos para dar origem aos teoremas da matemática.

Originalmente, essa visão da natureza da matemática (conhecida como *logicismo*) tinha recebido a bênção tanto daqueles que consideravam matemática como nada além de um jogo elaborado inventado pelo homem (os *formalistas*) como dos irrequietos platônicos. Os primeiros estavam inicialmente felizes de ver uma coleção de "jogos" aparentemente sem relação coalescer em uma única "mãe de todos os jogos". Os últimos enxergaram um raio de esperança na ideia de que toda a matemática poderia ter se originado de uma única fonte indubitável. Aos olhos dos platônicos, isso aumentou a probabilidade de uma única origem metafísica. Desnecessário dizer, uma única raiz da matemática poderia também ajudar, pelo menos em princípio, a identificar a causa de seus poderes.

Para que nada seja omitido, devo notar que houve uma escola de pensamento — o *intuicionismo* — que se opôs com veemência tanto ao logicismo quanto ao formalismo. O inspirador desta escola foi o matemático holandês bem fanático Luitzen E. J. Brouwer (1881-1966). Brouwer acreditava que os números naturais derivam de uma intuição humana de tempo e de momentos discretos (descontínuos) de nossa experiência. Para ele, não havia nenhuma dúvida de que a matemática era resultado do pensamento humano e, portanto, não via nenhuma necessidade de leis lógicas universais do tipo que Russell imaginara. Brouwer não foi muito mais longe, entretanto, e declarou que as únicas entidades matemáticas significativas eram aquelas que poderiam ser explicitamente construídas com base nos números naturais, usando um número finito de etapas. Consequentemente, rejeitava grandes partes da matemática para as quais demonstrações construtivas não eram possíveis. Outro conceito lógico negado por Brouwer era o *princípio do terceiro excluído* — a estipulação de que qualquer sentença é verdadeira ou falsa. Ao contrário, ele permitia que sentenças se deixassem ficar num terceiro estado de limbo, no qual eram "indecididas". Essas e algumas outras restrições limitativas intuicionistas marginalizaram um pouco essa escola de pensamento. Contudo, as ideias intuicionistas realmente previram alguns dos achados dos cientistas cognitivos referentes à questão de como os seres humanos realmente adquirem conhecimento matemático (um tópico a ser discutido no capítulo 9) e também inspiraram discussões de alguns dos filósofos modernos da matemática (como Michael Dummett). A abordagem de Dummett é basicamente linguística, declarando convincentemente que "o significado de uma sentença matemática determina e é exaustivamente determinado por seu *uso*".

Mas como se desenvolveu uma parceria tão íntima entre matemática e lógica? E era o programa logicista realmente viável? Descreverei rapidamente alguns dos marcos históricos dos últimos quatro séculos.

Lógica e matemática

Tradicionalmente, a lógica lidava com as relações entre conceitos e proposições e com os processos pelos quais inferências válidas poderiam ser destiladas daquelas relações. Como um exemplo simples, inferências da forma geral "todo X é um Y; alguns Z's são X's; logo, alguns Z's são Y's" são assim construídos para garantir automaticamente a verdade da conclusão, desde que as premissas sejam verdadeiras. Por exemplo, "todo biógrafo é um escritor; alguns políticos são biógrafos; logo, alguns políticos são escritores" produz uma conclusão verdadeira. Por outro lado, inferências da forma geral "todo X é um Y; alguns Z's são Y's; logo, alguns Z's são X's" não são válidas, já que podem ser encontrados exemplos em que, apesar de serem verdadeiras as premissas, a conclusão é falsa. Por exemplo: "todo homem é um mamífero; alguns animais com chifres são mamíferos; logo, alguns animais com chifre são homens".

Desde que algumas regras sejam seguidas, a validade de um argumento não dependerá dos temas das sentenças. Por exemplo:

> Ou o mordomo matou o milionário ou sua filha o matou;
> Sua filha não o matou;
> Logo, o mordomo o matou.

produz uma dedução válida. A solidez do argumento não depende de forma alguma de nossa opinião sobre o mordomo nem sobre a relação entre o milionário e sua filha. A validade aqui é garantida pelo fato de proposições da forma geral "se p ou q, e não q, então p" produz uma verdade lógica.

Você pode ter percebido que, nos dois primeiros exemplos, X, Y e Z desempenham papéis bem semelhantes àqueles das variáveis em equações matemáticas — marcam o lugar onde expressões podem ser inseridas, da mesma maneira que valores numéricos são inseridos para variáveis em álgebra. Da mesma forma, a verdade na inferência "se p ou q, e não q, então p" lembra os axiomas da geometria de Euclides. Mesmo assim, foi necessário que quase dois milênios de contemplação da lógica se passassem antes que os matemáticos levassem a analogia a sério.

A primeira pessoa a ter tentado combinar as duas disciplinas de lógica e matemática em uma única "matemática universal" foi o matemático e filósofo racionalista alemão Gottfried Wilhelm Leibniz (1646-1716). Leibniz, cujos estudos formais foram em direito, fez a maior parte de seu trabalho em matemática, física e filosofia em seu tempo livre. Durante a vida, foi mais conhecido por ter formulado independente de (e quase simultaneamente a) Newton os fundamentos do cálculo (e pela amarga disputa entre eles sobre a prioridade). Em um ensaio concebido quase inteiramente aos 16 anos de idade, Leibniz inventou uma linguagem universal de raciocínio ou *characteristica universalis*, que ele considerava a ferramenta de pensamento definitiva. Seu plano era representar noções e ideias simples por símbolos, os mais complexos por combinações adequadas desses sinais básicos. Leibniz esperava ser capaz de literalmente computar a verdade de qualquer sentença, em qualquer disciplina científica, por meras operações algébricas. Ele profetizou que, com o cálculo lógico correto, os debates em filosofia seriam resolvidos por cálculo. Infelizmente, Leibniz não foi muito longe em realmente desenvolver sua álgebra da lógica. Além do princípio geral de um "alfabeto do pensamento", suas duas principais contribuições foram uma declaração clara sobre quando deveríamos considerar duas coisas iguais e o reconhecimento um tanto óbvio de que nenhuma sentença pode ser verdadeira e falsa ao mesmo tempo. Consequentemente, as ideias de Leibniz, apesar de cintilantes, passaram quase inteiramente despercebidas.

Lógica ficou novamente mais em voga em meados do século XIX e a súbita onda de interesse produziu trabalhos importantes, inicialmente de Augustus De Morgan (1806-71) e, mais tarde, de George Boole (1815-64), Gottlob Frege (1848-1925) e Giuseppe Peano (1858-1932).

De Morgan foi um escritor incrivelmente prolífico que publicou literalmente milhares de artigos e livros sobre uma variedade de tópicos de matemática, história da matemática e filosofia. Entre seus trabalhos mais incomuns estavam um almanaque de luas cheias (cobrindo milênios) e um compêndio de matemática excêntrica. Certa vez, quando lhe perguntaram sua idade, ele respondeu: "Eu tinha x anos no ano x^2". O leitor poderá verificar que o único número que, quando elevado ao quadrado, fornece um número entre 1806 e 1871 (os anos de nascimento e morte de De Morgan) é 43. As contribuições mais originais de De Morgan ainda foram provavelmente no campo da lógica, onde expandiu consideravelmente o alcance dos silogismos de Aristóteles e ensaiou uma abordagem algébrica ao raciocínio. De Morgan examinava a lógica com os olhos de um algebrista e a álgebra com os olhos de um lógico. Em um de seus artigos, ele descreve essa perspectiva visionária: "é para a álgebra que devemos recorrer para o uso mais habitual das formas lógicas (...) o algebrista estava vivendo na atmosfera superior do silogismo, a incessante composição de relação, antes que fosse admitido que tal atmosfera existia".

Uma das contribuições mais importantes de De Morgan para a lógica é conhecida como *quantificação do predicado*. Trata-se de um nome um tanto bombástico para aquilo que poderíamos ver como um surpreendente descuido por parte dos lógicos do período clássico. Os aristotélicos perceberam corretamente que a partir de premissas como "alguns Z's são X's" e "alguns Z's são Y's", não se poderia chegar a nenhuma conclusão necessária sobre a relação entre os X's e os Y's. Por exemplo, as frases "algumas pessoas comem pão" e "algumas pessoas comem maçãs" não permitem conclusões decisivas sobre a relação entre os comedores de maçã e os comedores de pão. Até o século XIX, os lógicos também pressupunham que para que qualquer relação entre os X's e os Y's existir necessariamente, o termo médio ("Z" acima) deveria ser "universal" em uma das premissas. Ou seja, a frase precisa incluir "todos os Z's". De Morgan mostrou que essa pressuposição estava errada. No livro *Lógica formal* (publicado em 1847), ele apontou que a partir de premissas como "a maioria dos Z's é X's" e "a maioria dos Z's é Y's", segue-se necessariamente que "alguns X's são Y's". Por exemplo, as frases "a maioria das pessoas come pão" e "a maioria das pessoas come maçãs" inevitavelmente implicam que "algumas pessoas comem tanto pão quanto maçãs".

De Morgan foi ainda mais longe e colocou esse novo silogismo na forma quantitativa precisa. Imaginemos que o número total de Z's seja z, que o número de Z's que também são X's seja x e o número de Z's que também sejam Y's seja y. No exemplo acima, poderia haver 100 pessoas no total ($z = 100$), das quais 57 comem pão ($x = 57$) e 69 comem maçãs ($y = 69$). Então, percebeu De Morgan, devem existir pelo menos ($x + y - z$) X's que também sejam Y's. Pelo menos 26 pessoas (obtido de $57 + 69 - 100 = 26$) comem tanto pão quanto maçãs.

Infelizmente, este método inteligente de quantificação do predicado arrastou De Morgan para uma desagradável discussão pública. O filósofo escocês William Hamilton (1788-1856) — que não deve ser confundido com o matemático irlandês William Rowan Hamilton — acusou De Morgan de plágio, porque tinha publicado ideias um pouco relacionadas (mas bem menos precisas) alguns anos antes de De Morgan. O ataque de Hamilton não foi nenhuma surpresa, dada a sua atitude geral com matemática e matemáticos. Certa vez, ele disse: "Um estudo excessivo de matemática incapacita inteiramente a mente para aquelas energias intelectuais que a filosofia e a vida exigem." A onda de cartas corrosivas que se seguiram à acusação de Hamilton produziu um resultado positivo, mesmo que totalmente não intencional: guiou o algebrista George Boole à lógica. Boole mais tarde narrou o episódio em *A análise matemática da lógica*:

> Na primavera do corrente ano, minha atenção se voltou à questão entre Sir W. Hamilton e o professor De Morgan; e fui induzido pelo interesse que ela me inspirou a retomar a linha de investigações anteriores quase esquecidas. Pareceu-me que, embora a Lógica pudesse ser vista com referência à ideia de quantidade, também tinha um outro sistema, mais profundo, de relações. Se fosse lícito considerá-la a partir *de fora*, como se conectando por meio do Número com as intuições de Espaço e Tempo, seria também lícito considerá-la a partir *de dentro*, como baseada em fatos de outra ordem que têm seu domicílio na constituição da Mente.

Essas humildes palavras descrevem o princípio daquilo que se tornaria um esforço fértil em lógica simbólica.

Leis do pensamento

George Boole (figura 47) nasceu em 2 de novembro de 1815, na cidade industrial de Lincoln, Inglaterra. O pai, John Boole, um sapateiro em Lincoln, exibiu um grande interesse em matemática e era hábil na construção de uma variedade de instrumentos óticos. Mary Ann Joyce, a mãe de Boole, era a criada de uma dama. Com o coração do pai não exatamente dedicado ao negócio formal, a família não estava bem financeiramente. George frequentou uma escola comercial até os sete anos e, então, uma escola primária, onde o professor era um tal John Walter Reeves. Quando menino, Boole estava interessado principalmente em latim, do qual recebeu instrução de um livreiro, e em grego, que aprendeu sozinho. Aos 14 anos, conseguiu traduzir um poema do poeta grego do século I a.C. Meleagro. O orgulhoso pai de George publicou a tradução no *Lincoln Herald* — ato este que provocou um artigo expressando

Figura 47

descrença de um professor local. A pobreza em casa forçou George Boole a começar a trabalhar como professor assistente aos 16 anos. Durante os anos seguintes, dedicou o tempo livre para o estudo de francês, italiano e alemão. O conhecimento dessas línguas modernas se revelou útil, já que permitiu que voltasse a atenção às grandes obras de matemáticos como Sylvestre Lacroix, Laplace, Lagrange, Jacobi e outros. Mesmo então, entretanto, ainda não podia frequentar cursos regulares em matemática e continuou a estudar sozinho, embora ao mesmo tempo ajudando a sustentar os pais e irmão com o emprego de professor. Apesar disso, os talentos matemáticos deste autodidata começaram a aparecer e ele começou a publicar artigos no periódico *Cambridge Mathematical Journal*.

Em 1842, Boole começou a se corresponder regularmente com De Morgan, a quem estava enviando os artigos matemáticos para comentários. Por causa da crescente reputação como um matemático original e apoiado em uma forte recomendação de De Morgan, Boole recebeu a oferta de um cargo de professor de matemática na Queen's College, em Cork, Irlanda, em 1849. Ele continuou a lecionar lá pelo resto da vida. Em 1855, Boole casou-se com Mary Everest (o monte foi batizado em homenagem ao tio dela, o agrimensor George Everest), 17 anos mais jovem, e o casal teve cinco filhas. Boole morreu prematuramente aos 49 anos. Num frio dia de inverno em 1864, ele ficou encharcado em seu caminho para o colégio, mas insistiu em dar as aulas apesar de suas roupas estarem inteiramente molhadas. Em casa, a esposa pode ter agravado seu estado por derramar baldes de água no leito, seguindo uma superstição de que a cura deveria de alguma forma reproduzir a causa da enfermidade. Boole teve pneumonia e morreu em 8 de dezembro de 1864. Bertrand Russell não ocultou a admiração por esse indivíduo autodidata: "A matemática pura foi descoberta por Boole, em um trabalho que ele chamou *As leis do pensamento* (1854). (...) O livro, de fato, tinha a ver com lógica formal e isso é o mesmo que matemática." Um fato notável para aquela época, tanto Mary Boole (1832-1916) e cada uma das cinco filhas de Boole alcançaram uma fama considerável em campos que vão da educação à química.

Boole publicou a *Análise matemática da lógica* em 1847 e *As leis do pensamento* em 1854 (o título inteiro deste último era: *Uma investigação das leis do pensamento, sobre as quais se fundamentam as teorias matemáticas da lógica* e *probabilidades*). Foram genuínas obras-primas — a primeira por fazer o paralelismo entre operações lógicas e aritméticas dar um gigantesco passo para a frente. Boole literalmente transformou a lógica em um tipo de álgebra (que veio a ser chamada *álgebra booleana*) e ampliou a análise da lógica até mesmo para o raciocínio probabilístico. Nas palavras de Boole:

> O objetivo do tratado a seguir [*As leis do pensamento*] é investigar as leis fundamentais daquelas operações da mente pelas quais o raciocínio é realizado; dar expressão a elas na linguagem simbólica de um Cálculo e, sobre tal fundamento, estabelecer a ciência da Lógica e construir seu método; fazer do próprio método a base de um método geral para a aplicação da doutrina matemática das Probabilidades; e, finalmente, coletar dos vários elementos de verdade trazidos à luz no curso destas investigações alguns indícios prováveis concernentes à natureza e à constituição da mente humana.

Seria possível interpretar que o cálculo de Boole se aplicaria tanto às relações entre *classes* (coleções de objetos ou membros) quanto dentro da lógica de *proposições*. Por exemplo, se x e y fossem classes, então uma relação tal que $x = y$ significaria que as duas classes teriam exatamente os mesmos membros, mesmo que as classes fossem definidas diferentemente. Como um exemplo, se todas as crianças de uma dada escola tiverem uma altura menor que 2,10m, então as duas classes definidas como x = "todas as crianças da escola" e y = "todas as crianças na escola que têm menos de 2,10m" são iguais. Se x e y representassem proposições, então $x = y$ implicaria que as duas proposições são equivalentes (que uma seria verdadeira se e somente se a outra também fosse verdadeira). Por exemplo, as proposições x = "John Barrymore era irmão de Ethel Barrymore" e y = "Ethel Barrymore era irmã de John Barrymore" são iguais. O símbolo "$x \cdot y$" representava a parte comum das duas classes x e y (aqueles membros pertencentes tanto a x quanto a y) ou a *conjunção* das proposições x e y (i.e., "x e y"). Por exemplo, se x fosse uma classe de todos os idiotas do vilarejo e y fosse a classe de todas as coisas com cabelo preto, então $x \cdot y$ seria a classe de todos os idiotas do vilarejo com cabelos pretos. Para as proposições x e y, a conjunção $x \cdot y$ (ou a palavra "e") significava que as duas proposições tinham de ser válidas. Por exemplo, quando o Ministério de Veículos a Motor diz que "é necessário ser aprovado em um teste de visão periférica e em um teste de condução", isso significa que ambos os requisitos deverão ser satisfeitos. Para Boole, para duas classes sem membros em comum, o símbolo "$x + y$" representava a classe composta tanto pelos membros de x quanto os membros de y. No caso das proposições, "$x + y$" correspondia a "ou x ou y, mas não ambos". Por exemplo, se x for a proposição "cavilhas são quadradas" e y for "cavilhas são redondas", então $x + y$ será "cavilhas são quadradas ou redondas". Da mesma maneira, "$x - y$" representava a classe daqueles membros de x que não eram membros de y ou a proposição "x, mas não y". Boole denotava a classe universal (contendo todos os membros possíveis sob discussão) por 1 e a classe vazia ou nula (sem membros de quaisquer tipos) por 0. Notemos que a classe (ou conjunto) de nulos definitivamente não é o mesmo que o número 0 — este último é simplesmente o número de membros na classe nula. Notemos também que a classe nula não é o mesmo que nada, porque uma classe sem nada dentro dela ainda é uma classe. Por exemplo, se todos os jornais da Albânia fossem escritos em albanês, então a classe de todos os jornais em língua albanesa seria denotada por 1 na notação de Boole, ao passo que a classe de todos os jornais em língua espanhola na Albânia seria denotada por 0. Para proposições, 1 representava as proposições *verdadeiras* convencionais (por exemplo, os seres humanos são mortais) e 0 as *falsas* convencionais (por exemplo, os seres humanos são imortais), respectivamente.

Com essas convenções, Boole foi capaz de formular um conjunto de axiomas que definiu uma álgebra da lógica. Por exemplo, podemos confirmar que, usando as definições acima, a proposição obviamente verdadeira "tudo é x ou não x" poderia ser escrita na álgebra de Boole como

$x + (1 - x) = 1$, que também é válida na álgebra comum. De modo similar, a sentença que a parte comum entre qualquer classe e a classe vazia é uma classe vazia foi representada por $0 \cdot x = 0$, que também significou que a conjunção de qualquer proposição com uma proposição falsa é falsa. Por exemplo, a conjunção "açúcar é doce e os seres humanos são imortais" produz uma proposição falsa apesar do fato de a primeira parte ser verdadeira. Notemos que, novamente, essa "igualdade" na álgebra booleana também se mantém verdadeira com números algébricos normais.

Para mostrar o poder de seus métodos, Boole tentou empregar seus símbolos lógicos para tudo que ele considerava importante. Por exemplo, ele até analisou os argumentos dos filósofos Samuel Clarke e Baruch Spinoza para a existência e atributos de Deus. Sua conclusão, entretanto, foi bem pessimista: "Não é possível, penso eu, emergir de uma leitura cuidadosa dos argumentos de Clarke e Spinoza sem uma profunda convicção da futilidade de todos os empreendimentos para estabelecer, inteiramente *a priori*, a existência de um Ser Infinito, Seus atributos e Sua relação com o universo." Apesar da solidez da conclusão de Boole, aparentemente nem todos estavam convencidos da futilidade de tais empreendimentos, já que versões atualizadas dos argumentos ontológicos para a existência de Deus continuam a emergir mesmo hoje.

Tudo considerado, Boole conseguiu domar matematicamente os conectivos lógicos *e*, *ou*, *se... então* e *não*, que estão atualmente bem no centro das operações computacionais e vários circuitos comutadores. Consequentemente, é considerado por muitos um dos "profetas" que ocasionou a era digital. Mesmo assim, devido à sua natureza pioneira, a álgebra de Boole não era perfeita. Primeiro, Boole redigiu seus escritos de modo ambíguo e difícil de compreender, por empregar uma notação que era próxima demais à da álgebra comum. Segundo, Boole confundiu a distinção entre proposições (por exemplo, "Aristóteles é mortal"), funções propositivas ou predicados (por exemplo, "x é mortal") e sentenças quantificadas (por exemplo, "para todo x, x é mortal"). Finalmente, Frege e Russell iriam mais tarde declarar que a álgebra origina-se da lógica. Poder-se-ia argumentar, portanto, que fazia mais sentido construir a álgebra com a base da lógica em vez do contrário.

Havia outro aspecto no trabalho de Boole, entretanto, que estava prestes a se tornar bem frutífero. Foi a nítida percepção de quão intimamente a lógica e o conceito de *classes* ou *conjuntos* estavam relacionados. Lembremos que a álgebra de Boole se aplicava igualmente bem às classes e às proposições lógicas. De fato, quando todos os membros de um conjunto X são também membros do conjunto Y (X é um *subconjunto* de Y), o fato pode ser expresso como uma *implicação lógica* da forma "se X, então Y". Por exemplo, o fato de o conjunto de todos os cavalos ser um subconjunto do conjunto de todos os animais com quatro patas pode ser reescrito como a sentença lógica "Se X é um cavalo, então é um animal de quatro patas".

A álgebra da lógica de Boole foi subsequentemente expandida e aperfeiçoada por vários pesquisadores, mas a pessoa que explorou inteiramente a similaridade entre conjuntos e lógica e que levou o conceito inteiro a um nível totalmente novo foi Gottlob Frege (figura 48).

Figura 48

Friedrich Ludwig Gottlob Frege nasceu em Wismar, Alemanha, onde tanto o pai quanto a mãe foram, em diferentes períodos, diretores de um colégio para meninas. Ele estudou matemática, física, química e filosofia, inicialmente na Universidade de Jena e, então, por mais dois anos na Universidade de Göttingen. Depois de concluir os estudos, começou a dar aulas em Jena em 1874 e continuou a lecionar matemática lá durante toda a carreira profissional. Apesar de uma pesada carga letiva, Frege conseguiu publicar seu primeiro trabalho revolucionário em lógica em 1879. A publicação se intitulava *Conceitografia, uma linguagem formal para pensamento puro modelada naquela da aritmética* (é geralmente conhecido como *Begriffsschrift*). Nessa obra, Frege desenvolveu uma linguagem lógica original, que ele posteriormente ampliou nos dois volumes de *Grundgesetze der Arithmetic* (*Leis básicas da aritmética*). O plano de Frege na lógica era, de um lado, bem focado, mas, do outro, extraordinariamente ambicioso. Embora tenha se concentrado primordialmente em aritmética, ele quis mostrar que mesmo conceitos familiares como os números naturais, 1, 2, 3,..., poderiam ser reduzidos a constructos lógicos. Consequentemente, Frege acreditava que era possível demonstrar todas as verdades da aritmética a partir de uns poucos axiomas em lógica. Em outras palavras, de acordo com Frege, mesmo sentenças como 1 + 1= 2 não eram verdades *empíricas*, baseadas em observação, mas que, pelo contrário, poderiam ser derivadas de um conjunto de axiomas lógicos. O *Begriffsschrift* de Frege foi tão influente que o lógico contemporâneo Willard van Orman Quine (1908-2000) certa vez escreveu: "Lógica é um velho assunto e, desde 1879, tem sido um ótimo assunto."

Central à filosofia de Frege era a asserção de que a verdade é independente do julgamento humano. Em suas *Leis básicas da aritmética*, ele escreve: "Ser verdadeiro é diferente de ser tomado como verdadeiro, seja por uma única pessoa ou muitas ou todas as pessoas e em nenhum caso deve ser reduzido a tal. Não existe contradição em ser verdadeiro algo que todos supõem ser falso. Entendo por 'leis da lógica' não as leis psicológicas de 'supor que é verdadeiro', mas as leis da verdade (...) elas [as leis da verdade] são as divisas colocadas em um fundamento eterno, que nosso pensamento pode fazer transbordar, mas nunca desalojar."

Os axiomas lógicos de Frege geralmente tomam a forma "para todo... se... então...". Por exemplo, um dos axiomas diz: "para todo p, se não-(não-p), então p." O axioma basicamente afirma que se a proposição contraditória àquela em discussão é falsa, então a proposição é verdadeira. Por exemplo, se não for verdadeiro que você não precisa parar o carro em um sinal de pare, então você definitivamente tem de fato que parar em um sinal de parada. Para realmente desenvolver uma "linguagem" lógica, Frege suplementou o conjunto de axiomas com uma nova e importante característica. Ele substituiu o tradicional estilo sujeito/predicado da lógica clássica por conceitos tomados emprestados da teoria matemática das funções. Vou explicar rapidamente. Quando se escreve expressões matemáticas como: $f(x) = 3x + 1$, isso significa que f é uma função da variável x e que o valor da função pode ser obtido pela multiplicação do valor da variável por três e, então, adicionando um. Frege definiu o que ele chamou *conceitos* como funções. Por exemplo, suponhamos que queiramos discutir o conceito "come carne". Ele seria simbolicamente denotado por uma função "$F(x)$", e o valor da função seria "verdadeiro" se x = leão e "falso" se x = cervo. De forma semelhante, com respeito aos números, o conceito (função) "sendo menor que 7" mapearia todo número igual ou maior que 7 para "falso" e todos os números menores que 7 para "verdadeiro". Frege se referia aos objetos para os quais com um dado conceito dava o valor de "verdadeiro" como aqueles "que caem sob" aquele conceito.

Como acima mencionado, Frege acreditava firmemente que toda proposição referente aos números naturais era conhecível e derivável unicamente a partir de definições e leis lógicas. Consequentemente, ele começou a exposição do tema dos números naturais sem exigir qualquer entendimento anterior da noção de "número". Por exemplo, na linguagem lógica de Frege, dois conceitos são *equinumerosos* (ou seja, têm o mesmo número associado a eles) se existe uma correspondência 'um para um' entre os objetos "que caem sob" um conceito e os objetos "que caem sob" o outro. Isto é, as tampas das lixeiras são equinumerosas com as próprias lixeiras (se toda lixeira tiver uma tampa) e essa definição não exige nenhuma menção a números. Frege então introduziu uma definição lógica genial do número 0. Imaginemos um conceito F definido por "não idêntico a si mesmo". Já que todo objeto tem de ser idêntico a si mesmo, nenhum objeto cai sob F. Em outras palavras, para qualquer objeto x, $F(x)$ = falsa. Frege definiu o número zero comum como o "número do conceito F". Ele então prosseguiu com a definição de todos os números naturais em termos de entidades que ele denominou *extensões*. A extensão de um conceito era a classe de todos os objetos que caem sob aquele conceito. Embora a definição possa não ser das mais fáceis de digerir para um não lógico, é realmente bem simples. A extensão do conceito "mulher", por exemplo, era a classe de todas as mulheres. Notemos que a extensão de "mulher" não é em si própria uma mulher.

O leitor poderia se perguntar como essa definição lógica abstrata ajudou a definir, digamos, o número 4. De acordo com Frege, o número 4 era a extensão (ou classe) de todos os conceitos que têm quatro objetos que caem sob eles. Logo, o conceito "ser uma pata de um dado cão chamado Snoopy" pertence àquela classe (e, portanto, ao número 4), como também o conceito "ser um avô/avó de Gottlob Frege".

O programa de Frege era extraordinariamente impressionante, mas também sofria de algumas sérias deficiências. De um lado, a ideia do uso de conceitos — o arroz com feijão do pensamento — para construir aritmética foi puramente genial. Do outro, Frege não detectou algumas inconsistências cruciais em seu formalismo. Em particular, foi demonstrado que um de seus axiomas — conhecido como *Lei básica V* — levava a uma contradição e, portanto, tinha um defeito fatal.

A lei em si declarava bem inocentemente que a extensão de um conceito F é idêntica à extensão do conceito G se e somente se F e G têm os mesmos objetos sob eles. Mas a bomba caiu em 16 de junho de 1902, quando Bertrand Russell (figura 49) escreveu uma carta a Frege, apontando para ele um certo paradoxo que demonstrava que a Lei básica V era inconsistente. Quis o destino que a carta de Russell chegasse exatamente quando o segundo volume das *Leis básicas da aritmética* de Frege estava indo ao prelo. Em choque, Frege se apressou em acrescentar ao manuscrito a franca confissão: "Um cientista dificilmente poderá se ver diante de algo mais indesejável que ter os fundamentos cederem exatamente quando o trabalho foi terminado. Fui

Figura 49

colocado nesta situação por uma carta do Sr. Bertrand Russell quando o trabalho já estava quase passando ao prelo." Para o próprio Russell, Frege escreveu afavelmente: "Sua descoberta da contradição causou-me a maior das surpresas e, eu quase diria, consternação, já que abalou a base na qual tencionava construir a aritmética."

O fato de que um paradoxo pudesse ter um efeito tão avassalador sobre todo um programa que tinha como finalidade criar os princípios básicos da matemática pode soar surpreendente à primeira vista, mas como comentou certa vez o lógico da Universidade Harvard W. V. O. Quine: "Mais de uma vez na história, a descoberta de um paradoxo foi a ocasião de uma importante reconstrução no fundamento do pensamento." O paradoxo de Russell propiciou exatamente uma dessas ocasiões.

O paradoxo de Russell

A pessoa que fundou essencialmente sem ajuda a teoria dos conjuntos foi o matemático alemão Georg Cantor. Conjuntos, ou classes, rapidamente se mostraram tão fundamentais e tão entrelaçados com a lógica que qualquer tentativa de construir a matemática sobre o fundamento da lógica necessariamente implicava que ela estava sendo construída no fundamento axiomático da teoria dos conjuntos.

Uma classe ou um conjunto é simplesmente uma coleção de objetos. Os objetos não precisam ter qualquer tipo de relação entre si. Podemos falar de uma classe que contém todos os itens a seguir: as telenovelas que foram ao ar em 2003, o cavalo branco de Napoleão e o conceito de amor verdadeiro. Os elementos que pertencem a uma dada classe são chamados *membros* dessa classe.

A maioria das classes de objetos com que iremos provavelmente nos deparar não são membros de si próprios. Por exemplo, uma classe de todos os flocos de neve não é em si mesma um floco de neve; a classe de todos os relógios antigos não é um relógio antigo, e assim por diante. Mas algumas classes são realmente membros de si próprias. Por exemplo, a classe de "tudo que não é um relógio antigo" é um membro de si mesma, já que esta classe definitivamente não é um relógio antigo. Também, a classe de todas as classes é membro de si própria já que é obviamente uma classe. E que tal, entretanto, a classe de "todas aquelas classes que não são membros de si próprias"? Chamemos aquela classe de *R*. *R* é um membro de si próprio (de *R*) ou não? Claramente, *R* não pode pertencer a *R*, porque, se o fizesse, violaria a definição de ser membro de *R*. Mas se *R* não pertence a si próprio, então, de acordo com a definição, deve ser membro de *R*. Igual à situação do barbeiro do povoado, constatamos, portanto, que a classe *R* tanto pertence quanto não pertence a *R*, o que é uma contradição lógica. Foi esse o paradoxo que Russell enviou a Frege. Já que essa antinomia minou o processo inteiro pelo qual classes ou conjuntos poderiam ser determinados, o golpe para o programa de Frege foi mortal. Embora Frege tenha realmente feito algumas tentativas desesperadas de consertar seu sistema de axiomas, não teve sucesso. A conclusão pareceu ser desastrosa — em vez de ser mais sólida que a matemática, a lógica formal pareceu ser *mais* vulnerável a inconsistências paralisantes.

Aproximadamente ao mesmo tempo em que Frege estava desenvolvendo seu programa logicista, o matemático e lógico italiano Giuseppe

Peano estava tentando uma abordagem um pouco diferente. Peano queria embasar a aritmética em um fundamento axiomático. Consequentemente, seu ponto de partida foi a formulação de um conjunto simples e conciso de axiomas. Por exemplo, seus primeiros três axiomas diziam:

1. Zero é um número.
2. O sucessor de qualquer número é também um número.
3. Não existem dois números que tenham o mesmo sucessor.

O problema era que, embora o sistema axiomático de Peano pudesse realmente reproduzir as leis conhecidas da aritmética (depois da introdução de definições adicionais), não havia nada nele que identificasse singularmente os números naturais.

O passo seguinte foi dado por Bertrand Russell. Russell defendia que a ideia original de Frege, aquela de se derivar a aritmética a partir da lógica, ainda era o caminho certo a seguir. Em resposta a essa altíssima demanda, Russell produziu, juntamente com Alfred North Whitehead (figura 50),

Figura 50

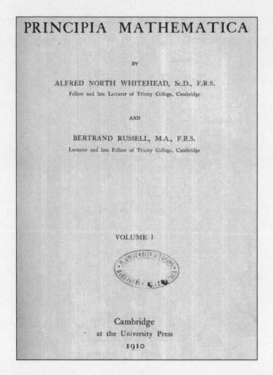

Figura 51

uma inacreditável obra-prima de lógica — o marco histórico de três volumes *Principia Mathematica*. Com a possível exceção de *Organon* de Aristóteles, esta é provavelmente a obra mais influente na história da lógica (a figura 51 mostra a página de rosto da primeira edição).

Nos *Principia*, Russell e Whitehead defenderam a visão de que a matemática era basicamente uma elaboração das leis da lógica, sem nenhuma demarcação clara entre elas. Para chegar a uma descrição autoconsistente, entretanto, eles ainda tinham que colocar de alguma forma sob controle as antinomias ou paradoxos (outros além do paradoxo de Russell tinham sido descobertos). Era uma tarefa que exigia um hábil malabarismo lógico. Russell argumentou que aqueles paradoxos surgiram apenas por causa de um "círculo vicioso" no qual entidades estavam sendo definidas em termos de uma classe de objetos que, por si só, continham a entidade definida. Nas palavras de Russell: "Se digo 'Napoleão tinha todas as qualidades que fazem um grande general', devo definir 'qualidades' de uma maneira tal que não inclua o que estou dizendo, isto é, 'ter todas as qualidades que fazem um grande general' não deve ser por si só uma qualidade no sentido suposto."

Para evitar o paradoxo, Russell propôs uma *teoria de tipos*, na qual uma classe (ou conjunto) pertence a um tipo lógico superior àquele ao qual seus membros pertencem. Por exemplo, todos os jogadores individuais do time de futebol americano do Dallas Cowboys seriam do tipo 0. O próprio time Dallas Cowboys, que é uma classe de jogadores, seria do tipo 1. A Liga Nacional de Futebol Americano, que é uma classe de times, seria do tipo 2; uma coleção de ligas (se existisse uma) seria do tipo 3 e assim por diante. Nesse esquema, a mera noção de "uma classe que é um membro de si própria" não é nem verdadeira nem falsa, mas simplesmente sem sentido. Consequentemente, os paradoxos do tipo do paradoxo de Russell nunca são encontrados.

Não há nenhuma dúvida de que os *Principia* foram uma realização monumental em lógica, mas dificilmente poderiam ser considerados o fundamento da matemática há tanto tempo procurado. A teoria de tipos de Russell foi considerada por muitos um remédio um tanto artificial para o problema dos paradoxos — remédio este que, além do mais, produzia ramificações perturbadoramente complexas. Por exemplo, números racionais (como frações simples) acabaram se mostrando de um tipo superior ao dos números naturais. Para evitar algumas dessas complicações, Russell e Whitehead introduziram um axioma adicional, conhecido como o axioma da redutibilidade, que, por si só, gerou uma séria controvérsia e desconfiança.

Meios mais elegantes de eliminar os paradoxos foram finalmente sugeridos pelos matemáticos Ernst Zermelo e Abraham Fraenkel. Eles, de fato, conseguiram axiomatizar autoconsistentemente a teoria dos conjuntos e reproduzir a maioria de seus resultados. Isso pareceu pelo menos uma realização parcial dos sonhos dos platônicos. Se a teoria dos conjuntos e a lógica fossem verdadeiramente duas faces da mesma moeda, então um fundamento sólido da teoria dos conjuntos implicava um fundamento sólido da lógica. Se, além disso, parte considerável da matemática realmente se seguisse da lógica, então isso daria à matemática uma espécie de certeza objetiva que, talvez, também pudesse ser aproveitada para explicar a efetividade da matemática. Infelizmente, os platônicos não puderam comemorar por muito tempo porque estavam prestes a serem atingidos de um mau caso de *déjà vu*.

A crise não euclidiana de novo?

Em 1908, o matemático alemão Ernst Zermelo (1871-1953) seguiu uma estrada bem parecida com aquela originalmente pavimentada por Euclides por volta de 300 a.C. Euclides formulou alguns postulados não demonstrados, mas supostamente autoevidentes sobre pontos e linhas e, então, construiu a geometria baseada naqueles axiomas. Zermelo — que descobriu o paradoxo de Russell independentemente já em 1900 — propôs um meio de construir a teoria dos conjuntos sobre um fundamento axiomático correspondente. O paradoxo de Russell foi contornado nessa teoria por uma escolha cuidadosa dos princípios de construção, que eliminou ideias contraditórias como "o conjunto de todos os conjuntos". O esquema de Zermelo foi ainda incrementado em 1922 pelo matemático israelense Abraham Fraenkel (1891-1965), para criar aquilo que se tornou conhecido como a teoria dos conjuntos de Zermelo-Fraenkel (outras mudanças importantes foram acrescentadas por John von Neumann em 1925). As coisas teriam sido quase perfeitas (a consistência ainda deveria ser demonstrada) não fosse por algumas suspeitas enervantes. Havia um axioma — o *axioma da escolha* — que, exatamente como o famoso "quinto" de Euclides, estava causando muita azia aos matemáticos. Colocado de maneira simples, o axioma da escolha afirma: Se X for uma coleção (conjunto) de conjuntos não vazios, então podemos escolher um único membro de todo e qualquer conjunto em X para formar um novo conjunto Y. É fácil verificar que a sentença será verdadeira se a coleção X não for infinita. Por exemplo, se tivermos cem caixas, cada qual contendo pelo menos uma bolinha de gude, podemos facilmente escolher uma bolinha de cada caixa para formar um novo conjunto Y que contenha cem bolinhas. Em tal caso, não precisamos de um axioma especial; podemos realmente demonstrar que uma escolha é possível. A sentença é verdadeira mesmo para coleções X infinitas, desde que possamos especificar com precisão como fazemos a escolha. Imaginemos, por exemplo, uma coleção infinita de conjuntos não vazios de números naturais. Os membros da coleção poderiam ser conjuntos como {2,6, 7}, {1,0}, {346, 5, 11, 1257}, {todos os números naturais entre 381 e 10.457}, e assim por diante. Em todo conjunto de números naturais, existe sempre um membro que é o menor de todos. Nossa escolha poderia então ser descrita univocamente desta maneira: "De cada conjunto, escolhemos o menor elemento." Nesse caso novamente, a necessidade do axioma da escolha pode ser evitada. O problema surge para coleções infinitas naqueles casos em que não podemos definir a escolha. Sob tais circunstâncias, o processo de escolha nunca termina e a existência de um conjunto consistindo precisamente em um elemento de cada um dos membros da coleção X torna-se uma questão de fé.

Desde o princípio, o axioma da escolha gerou considerável controvérsia entre os matemáticos. O fato de o axioma assegurar a existência de certos objetos matemáticos (por exemplo, escolhas), sem realmente fornecer qualquer exemplo tangível de um, atraiu fogo, particularmente dos defensores da escola de pensamento conhecida como *construtivismo* (que estava filosoficamente relacionada com o *intuicionismo*). Os construtivistas argumentaram que qualquer coisa que existe também deveria ser explicitamente construível. Outros matemáticos também se inclinaram a evitar o axioma da escolha e só usavam os demais axiomas da teoria dos conjuntos de Zermelo-Fraenkel.

Por causa da percepção de que havia inconvenientes no axioma da escolha, os matemáticos começaram a se perguntar se o axioma poderia ser demonstrado com o uso de outros axiomas ou refutado por eles. A história do quinto axioma de Euclides estava literalmente se repetindo. Uma resposta parcial foi finalmente fornecida em fins dos anos 1930. Kurt Gödel (1906-78), um dos lógicos mais influentes de todos os tempos, demonstrou que o axioma da escolha e outra famosa conjectura de autoria do fundador da teoria dos conjuntos, Georg Cantor, conhecida como *hipótese do contínuo*, eram ambos consistentes com os outros axiomas de Zermelo-Fraenkel. Ou seja, nenhuma das duas hipóteses poderia ser refutada utilizando os outros axiomas convencionais da teoria dos conjuntos. Outras demonstrações em 1963 do matemático americano Paul Cohen (1934-2007, que infelizmente morreu durante a época em que eu estava escrevendo este livro) estabeleceram a completa independência do axioma da escolha e da hipótese do contínuo. Em outras palavras, o axioma da escolha não pode ser demonstrado nem refutado a partir dos outros axiomas da teoria dos conjuntos. Da mesma forma, a hipótese do contínuo não pode ser demonstrada nem refutada a partir da mesma coleção de axiomas, mesmo se for incluído o axioma da escolha.

Tal desenvolvimento teve consequências filosóficas dramáticas. Como no caso das geometrias não euclidianas do século XIX, não havia apenas uma teoria definitiva dos conjuntos, mas pelo menos quatro! Era possível fazer diferentes pressuposições sobre conjuntos infinitos e acabar com teorias dos conjuntos mutuamente excludentes. Por exemplo, era possível supor que tanto o axioma da escolha e a hipótese do contínuo fossem verdadeiros e obter uma versão; ou que ambos não fossem válidos e obter uma teoria inteiramente diferente. Da mesma forma, supor a validade de um dos dois axiomas e a negação do outro teria levado a outras duas teorias dos conjuntos.

Era uma crise não euclidiana revisitada, só que pior. O papel fundamental da teoria dos conjuntos como a base potencial de toda a matemática tornou o problema muito mais intenso para os platônicos. Se fosse realmente possível formular muitas teorias dos conjuntos simplesmente pela escolha de uma diferente coleção de axiomas, isso não argumentaria a favor de a matemática não ser nada além de uma invenção humana? A vitória dos formalistas pareceu virtualmente garantida.

Uma verdade incompleta

Enquanto Frege estava muito preocupado com o significado dos axiomas, o principal proponente do formalismo, o grande matemático alemão David Hilbert (figura 52), defendia uma total evasiva de qualquer interpretação das fórmulas matemáticas. Hilbert não se interessava por questões como

Figura 52

aquela que perguntava se a matemática poderia ser derivada de noções lógicas. Pelo contrário, para ele, a própria matemática consistia simplesmente em uma coleção de fórmulas sem sentido — padrões estruturados compostos de símbolos arbitrários. Hilbert atribuía a tarefa de garantir os fundamentos da matemática a uma nova disciplina, que ele chamava de "metamatemática". Ou seja, a metamatemática se dedicava ao uso dos próprios métodos de análise matemática para demonstrar que o processo inteiro invocado pelo sistema formal, de seguir regras estritas de inferência para derivar os teoremas a partir de axiomas, era consistente. Dito de uma forma diferente, Hilbert achava que era capaz de demonstrar matematicamente que a matemática funciona. Em suas palavras:

> Minhas investigações nos novos alicerces da matemática têm como meta nada menos que o seguinte: eliminar, de uma vez por todas, a dúvida geral sobre a confiabilidade da inferência matemática. (...) Tudo que anteriormente formava a matemática deverá ser rigorosamente formalizado, de maneira que a matemática propriamente dita ou a matemática no sentido estrito se transforme num estoque de fórmulas. (...) Além dessa

matemática formalizada propriamente dita, temos uma matemática que é até certo ponto nova: uma metamatemática que é necessária para garantir a matemática e na qual — em contraste com os modos puramente formais de inferência na matemática propriamente dita — aplica-se a inferência contextual, mas apenas para demonstrar a consistência dos axiomas. (...) Consequentemente, o desenvolvimento da ciência matemática como um todo ocorre de duas maneiras que se alternam constantemente: por um lado, derivamos fórmulas prováveis a partir dos axiomas por inferência formal; do outro, adicionamos novos axiomas e demonstramos sua consistência por inferência contextual.

O programa de Hilbert sacrificou significado para assegurar fundamentos. Consequentemente, para seus seguidores formalistas, a matemática era realmente apenas um jogo, mas o objetivo era demonstrar rigorosamente que era um jogo inteiramente consistente. Com todos os desenvolvimentos na axiomatização, a realização desse sonho "demonstrativo-teórico" formalista pareceu estar logo ali na esquina.

Entretanto, nem todos estavam convencidos de que o caminho tomado por Hilbert era o certo. Ludwig Wittgenstein (1889-1951), considerado por alguns o maior filósofo do século XX, achava que os esforços de Hilbert com a metamatemática eram uma perda de tempo. "Não podemos formular uma regra para a aplicação de outra regra", argumentou. Em outras palavras, Wittgenstein não acreditava que o entendimento de um "jogo" pudesse depender da construção de outro: "Se eu não tiver certeza sobre a natureza da matemática, nenhuma demonstração poderá me ajudar." Mesmo assim, ninguém estava esperando o raio que estava prestes a cair. Com um único golpe, o jovem Kurt Gödel, de 24 anos, iria cravar uma estaca diretamente no coração do formalismo.

Kurt Gödel (figura 53) nasceu em 28 de abril de 1906, na cidade morávia mais tarde conhecida pelo nome tcheco de Brno. Na época, a cidade fazia parte do Império Austro-Húngaro e Gödel cresceu em uma família que falava alemão. O pai, Rudolf Gödel, dirigia uma fábrica têxtil e a mãe, Marianne Gödel, cuidou para que o jovem Kurt recebesse uma ampla educação em matemática, história, idiomas e religião. Du-

Figura 53

rante os anos da adolescência, Gödel desenvolveu um interesse em matemática e filosofia e, aos 18 anos, ingressou na Universidade de Viena, onde sua atenção se voltou principalmente para a lógica matemática. Ele era particularmente fascinado pelos *Principia Mathematica* de Russell e Whitehead e pelo programa de Hilbert e escolheu como tema de sua dissertação o problema da *completude*. O objetivo da investigação era basicamente determinar se a abordagem formal defendida por Hilbert bastaria para produzir todas as sentenças matemáticas da matemática. Gödel recebeu o doutorado em 1930 e, apenas um ano depois, publicou seus *teoremas de incompletude*, que desencadearam ondas de choque por todo o mundo da matemática e da filosofia.

Em linguagem matemática pura, os dois teoremas soaram um tanto técnicos e não particularmente excitantes:

1. Qualquer sistema formal consistente S dentro do qual possa ser realizada certa quantidade de aritmética elementar é incompleto com respeito às sentenças da aritmética elementar: existem sentenças tais que não podem ser demonstradas nem refutadas em S.

2. Para qualquer sistema formal consistente S dentro do qual possa ser realizada certa quantidade de aritmética elementar, a consistência de S não pode ser demonstrada dentro do próprio S.

As palavras podem parecer inócuas, mas as implicações para o programa dos formalistas eram de longo alcance. Dito de uma maneira um pouco simplista, os teoremas de incompletude demonstraram que o programa formalista de Hilbert estava essencialmente condenado desde o princípio. Gödel mostrou que qualquer sistema formal poderoso o bastante para ter qualquer interesse é inerentemente incompleto ou inconsistente. Ou seja, no melhor dos casos, sempre haverá asserções que o sistema formal não pode demonstrar nem refutar. No pior, o sistema produziria contradições. Já que, para qualquer sentença T, é sempre o caso que T ou não-T precisa ser verdadeira, o fato de um sistema formal finito não poder demonstrar nem refutar certas asserções significa que sempre existirão sentenças verdadeiras que não podem ser provadas dentro do sistema. Em outras palavras, Gödel demonstrou que nenhum sistema formal composto de um conjunto finito de axiomas e regras de inferência poderá, *jamais*, capturar o corpo inteiro de verdades da matemática. O máximo que se pode esperar é que as axiomatizações habitualmente aceitas sejam apenas incompletas e não inconsistentes.

O próprio Gödel acreditava que uma noção platônica independente de verdade matemática realmente existisse. Em um artigo publicado em 1947, ele escreveu:

> Contudo, apesar de muito distantes da experiência dos sentidos, temos realmente algo parecido com uma percepção dos objetos da teoria dos conjuntos, como se observa pelo fato de os axiomas se imporem contra nós como verdadeiros. Não vejo nenhum motivo pelo qual devamos ter menos confiança nesse tipo de percepção, i.e., na intuição matemática, que na percepção dos sentidos.

Por uma irônica reviravolta do destino, exatamente quando os formalistas estavam se preparando para a marcha da vitória, Kurt Gödel — um platônico confesso — chegou e arruinou a parada do programa formalista.

O famoso matemático John von Neumann (1903-57), que estava dando palestras sobre o trabalho de Hilbert na época, cancelou o restante do seu curso planejado e se dedicou aos achados de Gödel.

Gödel, o homem, era tão complicado quanto seus teoremas. Em 1940, ele e a esposa Adele fugiram da Áustria nazista para que ele pudesse assumir um cargo no Instituto de Estudo Avançado em Princeton, Nova Jersey. Lá, tornou-se um bom amigo e companheiro de caminhadas de Albert Einstein. Quando Gödel requereu a naturalização como cidadão americano em 1948, foi Einstein que, juntamente com o matemático e economista da Universidade Princeton, Oskar Morgenstern (1902-77), acompanhou Gödel à sua entrevista no escritório do Serviço de Imigração e Naturalização. Os eventos que cercam a entrevista são geralmente conhecidos, mas são tão reveladores sobre a personalidade de Gödel que os apresentarei na íntegra, *exatamente* como foram registrados de memória por Oskar Morgenstern em 13 de setembro de 1971. Agradeço a Dorothy Morgenstern Thomas, viúva de Morgenstern, e ao Instituto de Estudo Avançado pelo fornecimento de uma cópia do documento:

Foi em 1946 que Gödel iria se tornar cidadão americano. Ele me pediu que fosse sua testemunha e, como a outra testemunha, ele propôs Albert Einstein, que também consentiu de bom grado. Einstein e eu ocasionalmente nos encontrávamos e estávamos bem ansiosos com o que aconteceria durante esse período antes dos e até durante os próprios procedimentos de naturalização.

Gödel, com quem eu tinha naturalmente me encontrado várias vezes nos meses anteriores ao evento, começou meticulosamente a se preparar adequadamente. Por ser um homem bem minucioso, começou a se informar sobre a história do povoamento da América do Norte pelos seres humanos. Isso levou gradualmente ao estudo da história dos índios americanos, suas várias tribos etc. Ele me telefonou muitas vezes para obter literatura que diligentemente leu com atenção. Muitas questões foram levantadas gradualmente e, obviamente, muitas dúvidas produzidas sobre se aquelas histórias eram realmente corretas e quais circunstâncias peculiares foram nelas reveladas. A partir daí, Gödel gradualmente passou, durante as semanas seguintes, a estudar a história americana, concentrando-se particularmente em questões de lei constitucional. Isso também o levou ao estudo de Princeton e ele quis saber de mim em particular onde estavam os limites entre o distrito administrativo e a municipalidade. Tentei explicar que tudo isso era totalmente desnecessário, é claro, mas em vão. Ele persistiu em descobrir sobre todos os fatos que ele queria saber e, portanto, lhe forneci as informações pertinentes, também sobre Princeton. Então, ele quis saber como era eleito o Conselho do Distrito, o Conselho Municipal, quem era o prefeito e como funcionava o Conselho do Município. Ele achava que poderiam lhe perguntar sobre esses assuntos. Se ele mostrasse que não conhecia a cidade em que vivia, ele daria uma péssima impressão.

Tentei convencê-lo de que perguntas assim nunca eram feitas, que a maioria delas era verdadeiramente formal e que ele as responderia facilmente; que, no máximo, eles poderiam perguntar que espécie de governo temos neste país ou como se chama o tribunal de maior instância e perguntas desse tipo. De qualquer maneira, ele continuou com o estudo da Constituição.

Então, houve um desenvolvimento interessante. Com grande empolgação, ele me contou que, quando examinava a Constituição, para sua consternação, tinha encontrado algumas contradições internas e que ele poderia mostrar como, de uma maneira perfeitamente legal, seria possível que alguém se tornasse um ditador e estabelecesse um regime fascista, nunca pretendido por aqueles que a elaboraram. Eu lhe disse que era bem improvável que tais eventos algum dia ocorressem, mesmo supondo que ele estava certo, o que, é claro, duvidei. Mas ele foi persistente e, portanto, tivemos muitas conversas sobre esse ponto particular. Tentei persuadi-lo de que ele deveria evitar levantar tais questões no exame diante do tribunal em Trenton e contei também a Einstein sobre isso: ele ficou horripilado que tal ideia tivesse ocorrido a Gödel e também disse a ele que ele não deveria se preocupar com essas coisas nem discutir tal assunto.

Muitos meses se passaram e finalmente chegou a data do exame em Trenton. Naquele dia particular, apanhei Gödel, pois iríamos em meu carro. Ele se sentou atrás e fomos então apanhar Einstein na casa dele na Mercer Street; dali, fomos até Trenton. Durante a viagem, Einstein virou-se um pouco e disse, "E então, Gödel, você está *realmente* bem preparado para esse exame?" Obviamente, o comentário aborreceu Gödel tremendamente, que era exatamente o que Einstein tinha pretendido e achou muito engraçado quando viu a preocupação no rosto de Gödel. Ao chegarmos a Trenton, fomos conduzidos a uma grande sala e, embora normalmente as testemunhas sejam interrogadas separadamente do candidato, por causa do comparecimento de Einstein foi feita uma exceção e todos os três fomos convidados a nos sentar juntos, Gödel, no centro. O examinador primeiro fez perguntas a Einstein e depois a mim se achávamos que Gödel daria um bom cidadão. Assegurei-lhe que este seria certamente o caso, que ele era um homem brilhante etc. Então, ele se voltou a Gödel e disse, "Bem, Sr. Gödel, de onde você vem?"

Gödel: De onde eu venho? Áustria.

O Examinador: Que espécie de governo vocês tinham na Áustria?

Gödel: Era uma república, mas a constituição era tal que finalmente se transformou numa ditadura.

O Examinador: Oh! Isso é bem ruim. Não poderia acontecer neste país.

Gödel: Ah, sim, posso demonstrá-lo.

Então, de todas as perguntas possíveis, exatamente aquela crucial foi feita pelo Examinador. Einstein e eu ficamos aterrorizados durante esse diálogo; o Examinador foi inteligente o bastante para rapidamente aquietar Gödel e dizer, "Oh Deus, não entremos nessa questão", e encerrou o exame a essa altura, para nosso grande alívio. Finalmente saímos e, enquanto caminhávamos em direção aos elevadores, um homem veio correndo atrás de nós com um pedaço de papel e uma caneta, aproximou-se de Einstein e lhe pediu um autógrafo. Einstein o obsequiou. Quando descíamos pelo elevador, virei-me para Einstein e disse, "Deve ser pavoroso ser perseguido dessa maneira por tantas pessoas". Einstein me disse, "Você sabe, é apenas o último resquício de canibalismo". Fiquei intrigado e perguntei, "como é que é?" Ele disse: "sim, antes eles queriam seu sangue, agora querem sua tinta".

Então partimos, voltamos a Princeton e quando chegamos à esquina da Mercer Street, perguntei a Einstein se queria ir para o Instituto ou para casa. Ele disse, "Leve-me para casa, meu trabalho não vale mais nada, de qualquer maneira". Então, ele citou uma canção política americana (infelizmente não me lembro das palavras, posso tê-las nas minhas anotações e sem dúvida a reconheceria se alguém sugerisse aquela frase particular). Fomos então de novo à casa de Einstein e ele se virou mais uma vez em direção a Gödel e disse, "Bem, Gödel, esse foi seu exame antes do último". Gödel: "Deus do céu, ainda tem mais um?", e ele já estava preocupado. Então Einstein disse, "Gödel, o próximo exame será quando você pisar no seu túmulo". Gödel: "Mas Einstein, não piso no meu túmulo" e, então, Einstein disse, "Gödel, é apenas uma piada!", com o que ele saiu. Levei Gödel para casa. Todo mundo ficou aliviado que esse tremendo acontecimento tivesse acabado; Gödel estava de novo com a cabeça livre para se ocupar dos problemas de filosofia e lógica.

Tarde na vida, Gödel sofreu períodos de transtorno mental sério, que resultaram na sua recusa em comer. Morreu em 14 de janeiro de 1978, de desnutrição e esgotamento.

Contrariamente a algumas interpretações incorretas populares, os teoremas de incompletude de Gödel não implicam que algumas verdades nunca serão conhecidas. Não se pode também inferir dos teoremas que a capacidade humana de compreender seja de alguma forma limitada. Os teoremas apenas demonstram os pontos fracos e as deficiências dos sistemas formais. Pode então ser uma surpresa que, apesar da ampla importância dos teoremas para a filosofia da matemática, seu impacto sobre a efetividade da matemática como uma maquinaria de construção de teorias foi bem mínimo. De fato, durante as décadas em torno da publicação da demonstração de Gödel, a matemática estava chegando a alguns de seus sucessos mais espetaculares nas teorias físicas do universo. Longe de ser abandonada por não ser confiável, a matemática e suas conclusões lógicas estavam se tornando cada vez mais essenciais para a compreensão do cosmo.

O que isso significava, entretanto, era que o enigma da "inexplicável efetividade" da matemática tornou-se ainda mais espinhoso. Pensemos nisto por um momento. Imaginemos o que teria acontecido se os esforços logicistas tivessem tido sucesso total. Isso teria implicado que a matemática origina-se inteiramente da lógica — literalmente das leis do pensamento. Mas como poderia uma ciência tão dedutiva se encaixar tão maravilhosamente nos fenômenos naturais? Qual a relação entre lógica formal (talvez devêssemos dizer lógica formal humana) e o cosmo? A resposta não ficou nem um pouco mais clara depois de Hilbert e Gödel. Agora, tudo o que existia era um incompleto "jogo" formal, expresso em linguagem matemática. Como poderiam modelos baseados em um sistema tão "inconfiável" produzir insights profundos sobre o universo e seu funcionamento? Mesmo antes de tentar abordar essas questões, quero aguçá-las mais um pouco, examinando alguns estudos de caso que demonstram as sutilezas da efetividade da matemática.

CAPÍTULO 8

INEXPLICÁVEL EFETIVIDADE?

No capítulo 1, comentei que o sucesso da matemática em teorias físicas tem dois aspectos: chamei um deles "ativo" e o outro "passivo". O lado "ativo" reflete o fato de cientistas formularem as leis da natureza em termos matemáticos manifestamente aplicáveis. Ou seja, eles usam entidades matemáticas, relações e equações que foram desenvolvidas com uma aplicação em mente, muitas vezes para o próprio tópico em discussão. Naqueles casos, os pesquisadores tenderam a confiar na percepção de similaridade entre as propriedades dos conceitos matemáticos e os fenômenos observados ou os resultados experimentais. A efetividade da matemática pode não parecer tão surpreendente nesses casos, já que seria possível argumentar que as teorias foram criadas sob medida para se ajustar às observações. Ainda há, entretanto, uma parte assombrosa do uso "ativo" relacionada à precisão, que discutirei adiante neste capítulo. A efetividade "passiva" se refere a casos em que foram desenvolvidas teorias matemáticas inteiramente abstratas, sem nenhuma aplicação pretendida, somente para se metamorfosear mais tarde em modelos físicos poderosamente preditivos. A *teoria dos nós* fornece um exemplo espetacular da interação entre efetividade ativa e passiva.

Nós

Os nós são a matéria-prima de que mesmo as lendas são produzidas. O leitor talvez se lembre da lenda grega do nó górdio. Um oráculo anunciou aos cidadãos de Frígia que o próximo rei seria o primeiro homem a entrar na capital em um carro de boi. Górdio, um camponês desprevenido que aconteceu de entrar na cidade dirigindo um carro de boi, tornou-se então rei. Dominado pela gratidão, Górdio dedicou o carro aos deuses e amarrou-o a um mastro com um nó complicado que desafiou todas as tentativas de desamarrá-lo. Uma profecia posterior pronunciou que a pessoa a desfazer o nó se tornaria rei da Ásia. Quis o destino que o homem que finalmente desfez o nó (no ano 333 a.C.) fosse Alexandre, o Grande, que, de fato, tornou-se subsequentemente soberano da Ásia. A solução de Alexandre para o nó górdio, entretanto, não foi exatamente o que chamaríamos de sutil ou mesmo honesta — aparentemente, ele cortou o nó com a espada!

Mas não precisamos voltar até a Grécia antiga para encontrar nós. Uma criança amarrando os sapatos, uma menina trançando os cabelos, uma avó tricotando um suéter ou um marinheiro atracando um barco estão todos usando nós de alguma espécie. Vários nós até receberam nomes criativos, como "nó de pescador", "nó inglês", "nó pata de gato", "nó do amante verdadeiro", "vó" e "nó de forca". Nós marítimos, em particular, foram historicamente considerados suficientemente importantes para terem inspirado uma coleção inteira de livros sobre eles na Inglaterra do século XVII. Um desses livros, incidentalmente, foi escrito por não outro senão o aventureiro inglês John Smith (1580-1631), mais conhecido pelo relacionamento romântico com a princesa americana nativa Pocahontas.

A teoria matemática dos nós nasceu em 1771 em um artigo escrito pelo matemático francês Alexandre-Théophile Vandermonde (1735-96). Vandermonde foi o primeiro a reconhecer que os nós poderiam ser estudados como parte do tema da *geometria de posição*, que lida com relações dependentes somente da posição, ignorando tamanhos e cálculo com quantidades. O seguinte na linha, em termos do papel no desenvolvimento da teoria dos nós, foi o alemão "príncipe da matemática", Carl Friedrich Gauss. Várias das anotações de Gauss contêm desenhos e descrições detalhadas de nós, juntamente com alguns exames analíticos de suas propriedades. Por mais importantes que fossem os trabalhos de Vandermonde, Gauss e alguns outros matemáticos do século XIX, entretanto, a principal força motriz por trás da moderna teoria matemática dos nós originou-se de uma fonte inesperada — uma tentativa de explicar a estrutura da matéria. A ideia se originou da mente do famoso físico inglês William Thomson, mais conhecido hoje como lorde Kelvin (1824-1907). Os esforços de Thomson se concentraram na formulação de uma teoria dos átomos, os blocos de construção básicos da matéria. De acordo com sua conjectura verdadeiramente imaginativa, os átomos eram, na realidade, tubos realmente amarrados de éter — aquela misteriosa substância que supostamente permeava todo o espaço. A variedade de elementos químicos poderia, no contexto desse modelo, ser explicada pela rica diversidade de nós.

Se, hoje, a especulação de Thomson parece quase maluca, é só porque tivemos um século inteiro para nos acostumar e testar experimentalmente o modelo correto do átomo, no qual os elétrons orbitam o núcleo atômico. Mas essa era a Inglaterra dos anos 1860 e Thomson estava profundamente impressionado com a estabilidade de complexos anéis de fumaça e a sua capacidade de vibrar — duas propriedades consideradas na época essenciais para a modelagem de átomos. Para desenvolver o nó equivalente de uma tabela periódica dos elementos, Thomson teve de ser capaz de classificar os nós — descobrir quais nós diferentes são possíveis — e foi essa necessidade de tabulação que acendeu um sério interesse na matemática dos nós.

Como já explicado no capítulo 1, um nó matemático parece um nó familiar em uma corda, só que com as pontas da corda unidas. Em outras palavras, um nó matemático é retratado por uma curva fechada sem pontas soltas. Alguns exemplos são apresentados na figura 54, onde os nós tridimensionais são representados por suas projeções ou sombras, no plano. A posição no espaço de duas cordas quaisquer que se cruzam é indicada na figura pela interrupção na linha que descreve a corda inferior. O nó mais simples — aquele chamado o *nó trivial* — é apenas uma curva circular fechada (como na figura 54a). O *nó trevo* (mostrado na figura 54b) tem três cruzamentos das cordas e o *nó em figura oito* (figura 54c) tem quatro cruzamentos. Na teoria de Thomson, esses três nós poderiam, em princípio, ser modelos de três átomos de complexidade crescente, como os átomos de hidrogênio, carbono e oxigênio, respectivamente. Ainda assim, era extremamente necessária uma classificação completa de nós e a pessoa que se dispôs a classificar os nós foi um amigo de Thomson, o físico-matemático escocês Peter Guthrie Tait (1831-1901).

Os tipos de perguntas que matemáticos fazem sobre os nós não são realmente muito diferentes daqueles que alguém poderia perguntar sobre uma corda comum com nós ou uma bola emaranhada de lã. Está realmente com nós? Um nó é equivalente a outro? O que a última pergunta significa é simplesmente: pode um nó ser deformado para a forma

Figura 54

INEXPLICÁVEL EFETIVIDADE? 239

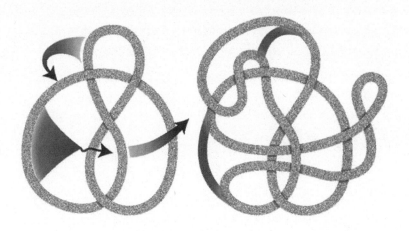

Figura 55

de outro sem romper os cordões ou empurrar uma corda através da outra como os anéis ligados de um mágico? A importância da pergunta é demonstrada na figura 55, que mostra que, por meio de certas manipulações, é possível obter duas representações bem diferentes do que realmente é o mesmo nó. Em última instância, a teoria dos nós busca por algum meio preciso demonstrar que determinados nós (como o nó trevo e o nó da figura em oito; figuras 54b e 54c) são realmente diferentes, ignorando ao mesmo tempo as diferenças superficiais de outros nós, como os dois nós da figura 55.

Tait começou o trabalho de classificação do jeito difícil. Sem nenhum princípio matemático rigoroso para orientá-lo, ele compilou listas de curvas com um único cruzamento, com dois cruzamentos, com três cruzamentos, e assim por diante. Em colaboração com o reverendo Thomas Penyngton Kirkman (1806-95), que também era um matemático amador, começou a peneirar as curvas para eliminar duplicação por nós equivalentes. Não era uma tarefa trivial. É necessário perceber que, em cada cruzamento, existem duas maneiras de escolher qual fio estaria mais acima. Isto significa que se uma curva contiver, digamos, sete cruzamentos, haverá $2 \times 2 \times 2 \times 2 \times 2 \times 2 \times 2 = 128$ nós a considerar. Em outras palavras, a vida humana é demasiado curta para concluir dessa maneira intuitiva a classificação de nós com dezenas de cruzamentos ou mais. A despeito disso, o trabalho braçal de Tait não passou despercebido. O grande James Clerk Maxwell, que formulou a teoria clássica da eletricidade e magnetismo, tratou a teoria atômica de Thomson com respeito, declarando que "satisfaz mais das condições que qualquer átomo até agora considerado". Estando ao mesmo tempo bem ciente da contribuição de Tait, Maxwell ofereceu os seguintes versos:

> *Desembarace o rolo de enroscados*
> *Em perfeitos trançados*
> *Cacheando anéis e enlaçados*
> *interpenetrados.*

Por volta de 1877, Tait tinha classificado nós alternados com até sete cruzamentos. Nós alternados são aqueles nos quais os cruzamentos seguem alternadamente por cima e por baixo, como o fio em um tapete tecido. Tait também fez algumas descobertas mais pragmáticas, na forma de princípios básicos que foram depois batizados *conjecturas de Tait*. Estas foram tão substanciais, aliás, que resistiram a todas as tentativas de demonstrá-las rigorosamente até fins dos anos 1980. Em 1885, Tait publicou tabelas de nós com até dez cruzamentos e decidiu parar por aí. Independentemente, o professor da Universidade de Nebraska Charles Newton Little (1858-1923) também publicou (em 1899) tabelas de nós não alternantes com dez ou menos cruzamentos.

Lorde Kelvin sempre pensou com carinho em Tait. Em uma cerimônia em Peterhouse College, Cambridge, onde um retrato de Tait foi apresentado, lorde Kelvin disse:

> Lembro de Tait certa vez comentando que nada, exceto a ciência, é algo por que vale a pena viver. Foi dito com sinceridade, mas o próprio Tait demonstrou que não é verdadeiro. Tait foi um grande leitor. Recitava Shakespeare, Dickens e Thackeray de cor. A memória era assombrosa. O que tivesse lido uma vez e sentisse simpatia e afinidade, ele se lembraria para sempre.

Infelizmente, à época que Tait e Little completaram o trabalho heroico da tabulação de nós, a teoria de Kelvin já tinha sido inteiramente descartada como uma teoria atômica potencial. Ainda assim, o interesse em nós continuou por causa dos próprios nós, a diferença sendo que, como disse o matemático Michael Atiyah, "o estudo dos nós tornou-se um ramo esotérico da matemática pura".

A área geral da matemática onde qualidades como tamanho, homogeneidade e, num certo sentido, mesmo a forma são ignoradas se chama *topologia*. Topologia — a geometria da folha de borracha — examina aquelas propriedades que permanecem inalteradas quando o espaço é esticado ou deformado por quaisquer maneiras (sem rasgar e perder pedaços, nem abrir buracos). Pela própria natureza, os nós pertencem à topologia. Incidentalmente, matemáticos faziam uma distinção entre *nós*, que são alças com um único nó; *enlaces*, que são conjuntos de alças com nós todas entrelaçadas; e *tranças*, que são conjuntos de cordas verticais fixadas a uma barra horizontal nas extremidades superior e inferior.

Se o leitor não ficou impressionado com a dificuldade na classificação de nós, considere o seguinte fato bem revelador. A tabela de Charles Little, publicada em 1899 depois de seis anos de trabalho, continha 43 nós não alternantes de dez cruzamentos. A tabela foi examinada minuciosamente por muitos matemáticos e considerada correta por 75 anos. Então, em 1974, o advogado e matemático de Nova York Kenneth Perko estava fazendo experiências com cordas no chão da sala de estar. Para sua surpresa, ele descobriu que dois dos nós da tabela de Little eram, de fato, iguais. Acreditamos agora que existam apenas 42 nós não alternantes distintos de dez cruzamentos.

Embora o século XX tenha testemunhado grandes avanços em topologia, o progresso na teoria dos nós foi relativamente lento. Um dos principais objetivos dos matemáticos que estudam nós tem sido a identificação de propriedades que verdadeiramente diferenciam os nós. Tais propriedades, chamadas *invariantes de nós*, representam quantidades para as quais duas diferentes projeções quaisquer do mesmo nó produzem precisamente o mesmo valor. Em outras palavras, um invariante ideal é literalmente uma "impressão digital" do nó — uma propriedade característica do nó que não é alterada por deformações do nó. Talvez, o invariante mais simples em que se pode pensar seja o número mínimo de cruzamentos em um desenho do nó. Por exemplo, não importa o quanto nos esforcemos para desembaraçar o nó trevo (figura 54b), jamais reduziremos o número de cruzamentos para menos de três. Infelizmente, existem várias razões pelas quais o número mínimo de cruzamentos não é o invariante mais útil. Primeiro, como demonstra a figura 55, nem sempre é fácil determinar se um nó foi desenhado com o número mínimo de cruzamentos. Segundo e mais importante, muitos nós que são realmente diferentes têm o mesmo número de cruzamentos. Na figura 54, por exemplo, existem três diferentes nós com seis cruzamentos e não menos que sete diferentes nós com sete cruzamentos. O número mínimo de cruzamentos, portanto, não diferencia a maioria dos nós. Finalmente, o número mínimo de cruzamentos, por sua natureza bem simplista, não dá uma ideia muito boa das propriedades dos nós em geral.

Um avanço revolucionário na teoria dos nós veio em 1928 quando o matemático americano James Waddell Alexander (1888-1971) descobriu um importante invariante que ficou conhecido como os *polinômios de Alexandre*. Basicamente, o polinômio de Alexandre é uma expressão algébrica que usa o arranjo de cruzamentos para rotular o nó. A boa notícia foi que, se dois nós tivessem diferentes polinômios de Alexandre, então os nós eram indiscutivelmente diferentes. A má notícia era que dois nós que tivessem o mesmo polinômio ainda poderiam ser nós diferentes. Embora extremamente útil, portanto, o polinômio de Alexandre ainda não era perfeito para diferenciar os nós.

Os matemáticos gastaram as quatro décadas seguintes explorando a base conceitual do polinômio de Alexandre e descobrindo novos insights das propriedades dos nós. Por que eles estavam se aprofundando tanto nesse assunto? Certamente não por qualquer aplicação prática. O modelo atômico de Thomson já tinha sido há muito esquecido e não havia nenhum outro problema à vista nas ciências, economia, arquitetura ou qualquer outra disciplina que parecesse precisar de uma teoria dos nós.

Os matemáticos estavam gastando horas intermináveis com os nós simplesmente porque estavam curiosos! Para esses indivíduos, a ideia de compreender os nós e os princípios que os governam era sumamente bela. O súbito clarão de insight oferecido pelo polinômio de Alexandre foi tão irresistível aos matemáticos quanto o desafio de escalar o monte Everest foi para George Mallory, que deu aquela famosa resposta "porque está lá" à pergunta de por que ele queria escalar a montanha.

Em fins dos anos 1960, o prolífico matemático anglo-americano John Horton Conway descobriu um procedimento para "desatar" os nós gradualmente, revelando dessa maneira as relações subjacentes entre os nós e respectivos polinômios de Alexandre. Em particular, Conway introduziu duas operações "cirúrgicas" simples que poderiam servir de base para a definição de um nó invariante. As operações de Conway, batizadas *flip* (virar do avesso) e *smoothing* (alisamento), são descritas esquematicamente na figura 56. No flip (figura 56a), o cruzamento é transformado correndo-se o fio superior sob o inferior (a figura também indica como seria possível obter essa transformação em um nó real em uma corda). Note que o flip obviamente altera a natureza do nó. Por exemplo, é fácil nos convencermos de que o nó trevo da figura 54b se tornaria o nó trivial (figura 54a) depois de um *flip*. A operação de alisamento de Conway elimina inteiramente o cruzamento (figura 56b), por reatar os fios da maneira "errada". Mesmo com o novo conhecimento obtido com o trabalho de Conway, os matemáticos continuaram convencidos por quase duas décadas a mais que nenhum outro invariante de nó (do tipo do polinômio de Alexandre) poderia ser encontrado. A situação mudou dramaticamente em 1984.

O matemático neozelandês-americano Vaughan Jones não estava estudando nada ligado aos nós. Pelo contrário, estava explorando um mundo ainda mais abstrato — o das entidades matemáticas conhecido como *álgebras de Von Neumann*. Inesperadamente, Jones percebeu que uma relação que vinha à tona em álgebras de Von Neumann parecia estranhamente similar a uma relação da teoria dos nós e se encontrou com a teórica em nós da Universidade de Colúmbia, Joan Birman, para

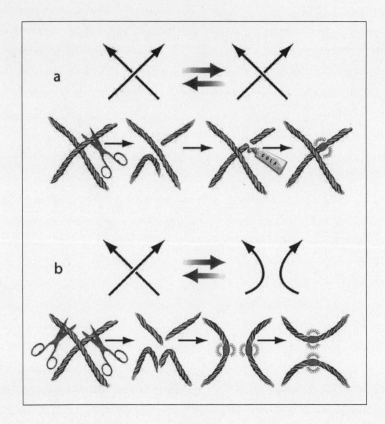

Figura 56

discutir possíveis aplicações. Um exame daquela relação acabou revelando um invariante inteiramente novo dos nós, batizado *polinômio de Jones*. O polinômio de Jones foi imediatamente reconhecido como um invariante mais sensível que o polinômio de Alexandre. Ele faz uma distinção, por exemplo, entre nós e as respectivas imagens especulares (por exemplo, o nós trevo dextrógiro e levógiro da figura 57), para os quais os polinômios de Alexandre eram idênticos. Mais importante, contudo, a descoberta de Jones gerou uma excitação sem precedentes entre os teóricos de nós. O anúncio de um novo invariante desencadeou tal onda de atividade que o mundo dos nós subitamente lembrou o pregão da bolsa de valores num dia em que o Federal Reserve — o banco central americano — reduz inesperadamente as taxas de juros.

 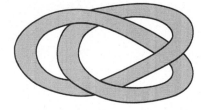

Figura 57

Havia muito mais na descoberta de Jones que apenas progresso na teoria dos nós. O polinômio de Jones subitamente conectou uma incrivelmente grande variedade de áreas da matemática e da física, desde a mecânica estatística (usada, por exemplo, para estudar o comportamento de grandes coleções de átomos ou moléculas) até grupos quânticos (um ramo da matemática relacionado à física do mundo subatômico). Matemáticos de todo o mundo mergulharam febrilmente em tentativas de buscar por invariantes ainda mais gerais que fossem de alguma forma capazes de abranger os polinômios de Alexander e de Jones. Essa corrida matemática acabou naquele que é, talvez, o resultado mais atordoante na história da competição científica. Apenas poucos meses depois de Jones ter revelado seu novo polinômio, quatro grupos, trabalhando independentemente e empregando três abordagens matemáticas diferentes, anunciaram *ao mesmo tempo* a descoberta de um invariante ainda mais sensível. O novo polinômio tornou-se conhecido como *polinômio HOMFLY*, com as iniciais dos nomes dos descobridores: Hoste, Ocneanu, Millett, Freyd, Lickorish e Yetter. Além do mais, como se não bastassem quatro grupos cruzando a linha de chegada exatamente ao mesmo tempo, dois matemáticos poloneses (Przytycki e Traczyk) descobriram independentemente precisamente o mesmo polinômio, mas perderam a data de publicação por causa de um sistema postal volúvel. Consequentemente, o polinômio é também conhecido como polinômio HOMFLYPT (ou, às vezes, THOMFLYP), acrescentando as primeiras letras dos nomes dos descobridores poloneses.

Desde então, embora outros invariantes de nó tenham sido descobertos, uma classificação completa de nós continua elusiva. A pergunta sobre precisamente qual nó pode ser torcido e girado para produzir outro nó sem o uso de tesouras ainda não foi respondida. O invariante mais avançado descoberto até agora é o trabalho do matemático russo-francês Maxim Kontsevich, que recebeu a prestigiosa Medalha Fields em 1998 e o Prêmio Crafoord em 2008 por seu trabalho. Incidentalmente, em 1998, Jim Hoste, do Pitzer College, em Claremont, Califórnia, e Jeffrey Weeks, de Canton, Nova York, tabularam todas as alças em nó com 16 ou menos cruzamentos. Uma tabulação idêntica foi produzida independentemente por Morwen Thistlethwaite da Universidade de Tennessee, em Knoxville. Cada lista contém exatamente 1.701.936 diferentes nós!

A verdadeira surpresa, entretanto, veio não tanto do progresso na própria teoria dos nós, mas do dramático e inesperado retorno que a teoria dos nós fez em uma ampla gama de ciências.

Os nós da vida

Lembremos que a teoria dos nós foi motivada por um modelo errado do átomo. Uma vez que tal modelo morreu, entretanto, os matemáticos não perderam a coragem. Pelo contrário, embarcaram com grande entusiasmo na longa e difícil jornada das tentativas de entender nós pelos próprios nós. Imaginemos, então, a alegria quando a teoria dos nós repentinamente se mostrou a chave para a compreensão de processos fundamentais envolvendo as moléculas da vida. Há necessidade de melhor exemplo do papel "passivo" da matemática pura em explicar a natureza?

O ácido desoxirribonucleico, ou DNA, é o material genético de todas as células. Consiste em duas fitas bem longas que estão entrelaçadas e torcidas uma sobre outra milhões de vezes para formar uma dupla hélice. Ao longo das duas espinhas dorsais — podemos pensar nelas como os lados de uma escada —, moléculas de açúcar e fosfato se alternam. Os "degraus" da escada consistem em pares de bases conectadas por pontes de hidrogênio de uma maneira prescrita (adenina se liga apenas com timina, e citosina

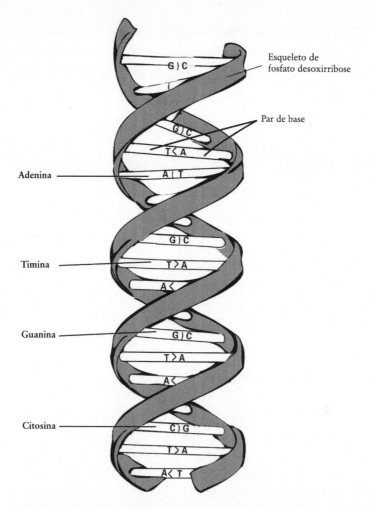

Figura 58

apenas com guanina; figura 58). Quando uma célula se divide, o primeiro passo é a replicação do DNA, de maneira que as células-filhas possam receber cópias. Similarmente, no processo da *transcrição* (no qual as informações genéticas do DNA são copiadas no RNA), uma seção da dupla hélice de DNA é desenrolada e somente uma das fitas de DNA serve como modelo. Depois de concluída a síntese de RNA, o DNA volta a se enrolar em sua hélice. Nem a replicação nem o processo de transcrição, entretanto, é fácil, porque o DNA está tão firmemente atado e enrolado (para compactar o armazenamento de informações) que, a menos que ocorra algum desempacotamento, esses processos cruciais da vida não poderiam seguir sem dificuldades. Além disso, para que o processo de replicação seja concluído, as moléculas descendentes de DNA devem estar desatadas e o DNA-pai deve, ao final, ser restaurado à sua configuração original.

Os agentes que cuidam de desatar os nós e os desemaranhar são enzimas. As enzimas podem passar por toda uma fita de DNA com a criação de quebras temporárias e reconexão das extremidades de maneiras distintas. O processo soa familiar? São precisamente as operações cirúrgicas introduzidas por Conway para desemaranhar os nós matemáticos (representados na figura 56). Em outras palavras, de um ponto de vista topológico, o DNA é um nó complexo que precisa ser desatado por enzimas que permitem que ocorra replicação ou transcrição. Com o uso da teoria dos nós para calcular quão difícil é desatar nós do DNA, pesquisadores podem estudar as propriedades das enzimas que fazem o desatamento. Melhor ainda, com o emprego de técnicas experimentais de visualização, como microscopia eletrônica e eletroforese em gel, os cientistas podem realmente observar e quantificar as alterações na criação de nós e enlaces de DNA causadas por uma enzima (a figura 59 mostra

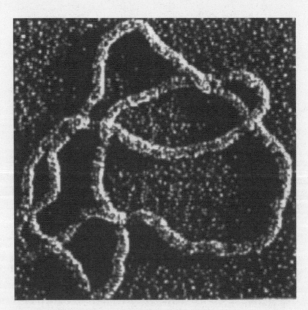

Figura 59

uma eletromicrografia de um nó de DNA). O desafio para os matemáticos é então deduzir os mecanismos pelos quais as enzimas operam a partir das alterações observadas na topologia do DNA. Como um subproduto, as alterações no número de cruzamentos no nó de DNA dão aos biólogos uma medida das *velocidades de reação* das enzimas — quantos cruzamentos por minuto uma enzima de uma dada concentração pode afetar.

Mas biologia molecular não é a única arena na qual a teoria dos nós encontrou aplicações inesperadas. A teoria das cordas — a atual tentativa de formular uma teoria unificada que explique todas as forças da natureza — também tem relação com nós.

O universo numa corda?

Gravidade é a força que opera nas maiores escalas. Ela mantém as estrelas das galáxias unidas e influencia a expansão do universo. A relatividade geral de Einstein é uma impressionante teoria da gravidade. Bem no fundo do núcleo atômico, outras forças e uma teoria diferente reinam supremas. A força nuclear forte mantém juntas partículas chamadas *quarks* para formar os familiares prótons e nêutrons, os constituintes básicos da matéria. O comportamento das partículas e das forças do mundo subatômico é governado pelas leis da mecânica quântica. Jogariam os quarks e as galáxias segundo as mesmas regras? Os físicos acreditam que deveriam, mesmo não sabendo exatamente por quê. Há décadas, os físicos procuram por uma "teoria de tudo" — uma descrição geral das leis da natureza. Em particular, eles querem preencher o vazio entre o grande e o pequeno com uma teoria quântica da gravidade — uma conciliação da relatividade geral com a mecânica quântica. A teoria das cordas parece ser a melhor aposta atual para tal teoria de tudo. Originalmente desenvolvida e descartada como uma teoria para a própria força nuclear, a teoria das cordas foi ressuscitada da obscuridade em 1974 pelos físicos John Schwarz e Joel Scherk. A ideia básica da teoria das cordas é bem simples. A teoria propõe que partículas elementares subatômicas, como elétrons e quarks, não são entidades puntiformes sem estrutura.

Pelo contrário, as partículas elementares representam diferentes modos de vibração da mesma corda básica. O cosmo, de acordo com essas ideias, está cheio de alças minúsculas, flexíveis, semelhantes a elásticos. Assim como a corda de um violino pode ser esticada para produzir diferentes harmonias, diferentes vibrações dessas cordas em alça correspondem a distintas partículas de matéria. Em outras palavras, o mundo é meio como uma sinfonia.

Já que as cordas são alças fechadas que se movem pelo espaço, à medida que o tempo progride, elas varrem áreas (conhecidas como *folhas-mundos*) na forma de cilindros (como na figura 60). Se uma corda emitir outras cordas, o cilindro se bifurca para formar estruturas em forma de ossinho da sorte. Quando muitas cordas interagem, elas formam uma complexa rede de cascas fundidas semelhante a roscas. Enquanto estudavam esses tipos de estruturas topológicas complexas, os teóricos de cordas Hirosi Ooguri e Cumrun Vafa descobriram uma surpreendente conexão entre o número de cascas de rosca, as propriedades geométricas intrínsecas dos nós, e o polinômio de Jones. Ainda antes, Ed Witten — um dos principais atores na teoria das cordas — criou uma relação inesperada entre o polinômio de Jones e o próprio fundamento da teoria das cordas (conhecida como *teoria quântica de campos*). O modelo de Witten foi depois repensado de uma perspectiva puramente matemática pelo matemático Michael Atiyah. Assim, a teoria das cordas e a teoria dos nós vivem em perfeita simbiose. De um lado, a teoria das cordas

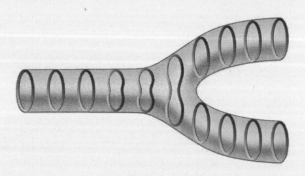

Figura 60

se aproveitou dos resultados da teoria dos nós; do outro, a teoria das cordas realmente levou a novos insights na teoria dos nós.

Com um alcance muito mais amplo, a teoria das cordas procura explicações para os constituintes mais básicos da matéria, de maneira bem parecida como Thomson originalmente buscou por uma teoria dos átomos. Thomson imaginou (erroneamente) que os nós poderiam fornecer a resposta. Por uma reviravolta incrível, os teóricos das cordas acham que os nós podem de fato fornecer pelo menos algumas respostas.

A história da teoria dos nós demonstra lindamente os inesperados poderes da matemática. Como mencionei antes, mesmo o lado "ativo" da efetividade da matemática sozinha — quando cientistas geram a matemática de que precisam para descrever ciência observável — traz algumas surpresas desnorteantes quando se trata de precisão. Quero descrever rapidamente um tópico da física em que tanto o aspecto ativo como o passivo tiveram um papel, mas que é particularmente notável por causa da precisão obtida.

Uma precisão de peso

Newton pegou as leis dos corpos em queda descobertas por Galileu e outros experimentalistas italianos, combinou-as com as leis do movimento planetário determinadas por Kepler e usou esse esquema unificado para propor uma lei matemática universal da gravitação. No caminho, Newton teve de formular um ramo inteiramente novo da matemática — cálculo — que lhe permitiu capturar concisa e coerentemente todas as propriedades das suas leis de movimento e gravitação propostas. A precisão com que o próprio Newton foi capaz de verificar sua lei da gravidade, levando em conta os resultados experimentais e observacionais de sua época, não era melhor que aproximadamente 4%. Ainda assim, a lei mostrou-se mais precisa que todas as expectativas razoáveis. Nos anos 1950, a precisão experimental era melhor que um décimo de milésimo de um por cento. Mas não é tudo. Algumas teorias especulativas recentes, que objetivam explicar o fato de a expansão do nosso universo parecer estar se acelerando, sugeriram que a gravidade possa alterar seu comportamento em escalas de distância bem pequenas. Lembremos que a lei de Newton afirma que a atração gravitacional diminui com o inverso do quadrado da distância. Ou seja, se for dobrada a distância entre duas massas, a força gravitacional que cada massa sente torna-se quatro vezes mais fraca. Os novos cenários previram desvios desse comportamento em distâncias menores de um milímetro. Eric Adelberger, Daniel Kapner e colaboradores, da Universidade de Washington, Seattle, conduziram uma série de experimentos engenhosos para testar essa alteração prevista na dependência da separação. Seus resultados mais recentes, publicados em janeiro de 2007, mostram que a lei do quadrado do inverso resiste até uma distância de 56 milésimos de milímetro! Assim, não apenas uma lei matemática que foi proposta mais de trezentos anos atrás com base nas observações bem escassas se mostrou fenomenalmente precisa, como também foi demonstrado que ela continua válida numa faixa que não podia sequer ser sondada até bem recentemente.

Havia uma pergunta importante que Newton deixou sem qualquer resposta: como a gravidade realmente funciona? Como a Terra, a uma distância de 400 mil quilômetros da Lua, afeta o movimento da Lua? Newton estava ciente dessa deficiência em sua teoria e a admitiu abertamente nos *Principia:*

> Até aqui, explicamos os fenômenos dos céus e do nosso mar pelo poder da gravidade, mas ainda não nomeamos a causa desse poder. É certo que ela deve proceder de uma causa que penetra nos próprios centros do Sol e dos planetas (...) e propaga sua virtude para todos os lados a distâncias imensas, diminuindo sempre como o inverso do quadrado das distâncias. (...) Mas, até aqui, não fui capaz de descobrir a causa daquelas propriedades da gravidade a partir dos fenômenos, e não formulo nenhuma hipótese.

A pessoa que decidiu satisfazer o desafio apresentado pela omissão de Newton foi Albert Einstein (1879-1955). Em 1907, em particular,

Einstein tinha um motivo muito forte para estar interessado na gravidade — sua nova teoria da *relatividade especial* parecia ser diretamente conflitante com a lei de gravitação de Newton.

Newton acreditava que a ação da gravidade era instantânea. Ele supôs que não levava absolutamente nenhum tempo para os planetas sentirem a força gravitacional do Sol nem para uma maçã sentir a atração da Terra. Por outro lado, o pilar central da relatividade especial de Einstein era uma declaração que nenhum objeto, energia ou informação poderia se deslocar mais rápido que a velocidade da luz. Assim, como poderia a gravidade funcionar instantaneamente? Como mostrará o exemplo a seguir, as consequências dessa contradição poderiam ser desastrosas para os conceitos tão fundamentais como nossa percepção de causa e efeito.

Imaginemos que o Sol fosse de alguma forma desaparecer subitamente. Privada da força que a mantém em sua órbita, a Terra iria imediatamente (de acordo com Newton) se mover ao longo de uma linha reta (exceto pelos pequenos desvios por causa da gravidade dos outros planetas). Entretanto, o Sol realmente desapareceria da visão dos habitantes da Terra apenas aproximadamente oito minutos depois, já que esse é o tempo que a luz leva para percorrer a distância do Sol à Terra. Em outras palavras, a mudança no movimento da Terra precederia o desaparecimento do Sol.

Para remover esse conflito e ao mesmo tempo atacar a pergunta de Newton não respondida, Einstein se dedicou quase obsessivamente à busca de uma nova teoria da gravidade. Era uma tarefa colossal. Qualquer nova teoria não apenas precisava preservar todos os sucessos notáveis da teoria de Newton, mas também explicar como a gravidade funciona e fazê-lo de uma maneira que seja compatível com a relatividade especial. Depois de vários inícios em falso e longas andanças em becos sem saída, Einstein finalmente chegou ao seu objetivo em 1915. Sua *teoria da relatividade geral* ainda é considerada por muitos uma das mais belas teorias já formuladas.

No coração do estalo inovador de Einstein está a ideia de que gravidade nada mais é que deformações no tecido do espaço e tempo. De acordo com Einstein, assim como bolas de golfe são guiadas por deformações e curvas que atravessam o gramado ondulante, os planetas seguem trajetórias curvas no espaço deformado que representa a gravidade do Sol. Em outras palavras, na ausência de matéria ou outras formas de energia, *espaço-tempo* (o tecido unificado das três dimensões do espaço e um do tempo) seria achatado. Matéria e energia deformam o espaço-tempo assim como uma bola de boliche pesada faz uma cama elástica ceder. Os planetas seguem as trajetórias mais diretas nessa geometria curva, que é uma manifestação da gravidade. Ao solucionar o problema da gravidade de "como ela funciona", Einstein também forneceu a armação para abordar a questão sobre com que rapidez ela se propaga. A última questão se reduziu à determinação de quão rapidamente as deformações no espaço-tempo poderiam se deslocar. Era um pouco como calcular a velocidade de ondulações em um lago. Einstein foi capaz de mostrar que, na relatividade geral, a gravidade se deslocava precisamente à velocidade da luz, o que eliminou a discrepância que existia entre teoria de Newton e relatividade especial. Se o Sol desaparecesse, a mudança na órbita da Terra ocorreria oito minutos depois, coincidindo com nossa observação do desaparecimento.

O fato de que Einstein tivesse transformado o espaço-tempo quadrimensional deformado na pedra angular da sua nova teoria do cosmo implicou que ele precisava muito de uma teoria matemática de tais entidades geométricas. Em desespero, ele recorreu ao seu velho colega de classe, o matemático Marcel Grossmann (1878-1936): "Tornei-me imbuído de enorme respeito pela matemática, tendo anteriormente considerado que suas partes mais sutis eram puro luxo". Grossmann mostrou que a geometria não euclidiana de Riemann (descrita no capítulo 6) era precisamente a ferramenta de que Einstein necessitava — a geometria dos espaços curvos em qualquer número de dimensões. Essa foi uma incrível demonstração daquilo que chamei de efetividade "passiva" da matemática, que Einstein imediatamente reconheceu: "Podemos de fato considerar [a geometria] o ramo mais antigo da física", declarou. "Sem ela, eu não teria sido capaz de formular a teoria da relatividade."

A relatividade geral também foi testada com precisão impressionante. Esses testes são difíceis de realizar, já que a curvatura no espaço-tempo introduzida por objetos como o Sol é medida em apenas partes por milhão. Embora os testes originais estivessem todos associados com observações dentro do Sistema Solar (por exemplo, mudanças diminutas na órbita do planeta Mercúrio, em comparação com as previsões da gravidade newtoniana), apenas recentemente testes mais exóticos tornaram-se exequíveis. Uma das melhores comprovações emprega um objeto astronômico conhecido como *pulsar duplo*.

Um pulsar é uma estrela extraordinariamente compacta que emite ondas de rádio, com uma massa um pouco maior que a do Sol, mas com um raio de apenas aproximadamente 10 quilômetros. A densidade de tal estrela (conhecida como uma *estrela de nêutrons*) é tão alta que um centímetro cúbico de sua matéria tem uma massa de aproximadamente 1 bilhão de toneladas. Muitas dessas estrelas de nêutrons giram bem rápido, enquanto emitem ondas de rádio de seus polos magnéticos. Quando o eixo magnético está um pouco inclinado em relação ao eixo de rotação (como na figura 61), o feixe de rádio de um dado polo pode cruzar nossa linha de visão apenas uma vez a cada rotação, como o clarão de luz de um farol. Em tal situação, a emissão de rádio parecerá ser em pulsos — daí o nome "pulsar". Em um dos casos, dois pulsares giram ao redor de seu centro de gravidade mútuo em uma órbita próxima, criando um sistema de pulsar duplo.

Existem duas propriedades que tornam esse pulsar duplo um excelente laboratório para testar a relatividade geral: (1) Pulsares de rádio são relógios soberbos — as velocidades de rotação são tão estáveis que, de fato, superam os relógios atômicos em termos de precisão; e (2) Pulsares são tão compactos que seus campos gravitacionais são muito fortes, produzindo efeitos relativísticos significativos. Essas características permitem que os astrônomos meçam com grande precisão alterações do tempo de deslocamento da luz vinda dos pulsares até a Terra causadas pelo movimento orbital dos dois pulsares no campo gravitacional um do outro.

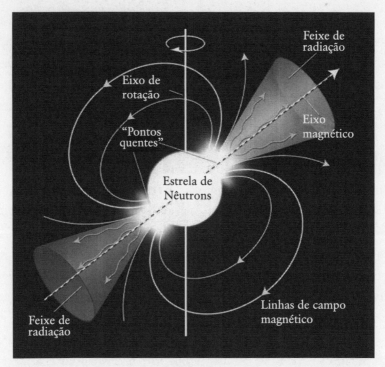

Figura 61

O teste mais recente foi resultado de observações cronológicas de precisão realizadas durante um período de dois anos e meio no sistema de duplo pulsar conhecido como PSR J0737–3039A/B (o longo "número de telefone" reflete as coordenadas do sistema no céu). Os dois pulsares desse sistema completam uma revolução orbital em apenas duas horas e 27 minutos e o sistema está a uma distância de cerca de dois mil anos-luz da Terra (um ano-luz é a distância que a luz percorre em um ano no vácuo; aproximadamente 10 trilhões de quilômetros). Uma equipe de astrônomos chefiada por Michael Kramer, da Universidade de Manchester, mediu as correções relativísticas ao movimento newtoniano. Os resultados, publicados em outubro de 2006, foram concordantes com os valores previstos pela relatividade geral com uma incerteza de 0,05%!

Incidentalmente, tanto a relatividade especial quanto a relatividade geral têm um papel importante no *Sistema de Posicionamento Global*

(*GPS, Global Positioning System*) que nos ajuda a encontrar nossa localização na superfície da Terra e nosso caminho de um lugar a outro, seja em um carro, avião ou a pé. O GPS determina a posição atual do receptor por meio da medição do tempo que leva para o sinal de vários satélites chegar até ele e pela triangulação das posições conhecidas de cada satélite. A relatividade especial prediz que os relógios atômicos a bordo dos satélites deveriam tiquetaquear mais lentamente (atrasando-se em alguns milionésimos de segundo por dia) que aqueles no solo, por causa de seu movimento relativo. Ao mesmo tempo, a relatividade geral prediz que os relógios de satélite deveriam tiquetaquear mais rápido (por algumas dezenas de milionésimos de segundo por dia) que aqueles no solo porque, muito acima da superfície da Terra, a curvatura no espaço-tempo resultante da massa da Terra é menor. Sem fazer as correções necessárias desses dois efeitos, os erros nas posições globais poderiam se acumular a um ritmo de mais de 8 quilômetros a cada dia.

A teoria da gravidade é apenas um dos muitos exemplos que ilustram a milagrosa adequação e assombrosa precisão da formulação matemática das leis da natureza. Nesse caso, como em inúmeros outros, o que extraímos das equações foi muito mais do que originalmente colocamos. Ficou demonstrado que a precisão tanto da teoria de Newton quanto de Einstein excedem em muito a precisão das observações que as teorias tentaram, em primeiro lugar, explicar.

Talvez o melhor exemplo da assombrosa precisão que uma teoria matemática pode alcançar é fornecido pela *eletrodinâmica quântica* (*EDQ*), a teoria que descreve todos os fenômenos que envolvem partículas eletricamente carregadas e luz. Em 2006, um grupo de físicos da Universidade Harvard determinou o momento magnético do elétron (que mede com que força o elétron interage com um campo magnético) a uma precisão de oito partes por trilhão. É, por si só, uma incrível façanha experimental. Mas quando se acrescenta o fato de que a maioria dos recentes cálculos teóricos baseados na EDQ atinge uma precisão semelhante e que os dois resultados são concordantes, a precisão se torna quase inacreditável. Quando ouviu falar do sucesso contínuo da EDQ, um de seus criadores, o físico Freeman Dyson, reagiu: "Fico espantado de ver a precisão com que a Natureza dança acompanhando a melodia que rabiscamos descuidadamente 57 anos atrás e de ver como os pesquisadores experimentais e os teóricos conseguem medir e calcular a dança em uma parte em um trilhão."

Mas precisão não é a única pretensão à fama das teorias matemáticas — o poder de previsão é outra. Darei apenas dois exemplos simples, um do século XIX e outro do século XX, que demonstram essa potência. A primeira teoria previu um novo fenômeno e a última, a existência de novas partículas fundamentais.

James Clerk Maxwell, que formulou a teoria clássica do eletromagnetismo, mostrou em 1864 que a teoria previa que campos elétricos ou magnéticos variáveis deveriam gerar ondas em propagação. Essas ondas — as familiares ondas eletromagnéticas (por exemplo, rádio) — foram detectadas pela primeira vez pelo físico alemão Heinrich Hertz (1857-94) em uma série de experimentos realizados em fins dos anos 1880.

Em fins dos anos 1960, os físicos Steven Weinberg, Sheldon Glashow e Abdus Salam desenvolveram uma teoria que trata a força eletromagnética e a força nuclear fraca de uma maneira unificada. A teoria, agora conhecida como *teoria eletrofraca*, previu a existência de três partículas (chamadas bósons W^+, W^- e Z) que nunca tinham sido observadas antes. As partículas foram inequivocamente detectadas em 1983 em experimentos com acelerador (que faz uma partícula subatômica chocar-se violentamente com outra a energias bem elevadas) liderados pelos físicos Carlo Rubbia e Simon van der Meer.

O físico Eugene Wigner, que cunhou a frase "a inexplicável efetividade da matemática", propôs chamar todas essas realizações inesperadas das teorias matemáticas de "lei empírica da epistemologia" (epistemologia é a disciplina que investiga a origem e os limites do conhecimento). Se tal "lei" não fosse correta, argumentou ele, os cientistas não teriam a coragem e segurança tranquilizadora absolutamente necessárias para uma minuciosa exploração das leis da natureza. Wigner, entretanto, não oferece qualquer explicação para a lei empírica da epistemologia. Pelo contrário, ele a considerava um "maravilhoso dom" pelo qual deveríamos ser gratos mesmo que não conheçamos sua origem. De fato, para Wigner, esse "dom" capturava a essência da pergunta sobre a inexplicável efetividade da matemática.

A esta altura, acredito que tenhamos colhido indícios que deveriam bastar para que, no mínimo, fôssemos capazes de tentar responder as perguntas com as quais começamos: Por que a matemática é tão efetiva e produtiva em explicar o mundo que nos cerca que até produz novo conhecimento? E, afinal, seria a matemática inventada ou descoberta?

CAPÍTULO 9

SOBRE A MENTE HUMANA, MATEMÁTICA E O UNIVERSO

As duas perguntas: (1) Teria a matemática uma existência independente da mente humana?, e (2) Por que conceitos matemáticos têm aplicabilidade muito além do contexto em que tinham sido originalmente desenvolvidos? estão relacionadas de complexas maneiras. Ainda assim, para simplificar a discussão, tentarei abordá-las em sequência.

Primeiro, o leitor poderá se perguntar onde se situam os matemáticos de hoje sobre a questão da matemática como uma descoberta ou uma invenção. Foi assim que os matemáticos Philip Davis e Reuben Hersh descreveram a situação no seu maravilhoso livro *A experiência matemática*:

> A maioria dos autores sobre o assunto parece concordar que o típico matemático operacional é um platônico [vê a matemática como descoberta] nos dias úteis e um formalista [vê a matemática como invenção] aos domingos. Isto é, quando está fazendo matemática, ele está convencido de estar lidando com uma realidade objetiva cujas propriedades está tentando determinar. Mas, então, quando desafiado a dar uma explicação filosófica dessa realidade, acha mais fácil fingir que não acredita nem um pouco nela.

Exceto pela tentação de substituir "ele" por "ele ou ela" em todos os lugares, como reflexo da demografia matemática em mutação, tenho a impressão de que a caracterização continua a ser verdadeira para muitos matemáticos e físicos teóricos de hoje. Mesmo assim, alguns matemáticos do século XX não assumiram uma posição firme a favor de um lado ou do outro. Aqui, representando o ponto de vista platônico, está G. H. Hardy em *Em defesa de um matemático*:

> Para mim, e suponho que para a maioria dos matemáticos, existe uma outra realidade, que chamarei "realidade matemática"; e não existe nenhuma espécie de acordo sobre a natureza da realidade matemática entre matemáticos ou filósofos. Alguns defendem que ela seja "mental" e que, num certo sentido, nós a construímos; outros, que é externo e independente de nós. Um homem que pudesse dar uma explicação convincente da realidade matemática teria solucionado muitíssimos dos problemas mais difíceis da metafísica. Se pudesse incluir realidade física em sua explicação, ele teria solucionado todos eles.
>
> Eu não deveria desejar debater nenhuma dessas questões aqui, mesmo se eu fosse competente para fazê-lo, mas expressarei minha própria posição dogmaticamente para evitar mal-entendidos menores. Acredito que a realidade matemática situa-se fora de nós, que nossa função seja descobrir ou *observá*-la e que os teoremas que demonstramos e que descrevemos com grandiloquência como nossas "criações" sejam simplesmente nossas anotações das nossas observações. Esse ponto de vista foi defendido, de uma forma ou outra, por muitos filósofos de grande reputação desde Platão em diante e usarei a linguagem que é natural a um homem que a defende.

Os matemáticos Edward Kasner (1878-1955) e James Newman (1907-66) expressaram exatamente a perspectiva oposta em *Matemática e imaginação*:

> Que a matemática desfrute de um prestígio sem igual por qualquer outro voo de pensamento intencional não surpreende. Ela tornou possível tantos avanços nas ciências, ela é ao mesmo tempo tão indispensável nas questões práticas e tão facilmente a obra-prima de pura abstração que o

reconhecimento de sua preeminência entre as conquistas intelectuais do homem não é mais que o que lhe é devido.

Apesar dessa preeminência, a primeira avaliação significativa da matemática foi ocasionada apenas recentemente com o advento da geometria não euclidiana e quadridimensional. Isso não quer dizer que os avanços feitos pelo cálculo, pela teoria da probabilidade, pela aritmética do infinito, topologia e outros assuntos que discutimos, devam ser minimizados. Cada qual ampliou a matemática e aprofundou seu significado, bem como nossa compreensão do universo físico. Contudo, ninguém contribuiu para a introspecção matemática, ao conhecimento da relação recíproca das partes da matemática entre si e com o todo quanto as heresias não euclidianas.

Como resultado do espírito valentemente crítico que engendrou as heresias, superamos a noção de que as verdades matemáticas têm uma existência independente e separada das nossas próprias mentes. É até estranho para nós que tal noção pudesse ter algum dia existido. Contudo, é o que Pitágoras teria pensado — e Descartes, ao lado de centenas de outros grandes matemáticos antes do século XIX. Hoje, a matemática está desacorrentada; soltou suas amarras. Qualquer que seja sua essência, nós a reconhecemos tão livre quanto a mente, tão preênsil quanto a imaginação. A geometria não euclidiana é a demonstração de que a matemática, ao contrário da música das esferas, é o próprio trabalho manual do homem, sujeita apenas às limitações impostas pelas leis do pensamento.

Portanto, ao contrário da precisão e da certeza que são a marca distintiva das sentenças em matemática, temos aqui uma divergência de opiniões que é mais típica de debates em filosofia ou política. Deveríamos ficar surpresos? Na verdade, não. A pergunta sobre se a matemática é inventada ou descoberta realmente não é de forma alguma uma pergunta de matemática.

A noção de "descoberta" implica preexistência em algum universo, real ou metafísico. O conceito de "invenção" implica a mente humana, individual ou coletivamente. A questão pertence, portanto, a uma combinação de disciplinas que podem envolver física, filosofia, matemática, ciência cognitiva e, até, antropologia, mas sem dúvida não é exclusiva da matemática (pelo menos não diretamente). Consequentemente, os matemáticos podem não ser sequer os mais bem equipados para responder tal pergunta. Afinal, poetas, que realizam mágica com a linguagem, não são necessariamente os melhores linguistas e os maiores filósofos geralmente não são especialistas nas funções do cérebro. A pergunta à questão de ser "inventada ou descoberta" pode, portanto, ser apenas enumerada (se tanto) de um cuidadoso exame de vários indícios, derivados de uma ampla variedade de domínios.

Metafísica, física e cognição

Aqueles que acreditam que a matemática existe em um universo independente dos seres humanos ainda caem em dois diferentes campos quando se trata de identificar a natureza deste universo. Primeiro, existem os "verdadeiros" platônicos, para quem a matemática mora no eterno mundo abstrato das formas matemáticas. Há, então, aqueles que sugerem que as estruturas matemáticas são, de fato, uma parte real do mundo natural. Uma vez que já discuti o platonismo puro e algumas de suas deficiências filosóficas bem extensamente, gostaria de detalhar um pouco a última perspectiva.

A pessoa que apresenta talvez a mais extrema e mais especulativa versão do contexto "matemática como parte do mundo físico" é um colega astrofísico, Max Tegmark, do MIT (Instituto Tecnológico de Massachusetts).

Tegmark argumenta que "nosso universo não é apenas descrito pela matemática — *é* matemática" [ênfase acrescentada]. Seu argumento começa com uma premissa nada controversa de que existe uma realidade física externa que é independente dos seres humanos. Ele segue então examinando qual poderia ser a natureza da teoria suprema de tal realidade (que os físicos chamam a "teoria de tudo"). Já que esse mundo físico é inteiramente independente dos seres humanos, defende Tegmark, sua descrição deve estar livre de qualquer "bagagem" humana (por exemplo, linguagem humana, em particular). Em outras palavras, a teoria final não pode incluir quaisquer conceitos como "partículas subatômicas", "cordas vibrantes", "espaço-tempo deformado" nem quaisquer outros constructos de concepção humana. Desse suposto insight, Tegmark conclui que a única descrição possível do cosmo é aquela que envolve apenas conceitos abstratos e as relações entre eles, que ele supõe ser a definição operacional da matemática.

O argumento de Tegmark para a realidade matemática é certamente intrigante e, se fosse verdadeiro, poderia ter avançado um longo caminho na resolução do problema da "inexplicável efetividade" da matemática. Em um universo que é *identificado* como matemática, o fato de a matemática se ajustar à natureza como uma luva dificilmente seria uma surpresa. Infelizmente, não acho que a linha de raciocínio de Tegmark seja extremamente persuasiva. O salto da existência de uma realidade externa (independente dos seres humanos) para uma conclusão que, nas palavras de Tegmark, "você precisa acreditar naquilo que chamo a hipótese do universo matemático: que nossa realidade física é uma estrutura matemática", envolve, em minha opinião, uma prestidigitação. Quando Tegmark tenta caracterizar o que a matemática realmente é, ele diz: "Para um lógico moderno, uma estrutura matemática é precisamente isto: um conjunto de entidades abstratas com relações entre elas." Mas esse lógico moderno é humano! Em outras palavras, Tegmark nunca realmente *demonstra* que nossa matemática não é inventada pelos seres humanos; ele simplesmente o pressupõe. Além do mais, como ressaltou o neurobiólogo francês Jean-Pierre Changeux em resposta a uma asserção semelhante: "Alegar realidade física para objetos matemáticos, num nível dos fenômenos naturais que estudamos em biologia, levanta um problema epistemológico inquietante, me parece. Como pode um estado físico, interno ao nosso cérebro, representar outro estado físico externo a ele?"

A maioria das outras tentativas de colocar objetos matemáticos diretamente na realidade física externa simplesmente se baseia na efetividade da matemática em explicar natureza como demonstração. Isso, entretanto, pressupõe que nenhuma outra explicação para a efetividade da matemática é possível, o que, como mostrarei adiante, não é verdadeiro.

Se a matemática não reside nem no mundo platônico sem espaço e sem tempo, nem no mundo físico, isso significaria que a matemática é inteiramente inventada pelo seres humanos? Absolutamente, não. De fato, argumentarei na próxima seção que a maior parte da matemática realmente consiste em descobertas. Antes de ir adiante, entretanto, seria útil examinar algumas das opiniões dos cientistas cognitivos contemporâneos. A razão é simples — mesmo se matemática fosse inteiramente descoberta, essas descobertas ainda teriam sido feitas por matemáticos humanos usando seus cérebros.

Com o enorme progresso nas ciências cognitivas nos últimos anos, era bem natural esperar que os neurobiólogos e psicólogos voltassem sua atenção para a matemática, em particular à busca dos fundamentos da matemática na cognição humana. Um olhar apressado nas conclusões da maioria dos cientistas cognitivos pode inicialmente nos deixar com a impressão que estamos testemunhando a personificação da frase de Mark Twain: "Para um homem com um martelo, tudo se parece com um prego". Com pequenas variações na ênfase, essencialmente todos os neuropsicólogos e biólogos determinam que a matemática é uma invenção humana. Num exame mais detalhado, entretanto, descobrimos que embora a interpretação dos dados cognitivos esteja longe de ser inequívoca, não há nenhuma dúvida de que os esforços cognitivos representam uma nova e inovadora fase na busca pelos fundamentos da matemática. Eis uma amostra pequena, mas representativa, dos comentários feitos pelos cientistas cognitivos.

O neurocientista francês Stanislas Dehaene, cujo interesse principal está na cognição numérica, concluiu em seu livro de 1997 *The Number Sense* [O senso numérico] que a "intuição sobre os números está, portanto, profundamente ancorada em nosso cérebro". Essa posição é, de fato, próxima àquela dos intuicionistas, que queriam fundamentar toda a matemática na forma pura da intuição dos números naturais. Dehaene argumenta que descobertas sobre a psicologia da aritmética confirmam que o "número pertence aos 'objetos naturais do pensamento', as categorias inatas de acordo com as quais apreendemos o mundo". Depois de um estudo separado conduzido com os mundurukus — um grupo isolado de índios amazônicos — Dehaene e colaboradores acrescentaram em 2006 um julgamento similar sobre geometria: "O entendimento espontâneo dos conceitos e mapas geométricos por essa remota comunidade humana fornece evidências de que o conhecimento geométrico central, assim como a aritmética básica, é um constituinte universal da mente humana." Nem todos os cientistas cognitivos concordam com essas últimas conclusões. Alguns ressaltam, por exemplo, que o sucesso dos mundurukus no recente estudo geométrico, em que tiveram de identificar uma curva entre linhas retas, um retângulo entre quadrados, uma elipse entre círculos e assim por diante, pode ter mais a ver com a habilidade visual de identificar e separar o estranho, que com um conhecimento geométrico inato.

O neurobiólogo francês Jean-Pierre Changeux, que estabeleceu um fascinante diálogo sobre a natureza da matemática com o matemático Alain Connes (de "persuasão" platônica) em *Matéria e pensamento*, fez a seguinte observação:

> A razão de objetos matemáticos não terem nada a ver com o mundo sensível tem a ver (...) com seu caráter gerativo, a capacidade de dar origem a outros objetos. O ponto que precisa ser enfatizado aqui é que existe no cérebro o que pode ser chamado um "compartimento consciente", uma espécie de espaço físico para estimulação e criação de novos objetos. (...) Em certos aspectos, esses novos objetos matemáticos são como seres vivos: como seres vivos, são objetos físicos suscetíveis a uma evolução bem rápida; diferentemente dos seres vivos, com a exceção particular dos vírus, eles evoluem em nosso cérebro.

Finalmente, a declaração mais categórica do contexto da invenção *versus* descoberta foi feita pelo linguista cognitivo George Lakoff e o psicólogo Rafael Núñez em seu livro um tanto controverso *Where Mathematics Comes From* [De onde vem a matemática]. Como já mencionei no capítulo 1, eles pronunciaram:

> Matemática é parte natural do ser humano. Origina-se de nossos corpos, nossos cérebros e nossas experiências diárias no mundo. [Lakoff e Núñez falam, portanto, da matemática originando-se de uma "mente corporificada"]... A matemática é um sistema de conceitos humanos que faz um uso extraordinário das ferramentas ordinárias de cognição humana. (...) Os seres humanos têm sido responsáveis pela criação da matemática e continuamos responsáveis por sua manutenção e ampliação. O retrato da matemática tem um rosto humano.

Os cientistas cognitivos embasam suas conclusões no que consideram um corpo convincente de evidências originárias dos resultados de inúmeros experimentos. Alguns desses testes envolveram estudos de mapeamento funcional do cérebro durante a realização de tarefas matemáticas. Outros examinaram a competência matemática dos bebês, de grupos de caçadores-coletores como os mundurukus, que nunca foram expostos ao ensino formal, e de pessoas com variados graus de lesão cerebral. A maioria dos pesquisadores concorda que certas capacidades matemáticas parecem ser inatas. Por exemplo, todos os seres humanos são capazes de dizer num relance se estão olhando para um, dois ou três objetos (uma habilidade denominada *subitizing* ['subitização', ou apreender subitamente o número de itens sem contar]). Uma versão bem limitada da aritmética, na forma de grupamento, pareamento e adição e subtração bem simples, também pode ser inata, como é talvez algum entendimento bem básico dos conceitos geométricos (embora essa afirmativa seja mais controversa). Neurocientistas também identificaram regiões no cérebro, como o giro angular no hemisfério esquerdo, que parecem ser cruciais para fazer malabarismos com números e computações matemáticas, mas que não são essenciais para a linguagem ou a memória operacional.

De acordo com Lakoff e Núñez, uma ferramenta importante para avançar para além dessas habilidades inatas é a construção de *metáforas conceituais* — processos de pensamento que traduzem conceitos abstratos em outros mais concretos. Por exemplo, a concepção de aritmética está assentada na metáfora bem básica de coleção de objetos. Por outro lado, a álgebra mais abstrata de Boole de classes ligava metaforicamente classes a números. O elaborado cenário desenvolvido por Lakoff e Núñez oferece insights interessantes em por que os seres humanos acham alguns conceitos matemáticos muito mais difíceis que outros. Outros pesquisadores, como a neurocientista cognitiva Rosemary Varley, da Universidade de Sheffield, sugerem que pelo menos algumas estruturas matemáticas são parasitas de uma faculdade da linguagem — insights matemáticos se desenvolvem tomando emprestado ferramentas mentais usadas para a construção da linguagem.

Os cientistas cognitivos constroem um caso bem forte a favor de uma associação da nossa matemática com a mente humana e contra o platonismo. Curiosamente, porém, o que considerei possivelmente o mais forte argumento contra o platonismo vem não dos neurobiólogos, mas sim de Sir Michael Atiyah, um dos maiores matemáticos do século XX. Mencionei, de fato, sua linha de raciocínio rapidamente no capítulo 1, mas gostaria agora de apresentá-la em maior detalhe.

Se você tivesse de escolher um conceito da nossa matemática com a maior probabilidade de ter uma existência independente da mente humana, qual deles você selecionaria? A maioria das pessoas provavelmente concluiria que tinha de ser os números naturais. O que pode ser mais "natural" que 1, 2, 3,... ? Mesmo o matemático alemão de inclinações intuicionistas Leopold Kronecker (1823-91) fez a seguinte declaração famosa: "Deus criou os números naturais, tudo o mais é trabalho do homem." Assim, se fosse possível mostrar que mesmo os números naturais, como conceito, têm sua origem na mente humana, este seria um argumento poderoso a favor do paradigma da "invenção". Eis, novamente, como Atiyah argumenta o caso: "Imaginemos que a inteligência tivesse residido, não na humanidade, mas em alguma grande água-viva solitária e isolada, enterrada em grandes profundidades do oceano Pacífico. Ela não teria nenhuma experiência com objetos individuais, apenas com a água circundante. Movimento, temperatura e pressão forneceriam os dados sensoriais básicos. Em um contínuo tão puro, não surgiria o discreto e nada haveria para contar." Em outras palavras, Atiyah está convencido de que mesmo um conceito tão básico como o dos números naturais foi *criado* pelos seres humanos, por abstração (os cientistas cognitivos diriam, "através de metáforas fundamentais") dos elementos do mundo físico. Dito de um modo diferente, o número 12, por exemplo, representa uma abstração de uma propriedade que é comum a todas as coisas que vêm às dúzias, da mesma maneira que a palavra "pensamentos" representa uma variedade de processos que ocorrem em nossos cérebros.

O leitor poderia fazer uma objeção ao uso do universo hipotético da água-viva para demonstrar esse ponto. Poderia argumentar que existe um único universo inevitável e que toda suposição deveria ser examinada no contexto desse universo. Entretanto, isso seria equivalente a admitir que o conceito dos números naturais é, de fato, de alguma forma dependente do universo das experiências humanas! Notemos que é isso exatamente o que Lakoff e Núñez querem dizer quando dizem que a matemática é "corporificada".

Acabei de argumentar que os conceitos da nossa matemática originam-se na mente humana. O leitor poderá se perguntar então por que insisti antes que boa parte da matemática é de fato descoberta, posição esta que parece estar mais próxima à dos platônicos.

Invenção *e* Descoberta

Na nossa linguagem cotidiana, a distinção entre descoberta e invenção é às vezes clara como a água, outras vezes um pouco mais turva. Ninguém diria que Shakespeare descobriu Hamlet ou que Madame Curie inventou o rádio. Ao mesmo tempo, novos medicamentos para certos tipos de doenças são normalmente anunciados como descobertas, mesmo que muitas vezes envolvam a síntese meticulosa de novos compostos químicos. Gostaria de descrever com algum detalhe um exemplo bem específico de matemática, que acredito que não apenas ajudará a esclarecer a distinção entre invenção e descoberta, mas também fornecerá insights valiosos do processo pelo qual a matemática evolui e progride.

No livro VI de *Os elementos*, a obra monumental de Euclides sobre geometria, encontramos uma definição de uma certa divisão de uma linha em duas partes desiguais (uma definição anterior, em termos de áreas, está no livro II). De acordo com Euclides, se a linha *AB* for dividida por um ponto *C* (figura 62) de tal forma que a razão dos comprimentos dos dois segmentos (*AC*/ *CB*) seja igual à linha dividida pelo segmento mais longo (*AB*/*AC*), então dizemos que a linha foi dividida em "razão extrema e média". Em outras palavras, se *AC*/*CB* = *AB*/*AC*, então cada uma dessas razões é chamada a "razão extrema e média". Desde o século XIX, essa razão é popularmente conhecida como a *razão áurea*. Um pouco de álgebra fácil pode mostrar que a razão áurea é igual a

$$(1 + \sqrt{5})/2 = 1{,}6180339887...$$

A primeira pergunta que o leitor poderá fazer é por que Euclides iria se dar ao trabalho de definir essa determinada divisão de linha e dar um nome à razão? Afinal, existem infinitas maneiras pelas quais uma linha poderia ser dividida. A resposta à pergunta pode ser encontrada na herança mística cultural dos pitagóricos e de Platão. Lembremos que os pitagóricos eram obcecados pelos números. Achavam que os números ímpares eram masculinos e bons e, com razoável preconceito, que os números pares eram femininos e maus. Tinham uma afinidade especial pelo número 5, a união dos números 2 e 3, o primeiro par (feminino) e primeiro ímpar (masculino). (O número 1 não era considerado um nú-

Figura 62

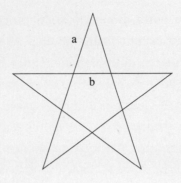

Figura 63

mero, mas sim o gerador de todos os números.) Para os pitagóricos, portanto, o número 5 retratava amor e casamento e eles usaram o pentagrama — a estrela de cinco pontas (figura 63) — como o símbolo de sua fraternidade. É aqui onde a razão áurea faz sua primeira aparição. Se tomarmos um pentagrama regular, a razão do lado de qualquer um dos triângulos com a base implícita (a/b na figura 63) é exatamente igual à razão áurea. De maneira semelhante, a razão de qualquer diagonal de um pentágono regular com seu lado (c/d na figura 64) é também igual à razão áurea. De fato, construir um pentágono utilizando uma borda reta e um compasso (o processo geométrico comum de construção dos antigos gregos) exige dividir a linha na razão áurea.

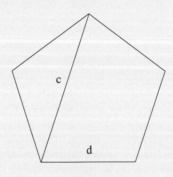

Figura 64

Platão acrescentou outra dimensão ao significado mítico da razão áurea. Os gregos antigos acreditavam que tudo no universo é composto por quatro elementos: terra, fogo, ar e água. Em *Timeu*, Platão tentou explicar a estrutura da matéria utilizando os cinco sólidos regulares que agora levam seu nome — os *sólidos platônicos* (figura 65). Esses sólidos convexos, o tetraedro, o cubo, o octaedro, o dodecaedro e o icosaedro, são os únicos nos quais todas as faces (de cada sólido individual) são iguais e são polígonos regulares e nos quais todos os vértices de cada sólido situam-se numa esfera. Platão associou quatro desses sólidos a quatro elementos cósmicos básicos. A terra foi associada ao cubo estável, o fogo penetrante ao tetraedro com pontas, o ar com o octaedro e a água com o icosaedro. Em relação ao dodecaedro (Figura 65d), Platão escreveu em *Timeu*: "Como ainda restou uma figura composta, a quinta, Deus a usou para o todo, bordando-a com desenhos." Portanto, o dodecaedro representava o universo como um todo. Notemos, entretanto, que o dodecaedro, com suas 12 superfícies pentagonais, tem a razão áurea es-

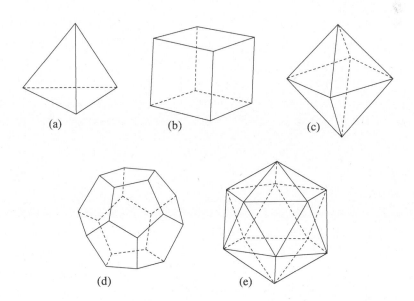

Figura 65

crita em todo ele. Tanto o volume quanto a área superficial podem ser expressos como funções simples da razão áurea (o mesmo é verdadeiro para o icosaedro).

A história mostra, portanto, que por inúmeras tentativas e erros, os pitagóricos e seus seguidores *descobriram* maneiras de construir certas figuras geométricas que para eles representam conceitos importantes, como amor e o cosmo inteiro. Não admira, então, que eles e Euclides (que documentou essa tradição), *tenham inventado o conceito* da razão áurea que estava envolvida nessas construções e tenham lhe dado um nome. Diferentemente de qualquer outra razão arbitrária, o número 1,618... agora tornou-se foco de uma intensa e rica história de investigação e continua a pipocar mesmo hoje nos lugares mais inesperados. Por exemplo, dois milênios depois de Euclides, o astrônomo alemão Johannes Kepler *descobriu* que o número aparece, como que por milagre, relacionado com uma série de números conhecida como a *sequência de Fibonacci*. A sequência de Fibonacci: 1, 1, 2, 3, 5, 8, 13, 21, 34, 55, 89, 144, 233... é caracterizada por, a começar pelo terceiro, cada número ser a soma dos dois anteriores (por exemplo, 2 = 1 + 1; 3 = 1 + 2; 5 = 2 + 3; e assim por diante). Se dividirmos cada número da sequência por aquele que imediatamente o precedeu (por exemplo, 144 ÷ 89; 233 ÷ 144; ...), veremos que as razões oscilam, mas se aproximam cada vez mais da razão áurea quanto mais longe avançarmos na sequência. Por exemplo, são obtidos os seguintes resultados, arredondando-se os números para a sexta casa decimal: 144 ÷ 89 = 1,617978; 233 ÷ 144 = 1,618056; 377 ÷ 233 = 1,618026 e assim por diante.

Em tempos mais modernos, averiguou-se que a sequência de Fibonacci e concomitantemente a razão áurea descrevem as disposições foliares de algumas plantas (o fenômeno conhecido como *filotaxia*) e a estrutura dos cristais de certas ligas de alumínio.

Por que considero a definição de Euclides do conceito da razão áurea uma invenção? Porque o ato criativo de Euclides apontou e elegeu essa razão e chamou a atenção dos matemáticos para ela. Na China, por outro lado, onde o conceito da razão áurea não foi inventado, a literatura matemática não contém essencialmente nenhuma referência a ele. Na Índia, onde mais uma vez o conceito não foi inventado, existem apenas alguns teoremas insignificantes em trigonometria que a envolvem perifericamente.

Existem muitos outros exemplos que demonstram que a pergunta "seria a matemática uma descoberta ou uma invenção?" ainda é mal colocada. *Nossa matemática é uma combinação de invenções e descobertas.* Os axiomas da geometria euclidiana como um *conceito* foram uma invenção, assim como as regras de xadrez foram uma invenção. Os axiomas foram também suplementados por uma variedade de conceitos inventados, como triângulos, paralelogramos, elipses, a razão áurea e assim por diante. Os teoremas da geometria euclidiana, por outro lado, foram no geral descobertas; foram os caminhos ligando os diferentes conceitos. Em alguns casos, as demonstrações geraram os teoremas — os matemáticos examinaram o que poderiam demonstrar e, a partir daí, deduziram os teoremas. Em outros, como descrito por Arquimedes em *O método*, eles primeiro encontraram a resposta a uma dada pergunta na qual estavam interessados e, então, se dedicaram a encontrar a demonstração.

Tipicamente, os conceitos foram invenções. Números primos como um *conceito* foram uma invenção, mas todos os teoremas sobre números primos foram descobertas. Os matemáticos da antiga Babilônia, Egito e China nunca inventaram o conceito de números primos, apesar de sua matemática avançada. Poderíamos então dizer que eles simplesmente não "descobriram" os números primos? Não mais do que poderíamos dizer que o Reino Unido não "descobriu" uma única constituição codificada documentada. Assim como um país pode sobreviver sem uma constituição, uma matemática elaborada poderia se desenvolver sem o conceito de números primos. E se desenvolveu!

Sabemos por que os gregos inventaram conceitos como axiomas e números primos? Não podemos ter certeza, mas poderíamos conjecturar que tenha sido parte de seus esforços incessantes de investigar os constituintes mais fundamentais do universo. Números primos foram os blocos básicos de construção dos números, assim como átomos formam os blocos de construção da matéria. Da mesma forma, os axiomas foram a fonte da qual todas as verdades geométricas supostamente fluíram. O dodecaedro representava o cosmo inteiro e a razão áurea era o conceito que deu existência a esse símbolo.

A discussão destaca outro aspecto interessante da matemática — faz parte da cultura humana. Uma vez que os gregos inventaram o método axiomático, toda a matemática europeia subsequente seguiu o exemplo e adotou a mesma filosofia e práticas. O antropólogo Leslie A. White (1900-1975) certa vez tentou sintetizar essa faceta cultural com o seguinte comentário: "Tivesse Newton sido criado na cultura hotentote [tribo sul-africana], ele teria calculado como um hotentote." Essa compleição cultural da matemática é bem provavelmente responsável pelo fato de muitas descobertas matemáticas (por exemplo, dos invariantes de nó) e mesmo algumas invenções importantes (por exemplo, do cálculo) terem sido feitas simultaneamente por várias pessoas trabalhando independentemente.

Você fala matematiquês?

Numa seção anterior, comparei o peso do conceito abstrato de um número ao do significado de uma palavra. Seria matemática, então, uma espécie de linguagem? Insights da lógica matemática, por um lado, e da linguística, do outro, mostram que, até certo ponto, é. Os trabalhos de Boole, Frege, Peano, Russell, Whitehead, Gödel e seus seguidores dos dias modernos (em particular em áreas como sintaxe e semântica filosóficos e, paralelamente, em linguística) demonstraram que gramática e raciocínio estão intimamente relacionados com uma álgebra de lógica simbólica. Mas por que, então, existem mais de 6.500 línguas enquanto existe uma única matemática? Na realidade, todas as diferentes linguagens têm muitas características estruturais em comum. Por exemplo, o linguista americano Charles F. Hockett (1916-2000) chamou atenção nos anos 1960 para o fato de todas as línguas terem dispositivos embutidos para a aquisição de novas palavras e frases (pense em "home page" ou "página inicial"; "laptop"; "cinema independente"; e assim por diante). De modo similar, todos os idiomas humanos dão espaço para abstração (por exemplo, "surrealismo"; "ausência; "grandeza"), para negação (por exemplo, "não"; "inexiste") e para frases hipotéticas ("Se vovó tivesse rodas, poderia ter sido um ônibus"). Talvez duas das características mais importantes de todas as línguas sejam sua *abertura* (*não ser fechada*) e a *liberdade de estímulo*. A primeira propriedade representa a capacidade de criar locuções nunca antes ouvidas e entendê-las. Por exemplo, posso gerar sem nenhuma dificuldade uma sentença como: "você não pode consertar a Represa Hoover com uma goma de mascar" e, mesmo que você nunca tenha se deparado com a sentença antes, não terá nenhuma dificuldade em entendê-la. Liberdade de estímulo é o poder de escolher como, ou até se, é necessário reagir a um estímulo recebido. Por exemplo, a resposta à pergunta formulada pela cantora/compositora Carole King na canção "Você ainda me amará amanhã?" (*Will You Still Love Me Tomorrow?*) seria qualquer uma das seguintes: "Não sei se ainda estarei vivo amanhã"; "Certamente"; "Nem mesmo sei que a amo hoje"; "Não tanto quanto adoro meu cachorro"; "Esta é sem dúvida alguma a sua melhor música"; ou até "Eu me pergunto quem ganhará o Aberto da Austrália deste ano". O leitor reconhecerá que muitos desses aspectos (por exemplo, abstração; negação; abertura; e a habilidade de evoluir) são também características da matemática.

Como já mencionei antes, Lakoff e Núñez enfatizam o papel das metáforas na matemática. Linguistas cognitivos também argumentam que todas as línguas humanas usam metáforas para expressar quase tudo. Ainda mais importante talvez, desde 1957, o ano em que o famoso linguista Noam Chomsky publicou seu trabalho revolucionário *Estruturas sintáticas*, muitos esforços linguísticos refletiram sobre o conceito de uma *gramática universal* — princípios que governam todas as linguagens. Em outras palavras, o que parece ser uma Torre de Babel de diversidade pode na verdade ocultar uma surpreendente similaridade estrutural. De fato, se não fosse esse o caso, dicionários que traduzem de uma linguagem para outra poderiam não ter nunca funcionado.

O leitor ainda poderá se perguntar por que a matemática é tão uniforme como ela é, tanto em termos de assunto quanto em termos de notação simbólica. A primeira parte da pergunta é particularmente intrigante. A maioria dos matemáticos concorda que a matemática como a conhecemos evolui dos ramos básicos da geometria e aritmética que eram praticadas pelos antigos babilônios, egípcios e gregos. Entretanto, foi verdadeiramente inevitável que a matemática começasse com essas disciplinas em particular? O cientista da computação Stephen Wolfram argumentou no volumoso livro *A New Kind of Science* [*Um novo tipo de ciência*] que não era necessariamente esse o caso. Em particular, Wolfram mostrou como, partindo de conjuntos simples de regras que agem como programas curtos de computador (conhecidos como *autômatos celulares*), é possível desenvolver um tipo bem diferente da matemática. Tais autômatos celulares poderiam ser usados (em princípio, pelo menos) como as ferramentas básicas para a criação de modelos de fenômenos naturais, em lugar das equações diferenciais que dominam a ciência há três séculos. O que foi, então, que impeliu as antigas civilizações em direção às descobertas e invenções de nossa "marca" especial de matemática? Eu realmente não sei, mas pode ter tido muito a ver com as particularidades do sistema perceptual humano. Os seres humanos detectam e percebem bordas, linhas retas e curvas suaves com muita facilidade. Notemos, por exemplo, a precisão com que podemos determinar (apenas com o olho) se uma linha é perfeitamente reta ou o quanto é fácil diferenciar entre um círculo e uma forma ligeiramente elíptica. Essas habilidades perceptuais podem ter moldado fortemente a experiência humana do mundo e podem ter, portanto, levado a uma matemática que fosse baseada em objetos discretos (aritmética) e em figuras geométricas (geometria euclidiana).

A uniformidade na notação simbólica é provavelmente um resultado do que poderia ser chamado o "efeito Microsoft Windows": O mundo inteiro está usando o sistema operacional da Microsoft — não porque essa conformidade fosse inevitável, mas porque uma vez que um sistema operacional começou a dominar o mercado de computadores, todo mundo teve de adotá-lo para permitir facilidade de comunicação e por disponibilidade de produtos. Da mesma forma, a notação simbólica ocidental impôs uniformidade no mundo da matemática.

É intrigante que a astronomia e a astrofísica ainda possam contribuir para a questão da "invenção e descoberta" de maneiras curiosas. Os estudos mais recentes dos planetas extrassolares indicam que aproximadamente 5% de todas as estrelas têm pelo menos um planeta gigante (como Júpiter em nosso próprio Sistema Solar) girando ao redor delas e que essa fração permanece *grosso modo* constante, em média, em toda a Via Láctea. Embora a fração precisa de planetas *terrestres* (parecidos com a Terra) ainda não seja conhecida, as chances são de que a galáxia esteja pululando de bilhões de tais planetas. Mesmo que apenas uma fração pequena (mas não insignificante) dessas "Terras" esteja na *zona habitável* (a faixa de órbitas que permitam água líquida na superfície de um planeta) em torno de suas estrelas-hospedeiras, a probabilidade de vida em geral e de vida inteligente em particular desenvolvendo-se na superfície desses planetas não é zero. Se descobríssemos outra forma de vida inteligente com a qual pudéssemos nos comunicar, poderíamos obter informações de valor inestimável sobre os formalismos desenvolvidos por essa civilização para explicar o cosmo. Não apenas faríamos um progresso inimaginável no conhecimento da origem e evolução da vida, mas poderíamos até comparar nossa lógica com o sistema lógico de criaturas potencialmente mais avançadas.

Num tom bem mais especulativo, alguns cenários em cosmologia (por exemplo, um conhecido como *inflação eterna*) predizem a possível existência de múltiplos universos. Alguns desses universos podem não apenas ser caracterizados por diferentes valores das *constantes da natureza* (por exemplo, as intensidades das diferentes forças; as razões de massa das partículas subatômicas), mas até por leis da natureza inteiramente diferentes. O astrofísico Max Tegmark argumenta que deveria até existir um universo correspondente a (ou que *seja*, na linguagem dele) cada estrutura matemática possível. Se fosse verdadeira, poderia ser uma versão extrema da perspectiva "universo *é* matemática": não existe um único mundo apenas que pode ser identificado com a matemática, mas todo um conjunto deles. Infelizmente, não apenas essa especulação é radical e atualmente intestável, mas parece (pelo menos na sua forma mais simples) contradizer o que se tornou conhecido como o *princípio da mediocridade*. Como descrito no capítulo 5, se escolhermos uma pessoa aleatoriamente na rua, teremos uma chance de 95% de a altura dela estar na faixa de dois desvios padrões em relação à altura média. Um argumento similar deveria se aplicar às propriedades dos universos. Mas o número de estruturas matemáticas possíveis aumenta dramaticamente com a complexidade crescente. Isso significa que a estrutura mais "medíocre" (próxima da média) deveria ser incrivelmente complexa. Isso parece estar em desacordo com a relativa simplicidade da nossa matemática e nossas teorias do universo, violando, portanto, a expectativa natural de que nosso universo deveria ser típico.

O enigma de Wigner

"É a matemática criada ou descoberta?" é a pergunta errada a fazer porque implica que a resposta tem de ser uma ou outra e que as possibilidades são mutuamente excludentes. Em vez disso, sugiro que a matemática é parcialmente criada e parcialmente descoberta. Os seres humanos geralmente inventam conceitos matemáticos e descobrem as relações entre esses conceitos. Algumas descobertas empíricas certamente precederam a formulação dos conceitos, mas os próprios conceitos indubitavelmente forneceram um incentivo para que mais teoremas fossem descobertos. Devo também observar que alguns filósofos da matemática, como o americano Hilary Putnam, adotam uma posição intermediária conhecida como *realismo* — acreditam na objetividade do discurso matemático (isto é, sentenças são verdadeiras ou falsas e o que as torna verdadeiras ou falsas é externo aos seres humanos) sem se comprometer, como os platônicos, com a existência de "objetos matemáticos". Iria qualquer um desses insights também levar a uma explicação satisfatória para o enigma da "inexplicável efetividade" de Wigner?

Quero antes revisar rapidamente algumas das soluções potenciais propostas por pensadores contemporâneos. O ganhador do Prêmio Nobel de física David Gross escreve:

> Um ponto de vista que, na minha experiência, não é raro entre matemáticos criativos — a saber, que as estruturas matemáticas a que eles chegam não são criações artificiais da mente humana, mas, pelo contrário, há uma naturalidade neles como se fossem tão reais quanto as estruturas criadas por físicos para descrever o assim chamado mundo real. Matemáticos, em outras palavras, não estão inventando matemática nova, estão descobrindo-a. Se esse for o caso, então talvez alguns dos mistérios que estivemos explorando [a "inexplicável efetividade"] se tornarão ligeiramente menos misteriosos. Se a matemática tiver a ver com estruturas que são uma parte real do mundo natural, tão real quanto os conceitos da física teórica, então não é tão surpreendente que seja uma ferramenta efetiva na análise do mundo real.

Em outras palavras, Gross se baseia aqui numa versão da perspectiva "matemática como uma descoberta" que está em algum lugar entre o mundo platônico e o mundo "universo *é* matemática", mas mais próxima de um ponto de vista platônico. Como vimos, entretanto, é difícil apoiar filosoficamente a alegação da "matemática como uma descoberta". Além do mais, o platonismo não pode verdadeiramente solucionar o problema da precisão fenomenal que descrevi no capítulo 8, um ponto reconhecido por Gross.

Sir Michael Atiyah, cujos pontos de vista sobre a natureza da matemática adotei em grande parte, argumenta da seguinte maneira:

> Se o cérebro é examinado em seu contexto evolutivo, então o misterioso sucesso da matemática nas ciências físicas é no mínimo parcialmente explicado. O cérebro evoluiu para lidar com o mundo físico e, portanto, não deveria ser tão surpreendente que tenha desenvolvido uma linguagem, a matemática, que é bem adequada para a finalidade.

Essa linha de raciocínio é bem similar às soluções propostas pelos cientistas cognitivos. Atiyah também reconhece, entretanto, que a explicação dificilmente aborda as partes mais espinhosas do problema — como a matemática explica os aspectos mais esotéricos do mundo físico. Em particular, a explicação deixa inteiramente em aberto a questão daquilo que chamei de efetividade "passiva" (conceitos matemáticos encontrando aplicações muito tempo depois de sua invenção). Atiyah observa: "O cético pode salientar que a luta pela sobrevivência exige apenas que enfrentemos os fenômenos físicos na escala humana e, contudo, a teoria matemática parece lidar muito bem com todas as escalas, do atômico ao galáctico." Para isso, sua única sugestão é: "Talvez a explicação esteja na natureza hierárquica abstrata da matemática, que permite que nos movamos para cima e para baixo na escala do mundo com relativa facilidade."

O matemático e cientista da computação americano Richard Hamming (1915-98) ofereceu uma discussão bem extensa e interessante do enigma de Wigner em 1980. Primeiro, sobre a questão da natureza da matemática, ele concluiu que a "matemática foi feita pelo homem e, portanto, está propensa a ser alterada continuamente por ele". Então, ele propôs quatro explicações potenciais para a inexplicável efetividade: (1) efeitos de seleção; (2) evolução das ferramentas matemáticas; (3) o limitado poder explanatório da matemática; e (4) evolução dos seres humanos.

Lembremos que efeitos de seleção são distorções introduzidas nos resultados de experimentos seja pelo aparelho em uso ou pelo modo como os dados são coletados. Por exemplo, se num teste da eficiência de um programa dietético o pesquisador rejeitasse todos os que desistem do ensaio clínico, isso enviesaria o resultado, já que quem tem a maior probabilidade de desistir é aquele para o qual o programa não está funcionando. Em outras palavras, Hamming sugere que, pelo menos em alguns casos, "o fenômeno original origina-se das ferramentas matemáticas que usamos, não do mundo real (...) muito do que vemos origina-se dos óculos que usamos". Como exemplo, ele aponta corretamente que pode ser mostrado que qualquer força que emane simetricamente de um ponto (e que conserve energia) no espaço tridimensional deveria se comportar de acordo com uma lei do inverso quadrado e, portanto, que a aplicabilidade da lei de gravidade de Newton não deveria ser espantosa. O argumento de Hamming é bem aceito, mas os efeitos de seleção dificilmente podem explicar a fantástica precisão de algumas teorias.

A segunda solução potencial de Hamming fundamenta-se no fato de que os seres humanos selecionam e melhoram continuamente a matemática, para se ajustar a uma dada situação. Em outras palavras, Hamming propõe que estejamos testemunhando o que poderíamos chamar uma "evolução e seleção natural" das ideias matemáticas — os seres humanos inventam um grande número de conceitos matemáticos e somente aqueles que se ajustam são escolhidos. Durante anos, eu também costumava acreditar que essa explicação era completa. Uma interpretação similar foi proposta pelo ganhador do Prêmio Nobel de física Steven Weinberg no seu livro *Sonhos de uma teoria final*. Pode ser esta *a* explicação para o enigma de Wigner? Não há nenhuma dúvida de que seleção e evolução de fato ocorram. Depois de esquadrinhar uma variedade de formalismos e ferramentas matemáticos, os cientistas retêm aqueles que funcionam e não hesitam em melhorar ou alterá-los à medida que melhores se tornam disponíveis. Mas mesmo se aceitarmos essa ideia, por que existem teorias matemáticas que podem explicar o universo?

O terceiro ponto de Hamming é que nossa impressão da efetividade da matemática pode, de fato, ser uma ilusão, já que existe muito no mundo que nos cerca que a matemática realmente não explica. Em apoio a essa perspectiva, eu poderia mencionar, por exemplo, que o matemático Israïl Moseevich Gelfand teria certa vez dito: "Existe uma única coisa que é mais inexplicável que a inexplicável efetividade da matemática em física e é a inexplicável *inefetividade* [ênfase acrescentada] da matemática em biologia." Não acho que isso por si só possa ser uma explicação convincente para o problema de Wigner. É verdade que, ao contrário do que acontece em *O guia do mochileiro das galáxias*, não podemos dizer que a resposta para a vida, o universo e tudo o mais seja 42. Mesmo assim, merece uma explicação o número suficientemente grande de fenômenos que a matemática *de fato* elucida. Além do mais, a variedade de fatos e processos que podem ser interpretados pela matemática se alarga continuamente.

A quarta explicação de Hamming é bem semelhante àquela sugerida por Atiyah — que a "evolução darwiniana naturalmente selecionaria para sobrevivência aquelas formas de vida competidoras que tiveram os melhores modelos de realidade em suas mentes — 'melhores' significando melhores para sobrevivência e propagação".

O cientista da computação Jef Raskin (1943-2005), que iniciou o projeto Macintosh para a Apple Computer, também defende pontos de vista relacionados, com ênfase particular sobre o papel da lógica. Raskin concluiu que

> a lógica humana nos foi forçada pelo mundo físico e é, portanto, concordante com ele. Matemática deriva da lógica. É por isso que a matemática é concordante com o mundo físico. Não há nenhum mistério aqui — embora não devamos perder nosso senso de admiração e espanto com a natureza das coisas mesmo quando chegamos a entendê-las melhor.

Hamming estava menos convencido, mesmo pela força de seu próprio argumento. Ele enfatizou que

> se escolhermos 4.000 anos para a idade da ciência, de um modo geral, então obteremos um limite superior de 200 gerações. Considerando os efeitos da evolução que estamos procurando via seleção de pequenas variações casuais, não me parece que a evolução possa explicar mais que uma pequena parte da inexplicável efetividade da matemática.

Raskin insistiu que "o trabalho de base preliminar da matemática foi estabelecido muito antes em nossos ancestrais, provavelmente por milhões de gerações". Devo dizer, entretanto, que não acho o argumento particularmente convincente. Mesmo que lógica tivesse sido profundamente incrustada nos cérebros de nossos ancestrais, é difícil enxergar como essa habilidade poderia ter levado às teorias matemáticas abstratas do mundo subatômico, como a mecânica quântica, que exigem uma estupenda precisão.

É digno de nota que Hamming concluiu o artigo com a confissão que "todas as explicações que dei, quando somadas, simplesmente não bastam para explicar o que me dispus a explicar" (a saber, a inexplicável efetividade da matemática).

Portanto, deveríamos encerrar admitindo que a efetividade da matemática continua tão misteriosa quanto era quando começamos?

Antes de desistir, vamos tentar destilar a essência do enigma de Wigner, examinando para tal o que é conhecido como o *método científico*. Cientistas inicialmente aprendem fatos sobre a natureza por meio de uma série de experimentos e observações. Aqueles fatos são inicialmente utilizados para desenvolver alguma espécie de modelos qualitativos dos fenômenos (por exemplo, a Terra atrai maçãs; partículas subatômicas em colisão podem produzir outras partículas; o universo está se expandindo; e assim por diante). Em muitos ramos da ciência, mesmo as teorias emergentes podem permanecer não matemáticas. Um dos melhores exemplos de uma teoria poderosamente explicativa desse tipo é a teoria da evolução de Darwin. Mesmo que a seleção natural não se baseie em um formalismo matemático, seu sucesso em esclarecer a origem das espécies tem sido incrível. Na física fundamental, por outro lado, geralmente o passo seguinte envolve tentativas de construir teorias matemáticas quantitativas (por exemplo, relatividade geral; eletrodinâmica quântica; teoria das cordas; e assim por diante). Finalmente, os pesquisadores empregam aqueles modelos matemáticos para predizer novos fenômenos, novas partículas e resultados de observações e experimentos nunca antes realizados. O que deixou Wigner e Einstein perplexos foi o inacreditável sucesso dos últimos dois processos. Como é possível que repetidamente os físicos sejam capazes de encontrar ferramentas matemáticas que não apenas explicam os resultados experimentais e observacionais existentes, mas que também levam a discernimentos inteiramente novos e novas previsões?

Tento responder esta versão da pergunta tomando emprestado um belo exemplo do matemático Reuben Hersh. Hersh propôs que no espírito da análise de muitos desses problemas em matemática (e, de fato, na física teórica), deve-se examinar o mais simples caso possível. Consideremos o experimento aparentemente trivial de colocar seixos num vaso opaco. Suponhamos que colocamos inicialmente quatro seixos brancos e, depois, sete seixos pretos. Em algum ponto de sua história, as pessoas aprenderam que, para alguns fins, elas poderiam representar uma coleção de seixos de qualquer cor por meio de um conceito abstrato que tinham inventado — um número natural. Isto é, a coleção de seixos brancos poderia ser associada com o número 4 (ou IIII ou IV ou qualquer que seja o símbolo que fosse usado na época) e os seixos pretos com o número 7. Via experimentação do tipo que descrevi acima, as pessoas também descobriram que outro conceito inventado — a adição aritmética — representa corretamente o ato físico da agregação. Em outras palavras, o resultado do processo abstrato denotado simbolicamente por 4 + 7 pode predizer inequivocamente o número final de seixos no vaso. O que tudo isso significa? Significa que as pessoas desenvolveram uma incrível ferramenta matemática — uma que era capaz de predizer com segurança o resultado de *qualquer* experimento desse tipo! Tal ferramenta é, na realidade, bem menos trivial do que poderia parecer, porque a mesma ferramenta, por exemplo, não funciona para gotas de água. Se colocarmos quatro gotas separadas de água no vaso, seguidas de sete outras gotas, não obteremos 11 gotas de água separadas no vaso. De fato, para fazer qualquer espécie de previsão para experimentos semelhantes com líquidos (ou gases), os seres humanos tiveram de inventar conceitos inteiramente diferentes (como peso) e perceber que precisam pesar individualmente cada gota ou volume de gás.

A lição aqui é evidente. As ferramentas matemáticas não foram escolhidas arbitrariamente, mas mais precisamente com base na capacidade de predizer corretamente os resultados dos experimentos ou observações relevantes. Portanto, pelo menos para esse caso bem simples, sua efetividade foi essencialmente garantida. As pessoas não tiveram que adivinhar de antemão qual seria a matemática correta. A natureza lhes concedeu o luxo da tentativa e erro para determinar o que funcionava.

Elas também não tiveram de ficar presas às mesmas ferramentas para todas as circunstâncias. Algumas vezes, o formalismo matemático adequado para um dado problema não existia e alguém teve de inventá-lo (como no caso de Newton inventando o cálculo ou os matemáticos modernos inventando várias ideias topológicas/geométricas no contexto dos atuais esforços na teoria das cordas). Em outros casos, o formalismo já existia, mas alguém teve de descobrir que ele era uma solução à espera do problema certo (como no caso de Einstein usando a geometria riemanniana ou os físicos de partículas empregando a teoria de grupos). A questão é que através de uma curiosidade ardente, persistência teimosa, imaginação criativa e determinação feroz, os seres humanos foram capazes de encontrar os formalismos matemáticos relevantes para criar modelos de um grande número de fenômenos físicos.

Uma característica da matemática que foi terminantemente crucial para o que apelidei de a efetividade "passiva" foi sua validade essencialmente eterna. A geometria euclidiana continua tão correta hoje como o era em 300 a.C. Entendemos agora que seus axiomas não são inevitáveis e, mais que representar verdades absolutas sobre o espaço, representam verdades dentro de um universo particular percebido pelas pessoas e o formalismo associado inventado pelas pessoas. Apesar disso, uma vez que compreendemos o contexto mais limitado, todos os teoremas se mantêm verdadeiros. Em outras palavras, ramos da matemática são incorporados em ramos maiores e mais abrangentes (por exemplo, a geometria euclidiana é apenas uma possível versão da geometria), mas a correção dentro de cada ramo persiste. É essa longevidade indefinida que permitiu que cientistas de qualquer dada época procurassem ferramentas matemáticas adequadas no arsenal inteiro dos formalismos desenvolvidos.

O exemplo simples dos seixos no vaso ainda não aborda dois elementos do enigma de Wigner. Primeiro, existe a questão de por que em alguns casos parece que obtemos da teoria mais precisão do que colocamos nela? No experimento com os seixos, a precisão dos resultados "previstos" (a agregação de outros números de seixos) não é nem um pouco melhor que a precisão dos experimentos que tinham levado à formulação da "teoria" (adição aritmética) em primeiro lugar. Por outro lado, na teoria da gravidade de Newton, por exemplo, foi demonstrado que a precisão de suas previsões era muitíssimo maior que os resultados observacionais que motivaram a teoria. Por quê? Um breve reexame da história da teoria de Newton pode fornecer algum insight.

O modelo geocêntrico de Ptolomeu reinou supremo por aproximadamente 15 séculos. Embora o modelo não reivindicasse qualquer universalidade — o movimento de cada planeta era tratado individualmente — e não havia nenhuma menção das causas físicas (por exemplo, forças; aceleração), a concordância com as observações foi razoável. Nicolau Copérnico (1473-1543) publicou seu modelo heliocêntrico em 1543 e Galileu o colocou em terreno sólido, por assim dizer. Galileu também estabeleceu os fundamentos das leis de movimento. Mas foi Kepler quem deduziu das observações as primeiras leis matemáticas (se bem que apenas fenomenológicas) do movimento planetário. Kepler usou um grande volume de dados deixados pelo astrônomo Tycho Brahe para determinar a órbita de Marte. Ele se referiu às centenas de folhas de cálculos que se seguiram como "minha guerra com Marte". Exceto por duas discrepâncias, uma órbita circular coincidia com todas as observações. Ainda assim, Kepler não ficou satisfeito com a solução e, mais tarde, descreveu seu processo de pensamento: "Se eu tivesse acreditado que poderíamos ignorar esses oito minutos [de arco; cerca de um quarto do diâmetro de uma lua cheia], eu teria consertado minha hipótese (...) de acordo. Ora, já que não foi permissível desconsiderar, aqueles oito minutos, sozinhos, apontaram o caminho para uma completa reforma na astronomia." As consequências dessa meticulosidade foram dramáticas. Kepler inferiu que as órbitas dos planetas não são circulares, mas elípticas, e formulou duas leis quantitativas adicionais que se aplicavam a *todos* os planetas. Quando foram acopladas com as leis de movimento de Newton, elas serviram como a base para a lei da gravitação universal de Newton. Lembremos, entretanto, que, no meio do caminho, Descartes propôs sua teoria dos vórtices, na qual os planetas eram carregados ao redor do Sol por vórtices de partículas em movimento circular. Essa teoria não poderia ir muito longe, mesmo antes que Newton tivesse mostrado que era incoerente, porque Descartes nunca desenvolveu um tratamento matemático sistemático dos seus vórtices.

O que aprendemos dessa história concisa? Não pode haver nenhuma dúvida de que a lei de gravitação de Newton foi a obra de um gênio. Mas esse gênio não estava operando em um vácuo. Alguns dos fundamentos foram meticulosamente formulados por cientistas anteriores. Como mencionado no capítulo 4, mesmo matemáticos bem menos importantes que Newton, como o arquiteto Christopher Wren e o físico Robert Hooke, sugeriram independentemente a lei de atração do inverso do quadrado. A grandeza de Newton se revelou na sua singular habilidade de juntar tudo na forma de uma teoria unificadora e na sua insistência em fornecer uma demonstração matemática das consequências de sua teoria. Por que esse formalismo foi tão preciso? Em parte porque tratou o problema mais fundamental — as forças entre dois corpos em gravitação e o movimento resultante. Não houve envolvimento de nenhum outro fator de complicação. Foi para esse problema e apenas esse que Newton obteve uma solução completa. Portanto, a teoria fundamental foi extremamente precisa, mas suas implicações tiveram de passar por um contínuo refinamento. O Sistema Solar é composto de mais de dois corpos. Quando são incluídos os efeitos dos outros planetas (ainda de acordo com a lei do inverso do quadrado), as órbitas não são mais elipses simples. Por exemplo, constata-se que a órbita da Terra altera lentamente sua orientação no espaço, em um movimento conhecido como *precessão*, similar àquele exibido pelo eixo de um pião girando. De fato, estudos modernos mostraram que, contrariamente às expectativas de Laplace, as órbitas dos planetas podem eventualmente até se tornar caóticas. A própria teoria fundamental de Newton, é claro, foi depois englobada pela relatividade geral de Einstein. E a emergência daquela teoria também se seguiu a uma série de falsos inícios e quase *falhas*. Portanto, a precisão de uma teoria não pode ser antecipada. A aferição da qualidade do pudim está na degustação — modificações e emendas continuam a ser feitas até que seja obtida a desejada precisão. Aqueles poucos casos em que uma precisão superior é obtida em um único passo parecem milagrosos.

Existe, sem dúvida, um fato crucial no segundo plano que faz valer a pena procurar por leis fundamentais. É o fato de a natureza ter sido generosa conosco por ser governada por leis *universais*, não por meros estatutos provincianos. Um átomo de hidrogênio na Terra, na outra ponta da Via Láctea ou mesmo em uma galáxia situada a uma distância de 10 bilhões de anos-luz, comporta-se exatamente da mesma maneira. E isso é verdadeiro em qualquer direção que olhamos e em qualquer momento. Matemáticos e físicos inventaram um termo matemático para se referir a tais propriedades; são chamadas *simetrias* e refletem imunidade a mudanças em local, orientação ou o momento em que acionamos o relógio. Não fosse por essas (e outras) simetrias, qualquer esperança de algum dia decifrar o grande desenho da natureza teria sido perdida, já que os experimentos precisariam ser continuamente repetidos em cada ponto do espaço (se vida pudesse realmente emergir em tal universo). Outro aspecto do cosmos que se move furtivamente no segundo plano das teorias matemáticas tornou-se conhecido como *localidade*. Essa reflete nossa capacidade de construir o "grande quadro", como um quebra-cabeça, começando com a descrição das interações mais básicas entre as partículas elementares.

Chegamos agora ao último elemento do enigma de Wigner: o que é que garante que uma teoria matemática deva existir? Em outras palavras, por que existe, por exemplo, uma teoria da relatividade geral? Não poderia ser o caso de não existir *nenhuma* teoria matemática da gravidade?

Na verdade, a resposta é mais simples do que se poderia imaginar. De fato, não existem garantias! Existe uma infinidade de fenômenos para os quais não é possível nenhuma predição precisa, mesmo em princípio. Tal categoria inclui, por exemplo, uma variedade de sistemas dinâmicos que desenvolvem *caos*, onde a mais diminuta alteração nas condições iniciais pode produzir resultados finais inteiramente diferentes. Fenômenos que podem exibir tal comportamento incluem o mercado de ações, o padrão climático sobre as Montanhas Rochosas, uma bola saltitante numa roleta, a fumaça de um cigarro e, de fato, as órbitas dos planetas do Sistema Solar. Isso não quer dizer que os matemáticos não desenvolveram formalismos engenhosos capazes de abordar alguns aspectos importantes desses problemas, mas não existe nenhuma teoria preditiva determinística. Os campos inteiros da probabilidade e estatística foram criados exatamente para lidar com aquelas áreas nas quais não se tem uma teoria que produza muito mais que o que foi investido. Similarmente, um conceito apelidado *complexidade computacional* delineia limites de nossa capacidade de resolver problemas por algoritmos práticos, e os teoremas de incompletude de Gödel marcam certas limitações da matemática mesmo dentro de si mesma. Portanto, a matemática é, de fato, extraordinariamente efetiva para algumas descrições, particularmente aquelas que lidam com ciência fundamental, mas não é capaz de descrever nosso universo em todas as suas dimensões. Até certo ponto, os cientistas selecionaram em quais problemas trabalhar escolhendo aqueles suscetíveis a um tratamento matemático.

Teremos então resolvido o mistério da efetividade da matemática de uma vez por todas? Sem dúvida nenhuma, dei o máximo de mim, mas duvido muito que todos seriam inteiramente convencidos pelos argumentos que articulei neste livro. Posso, entretanto, citar Bertrand Russell em *Os problemas da Filosofia*:

> Portanto, para resumir nossa discussão do valor da filosofia; a Filosofia deve ser estudada, não em prol de quaisquer respostas definitivas às suas perguntas, já que nenhuma resposta definitiva pode, como regra, ser sabidamente verdadeira, mas sim em prol das próprias perguntas; porque essas perguntas alargam nossa concepção do que é possível, enriquecem nossa imaginação intelectual e diminuem a certeza dogmática que fecha a mente para a especulação; mas, acima de tudo, porque através da grandeza do universo que a filosofia contempla, a mente também se engrandece e se torna capaz daquela união com o universo que constitui seu maior bem.

NOTAS

Capítulo 1. Um mistério

PÁGINA

13 *Como disse certa vez o físico britânico James Jeans*: Jeans 1930.
14 *Einstein certa vez se perguntou*: Einstein 1934.
14 *ele destacou geometria como o paradigma*: Hobbes 1651.
14 *Penrose identifica três diferentes*: Penrose discute elegantemente esses "três mundos" em *Emperor's New Mind* e *Road to Reality*.
15 *O ganhador do Prêmio Nobel de física Eugene Wigner*: Wigner 1960. Retornaremos a esse artigo muitas vezes neste livro.
17 *que declarou enfaticamente*: Hardy 1940.
17 *Um de seus trabalhos reencarnou*: Para uma discussão da lei de Hardy-Weinberg no contexto, consulte, por exemplo, Hedrick 2004.
17 *o matemático britânico Clifford Cocks*: Em 1973, Cocks inventou o que se tornou conhecido como o algoritmo de encriptação RSA, mas à época era secreto. O algoritmo foi inventado independentemente alguns anos depois por R. Rivest, A. Shamir e L. Adleman, no Instituto Tecnológico de Massachusetts (MIT). Veja Rivest, Shamir e Adleman 1978.
18 *para descrever todas as simetrias do mundo*: Uma descrição para o público em geral de simetria, teoria de grupos e sua história entrelaçada é fornecida em *A equação que ninguém conseguia resolver* (Livio 2005), Stewart 2007, Ronan 2006 e Du Sautoy 2008.
19 *Ele percebeu que uma sequência de números*: Uma maravilhosa descrição para o público em geral da emergência da teoria do caos pode ser encontrada em Gleick 1987.
20 *a fórmula Black-Scholes de precificação de opções*: Black e Scholes 1973.
21 *O problema do caixeiro-viajante foi resolvido*: Uma descrição soberba, embora técnica, do problema e suas soluções pode ser encontrada em Applegate et al. 2007.
22 *expressou suas opiniões com grande clareza*: Changeux e Connes 1995.

23 *Certa vez, ele comentou espirituosamente*: Gardner 2003.
23 *Quando estudava um livro*: Atiyah 1995.
25 *Nas palavras do neurocientista francês*: Changeux e Connes 1995.
25 *A certa altura, ela se queixa*: Uma breve biografia de Marjory Fleming pode ser encontrada, por exemplo, em Wallechinsky e Wallace 1975-81.
26 *como disse certa vez o matemático e escritor Ian Stewart*: Stewart 2004.

Capítulo 2. Mística: o numerologista e o filósofo

PÁGINA

29 *Descartes foi um dos arquitetos mais importantes*: Uma descrição mais detalhada das contribuições de Descartes é apresentada no capítulo 4.
30 *"Não reconheço nenhuma matéria"*: Descartes 1644.
30 *é creditada a ele a introdução das palavras*: Jâmblico c. 300 d.C.(a), (b) discutido em Guthrie 1987.
30 *biografias [...] de Pitágoras do século III*: Laércio c. 250 d.C.; Porfírio c. 270 d.C.; Jâmblico c. 300 d.C.(a) e (b).
31 *acha difícil identificar*: Aristóteles c. 350 a.C.; discutido em Burkert 1972.
31 *O historiador grego Heródoto*: Heródoto 440 a.C.
31 *Empédocles (c. 492-432 a.C.) acrescentou admirado*: Porfírio c. 270 d.C.
32 *Por exemplo, a mônada*: Uma discussão clara da perspectiva pitagórica pode ser encontrada em Strohmeier e Westbrook 1999.
32 *O historiador de filosofia inglês*: Stanley 1687.
32 *O fato de alguém achar números*: Para ver uma compilação fascinante das propriedades dos números, consulte Wells 1986.
33 *Pitágoras pede a alguém que conte*: Citado em Heath 1921.
34 *"Juro por aquele que descobriu"*: Jâmblico c. 300 d.C.(a); discutido em Guthrie 1987.
34 *Quando duas cordas similares*: Strohmeier e Westbrook 1999; Stanley 1687.
36 *A palavra "gnômon" (um "marcador")*: T. L. Heath oferece uma discussão detalhada do termo e o que significou em diferentes épocas (Heath 1921). O matemático Teon de Esmirna (c. 70-135 d.C.) empregou o termo em relação à expressão figurativa de números descrita no texto em *Matemática, útil para entender Platão* (Teon de Esmirna c. 130 d.C.).
39 *"Se dermos ouvido àqueles que desejam"*: O leitor perceberá que, em seu comentário, Próculo não afirma especificamente o que ele próprio acredita com respeito à pergunta de se Pitágoras teria sido o primeiro a formular o teorema. A narrativa sobre o boi aparece nos escritos de Laércio, Porfírio e do historiador Plutarco (c. 46-120 d.C.). Ela se baseia nos versos de Apolodoro. Entretanto, os versos falam apenas de "aquela famosa proposição" sem afirmar qual era essa proposição. Veja Laércio c. 250 d.C., Plutarco c. 75 d.C.

NOTAS

39 *Estas construções eram indubitavelmente conhecidas*: Renon e Felliozat 1947, Van der Waerden 1983.
40 *A filosofia básica expressa pela tabela*: essa cosmologia se baseou na noção de que a realidade emerge do fato de que a Matéria (considerada indefinida) é moldada pela Forma (considerada o limite).
41 *O livro Filosofia para dummies*: Morris 1999.
41 *A história mais antiga que sobrevive*: Joost-Gaugier 2006.
42 *Da perspectiva das questões*: Boas discussões das contribuições pitagóricas e sua influência podem ser encontradas em Huffman 1999, Riedweg 2005, Joost-Gaugier 2006 e Huffman 2006, em Stanford Encyclopedia of Philosophy.
43 *Um dos pitagóricos*: Fritz 1945.
44 *reconhecimento da existência de infinitos "contáveis"*: Não discuto tópicos como números transfinitos e os trabalhos de Cantor e Dedekind no presente livro. Excelentes relatos para leigos podem ser encontrados em Aczel 2000, Barrow 2005, Devlin 2000, Rucker 1995 e Wallace 2003.
44 *o filósofo Jâmblico conta*: Jâmblico c. 300 d.C.(a) e (b).
45 *para os pitagóricos, Deus não era*: Veja uma discussão em Netz 2005.
45 *"a generalização mais segura que se pode fazer"*: Whitehead 1929.
45 *Quem foi esse incansável explorador*: Os títulos de textos sobre Platão e suas ideias podem por si sós, é claro, encher um volume inteiro. Aqui estão apenas uns poucos textos que achei bem úteis. Sobre Platão em geral: Hamilton e Cairns 1961, Havelock 1963, Gosling 1973, Ross 1951, Kraut 1992. Sobre matemática: Heath 1921, Cherniss 1951, Mueller 1991, Fowler 1999, Herz-Fischler 1998.
47 *De acordo com uma oração do imperador Juliano*: A oração foi escrita em 362 d.C., mas não forneceu nenhum detalhe sobre o conteúdo da inscrição. As palavras da inscrição vieram de uma nota marginal em um manuscrito de Élio Aristides. A nota pode ter sido escrita pelo orador do século IV Sópatros e diz (numa tradução da versão em inglês de Andrew Barker): "Estava inscrito na frente da Escola de Platão, 'Que não entre ninguém que não seja um geômetra'. [Isto é] em lugar de 'desleal' ou 'injusto': pois a geometria busca lealdade e justiça." A nota parece implicar que a inscrição de Platão substituiu "pessoa desleal ou injusta" em uma placa que era comum nos lugares sagrados ("Que não entre pessoa desleal ou injusta") pela frase "aquele que não seja geômetra". Essa história foi posteriormente repetida por não menos de cinco filósofos alexandrinos do século VI e acabou entrando no livro *Chiliades*, pelo polímata do século XII João Tzetzes (c. 1110-80). Para uma discussão detalhada, veja Fowler 1999.
47 *Fiquei decepcionado ao descobrir*: Um resumo de muitas tentativas arqueológicas fracassadas pode ser encontrado em Glucker 1978.
48 *O filósofo e historiador do primeiro século*: Discutido em Cherniss 1945, Mekler 1902.

49 *Ao que o filósofo e matemático neoplatônico*: Cherniss 1945, Próculo c. 450.
49 *"Precisamos é que aqueles que governam"*: Platão c. 360 a.C.
50 *"A ciência dos algarismos, até certo ponto"*: Washington 1788.
50 *não é mais real que as sombras projetadas*: Uma discussão interessante da alegoria pode ser encontrada em Stewart 1905.
52 *Os pontos de vista de Platão formaram a base*: Para discussões interessantes do platonismo e seu lugar na filosofia da matemática, veja Tiles 1996, Mueller 1992, White 1992, Russell 1945, Tait 1996. Para excelentes exposições em textos para o público em geral, veja Davis e Hersh 1981, Barrow 1992.
53 *matemática torna-se intimamente associada ao divino*: Para uma discussão desse tópico, veja Mueller 2005.
53 *Ele argumentou que, na verdadeira astronomia*: Os comentários de Platão sobre astronomia e movimento planetário aparecem em *A república* (Platão c. 360 a.C.), em *Timeu* e em *Leis*. G. Vlostos e I. Mueller discutem as implicações da opinião de Platão (Vlostos 1975, Mueller 1992).
55 *para ajudar a divulgar um romance intitulado*: O romance é *Tio Petros e a conjectura de Goldbach*, de A. K. Doxiadis (Doxiadis 2000).
55 *exemplo aparentemente inocente conhecido como a conjectura de Catalan*: Para uma descrição detalhada, veja Ribenboim 1994.
56 *Alguns matemáticos, filósofos, cientistas cognitivos*: Discutirei estas opiniões mais detalhadamente no capítulo 9.
56 *"De acordo com os profetas, o último"*: Bell 1940.

Capítulo 3. Mágicos: o mestre e o herege

PÁGINA

59 *"Algumas coisas existentes são naturais"*: Aristóteles c. 330 a.C.(a) e (b). Veja também Koyré 1978.
60 *Usando um brilhante experimento de pensamento*: Galileu 1589-92.
61 *sistema virtualmente completo de inferência lógica*: Este e outros constructos lógicos serão amplamente discutidos no capítulo 7.
62 *Quando o historiador da matemática*: Bell 1937.
63 *escrita por um tal de Heráclides*: É mencionado nos comentários sobre *Medição de um círculo* do matemático Eutócio (c. 480-540 d.C.); veja Heiberg 1910-15.
64 *mais interessado nas proezas militares*: Plutarco c. 75 d.C.
64 *Arquimedes nasceu em Siracusa*: O ano de nascimento foi determinado com base em *Chiliades*, do autor bizantino do século XII João Tzetzes.
64 *Arquimedes passou algum tempo em Alexandria*: Evidências discutidas em Dijksterhuis 1957.

NOTAS 297

65 *Isto imediatamente desencadeou uma solução*: O arquiteto romano Marcus Vitrúvio Pólio (século I a.C.) nos conta a história no seu tratado *Da Arquitetura*. (Veja Vitrúvio século I a.C.) Diz ele que Arquimedes submergiu na água um pedaço de ouro e um pedaço de prata, ambos com o mesmo peso do diadema. Ele assim constatou que o diadema deslocava mais água que o ouro, mas menos que a prata. É fácil mostrar que a partir dos diferentes volumes de água deslocados pode-se calcular a razão dos pesos do ouro e da prata no diadema. Logo, ao contrário de algumas narrativas para o público em geral, Arquimedes não precisou usar leis da hidrostática para solucionar o problema do diadema.

65 *foi citada por*: Em uma carta de Thomas Jefferson para M. Correa de Serra em 1814, ele escreveu: "A boa opinião da humanidade, como a alavanca de Arquimedes, com o apoio fornecido, move o mundo." Lorde Byron menciona a declaração de Arquimedes em *Don Juan*. JFK usou a frase em um discurso de campanha, citado no *The New York Times*, em 3 de novembro de 1960. Mark Twain a usou em um artigo intitulado "Arquimedes", em 1887.

67 *Arquimedes usou um jogo de espelhos*: Um grupo de estudantes do MIT tentou reproduzir o incêndio de um navio com espelhos em outubro de 2005. Alguns deles também repetiram o experimento para o seriado de tevê *Caçadores de mitos*. Os resultados foram um tanto inconclusivos no sentido de que os estudantes não foram capazes de conseguir uma área de incêndio que se autossustentasse; não produziram uma ignição maior. Um experimento semelhante realizado na Alemanha em setembro de 2002 realmente conseguiu inflamar a vela de um navio utilizando 500 espelhos. Uma discussão sobre os espelhos de incendiar pode ser encontrada em um website de Michael Lahanas.

67 *De acordo com alguns relatos*: Aquelas exatas palavras de Arquimedes são mencionadas em *Chiliades* de Tzetzes; veja Dijksterhuis 1957. Plutarco diz simplesmente que Arquimedes se recusou a acompanhar o soldado até Marcelo enquanto não tivesse resolvido o problema em que estava absorvido (Plutarco *c*. 75 d.C.).

68 *Como disse o matemático e filósofo britânico*: Whitehead 1911.

69 *A obra de Arquimedes cobre uma assombrosa seleção*: Um livro soberbo sobre a obra de Arquimedes é *The Works of Archimedes* (Heath 1897). Outras excelentes exposições podem ser encontradas em Dijksterhuis 1957 e Hawking 2005.

70 *"Existem alguns, rei Gelon"*: Heath 1897.

72 *A história desta descoberta*: para uma descrição maravilhosa da história do Projeto Palimpsesto, veja Netz e Noel 2007.

72 *Em algum momento do século X*: Provavelmente em 975 d.C.

72 *O copista Ioannes Myronas*: Netz e Noel 2007.

74 *Tive a felicidade de conhecer*: Will Noel, que é o diretor do projeto, providenciou um encontro com William Christens-Barry, Roger Easton e Keith Knox. A equipe projetou o sistema de digitalização em banda estreita e inventou o algoritmo

empregado para revelar parte do texto. Técnicas de processamento de imagens também foram desenvolvidas pelos pesquisadores Anna Tonazzini, Luigi Bedini e Emanuele Salerno.

76 *"Eu lhe enviarei as demonstrações"*: Dijksterhuis 1957.
77 *sua presciência do* cálculo integral e diferencial: Para uma bela descrição da história e significado de cálculo, veja Berlinski 1996.
78 *O matemático grego Gêmino*: Heath 1921.
79 *pediu que fosse gravado*: Plutarco *c.* 75 d.C.
79 *Eis a descrição bem comovente de Cícero*: Cícero século I a.C. Para uma análise erudita do texto de Cícero em termos de estrutura, retórica e função simbólica, veja Jaeger 2002.
80 *Galileu Galilei nasceu em Pisa*: Uma biografia moderna digna de crédito é *Galileo at Work*, de S. Drake (Drake 1978). Um relato mais voltado para o público em geral é *Galileo: A Life*, de J. Reston (Reston 1994). Veja também Van Helden e Burr 1995. As obras completas de Galileu estão (em italiano) em Favaro 1890-1909.
80 *"Aqueles que leem suas obras*: Em *A pequena balança*, Galilei 1586.
82 *"a madeira se move mais agilmente"*: Galileu 1589-92 (Galilei 1600a e Galilei 1600b). C. B. Schmitt sugere (Schmitt 1969, segundo D. A. Maklich) que a afirmação de Galileu pode ser resultado da mão que segura uma bola de chumbo estar mais cansada que a mão que segura uma bola de madeira e, consequentemente, que a soltura da bola de madeira é mais imediata. Uma excelente exposição das ideias corretas de Galileu sobre corpos em queda pode ser encontrada em Frova e Marenzana 1998 (tradução de McManus de 2006). Uma discussão soberba da física de Galileu pode ser encontrada em Koyré 1978.
82 *Viviani criou a imagem popular*: Uma discussão minuciosa dos métodos e processo de pensamento de Galileu pode ser encontrada em Shea 1972 e em Machamer 1998.
82 *"ignorava não apenas"*: Galileu 1589-92. Galileu critica profusamente Aristóteles em *De Motu*. Veja Galilei 1600a, b.
82 *Virginia, Livia e Vincenzio*: A história da vida de Virginia, mais tarde conhecida como irmã Maria Celeste, é lindamente contada em *Galileo's Daughter*, de Dava Sobel (Sobel 1999).
84 *"Há cerca de dez meses"*: Galilei 1610a, b. Uma excelente descrição do trabalho que levou ao telescópio pode ser encontrada em Reeves 2008.
85 *Como diz o historiador de ciência Noel Swerdlow*: Swerdlow 1998. Para uma descrição detalhada das descobertas de Galileu com o telescópio, veja Shea 1972, Drake 1990.
85 *Apontando o telescópio para a Lua*: Uma descrição mais para o público em geral e bem cativante das descobertas de Galileu, bem como uma história geral do telescópio, pode ser encontrada em Panek 1998.

NOTAS 299

87 *a importância da descoberta*: O copernicanismo de Galileu é discutido em profundidade por Shea 1998 e Swerdlow 1998.
87 *um jocoso Galileo enviou a Kepler*: A própria carta foi escrita para o embaixador toscano em Praga, mas Galileu incluiu o anagrama para Kepler.
87 *Kepler tentou sem sucesso decifrar*: De fato, ele escreveu a Galileu: "Abjuro que não nos deixe muito tempo em dúvida sobre o significado. Pois você sabe que está lidando com verdadeiros alemães. Pense no sofrimento que você me impinge com o seu silêncio." Citado em Caspar 1993.
89 *Scheiner argumentou que era impossível*: O episódio inteiro é discutido em detalhe em Shea 1972.
91 *O poeta escocês Thomas Seggett*: A epigrama estava em latim. Seggett (1570-1627) tinha sido pupilo de Galileu em Pádua. A epigrama aparece em *Le Opere*, de Favaro. Uma bela discussão da poesia relacionada aos telescópios pode ser encontrada em *Modern Philology*, de Nicolson (Nicolson 1935).
91 *Sir Henry Wotton, um diplomata inglês*: Curzon 2004.
92 *Eis o aristotélico Giorgio Coresio*: Coresio 1612. Também citado em Shea 1972.
92 *o filósofo pisano Vincenzo di Grazia*: Aparece em *Considerazioni*, de di Grazia's (1612), que é reimpresso em *Opere di Galileo*, de Favaro, vol. 4, p. 385.
92 *No rascunho de seu tratado*: Citado em Shea 1972.
93 *A premissa de imutabilidade celestial*: A história toda da controvérsia em torno da natureza das manchas solares é esplendidamente descrita em Van Helden 1996 e em Swerdlow 1998. Veja também Shea 1972.
95 *A história toda de O ensaiador*: Galilei 1623.
95 *foram proferidas pelo discípulo de Galileo*: Antonio Favaro, que editou todas as obras de Galileu, constatou que grandes partes do manuscrito de Guiducci (contendo as palestras) foram escritas na caligrafia de Galileu.
96 *"Admitamos que meu mestre"*: Grassi 1619.
96 *"Acredito que Sarsi esteja firmemente convencido"*: Galilei 1623.
97 *Discursos e demonstrações matemáticas*: Galilei 1638.
99 *o que estava verdadeiramente no cerne*: Excelentes discussões das opiniões de Galileu sobre a relação entre ciência e escritura podem ser encontradas em Feldberg 1995 e em McMullin 1998.
100 *Em uma longa carta a Castelli*: Também publicada em von Gebler 1879.
100 *estava claramente em desacordo com a*: O teólogo Melchor Cano declarou em 1585 que "não apenas as palavras, mas mesmo cada vírgula [na escritura] foi fornecida pelo Espírito Santo". Citado em Vawter 1972.
102 *Novas tentativas de Galileu de se basear*: Uma minuciosa descrição pode ser encontrada em Redondi 1998.
102 *Diálogo sobre dois máximos*: Galilei 1632.
102 *"Nós o condenamos à prisão"*: de Santillana 1955.

103 *"Portanto, desejando remover"*: de Santillana 1955.
104 *"O fato de o papa"*: Beltrán Mari 1994. Veja também a discussão em Frova e Marenzana 1998.

Capítulo 4. Mágicos: o cético e o gigante

PÁGINA

106 *"o maior passo isolado já dado"*: Citado em Sedgwick e Tyler 1917.
106 *René Descartes nasceu em 31 de março de*: Existem inúmeras biografias de Descartes. A clássica é Baillet 1691. Outros livros que achei úteis foram Vrooman 1970 e o relativamente recente Rodis-Lewis 1998. Bell 1937 oferece um resumo breve, mas bom. Bem interessantes também são Finkel 1898, Watson 2002 e Grayling 2005.
107 *Descartes pediu ao primeiro transeunte*: Embora não haja nenhuma dúvida de que Descartes de fato conheceu Beeckman naquele dia, Beeckman nunca menciona em seu diário qualquer problema em uma tabuleta. Beeckman ao invés diz que Descartes "se esforçou ao máximo para demonstrar que, na realidade, o ângulo não existe".
107 *cuja influência sobre as investigações físico-matemáticas de Descartes*: Veja Gaukroger 2002 para uma descrição.
108 *Descartes teve três sonhos*: A maioria dos biógrafos situa essa noite como aquela que ocorreu na cidade de Ulm, no estado de Neuburg. O próprio Descartes contou a história em um caderno de notas que foi visto por seus primeiros biógrafos. Apenas algumas passagens transcritas sobreviveram. Descartes repetiu as impressões desses sonhos em seu *Discurso* (Adam e Tannery 1897-1910). Uma descrição bem completa dos sonhos e possíveis interpretações podem ser encontradas em Grayling 2005 e Cole 1992.
110 *como Descartes escreveu a seu amigo*: Carta a Pierre Chanut, embaixador da França na Suécia, que era além disso filósofo amador. Adam e Tannery 1897-1910.
111 *Descartes foi enterrado na Suécia*: Originalmente, ele foi enterrado no cemitério de Nord-Malmoe. Quando os restos mortais foram transferidos para a França, houve rumores (Adam e Tannery 1897-1910) de que parte deles, o crânio em particular, permanecera na Suécia. Na França, os restos mortais foram inicialmente enterrados na Abadia de Sainte-Geneviève, depois no convento dos Petits-Augustines. Finalmente, os restos mortais foram colocados na Catedral de Saint-Germain-des-Prés, naquela que é hoje a Capela Saint-Benoit. Tive grande dificuldade de encontrá-la porque não pude acreditar que Descartes não estivesse enterrado por inteiro. De fato, na mesma capela estão enterrados os dois beneditinos Mabillon e Montfaucon e há apenas o busto de Mabillon.

NOTAS

112 *O que faz de Descartes um verdadeiro moderno*: Para uma perspectiva, veja Balz 1952.

112 *Descartes reconheceu que os métodos*: A compilação fidedigna e de referência das obras de Descartes é aquela de Adam e Tannery 1897-1910. A maioria das minhas citações vem dessa fonte. Existem muitas traduções para o inglês de várias obras individuais, como a de 1901 de Veitch, *The Philosophy of Descartes*, que contém o *Discurso do método*, as *Meditações* e os *Princípios de filosofia*. Sobre a filosofia da ciência de Descartes, veja também Clarke 1992.

113 *este dilúvio de dúvidas perturbadoras*: Uma excelente introdução à filosofia em geral de Descartes pode ser encontrada em Cottingham 1986. Para uma discussão da dúvida cartesiana e o consequente *Cogito*, veja Wolterstorff 1999, Ricoeur 1996, Sorell 2005, Curley 1993 e Beyssade 1993.

115 *Ele a descreveu em um apêndice de 106 páginas*: Descartes 1637. Uma das traduções inglesas do livro inteiro é a edição de 1965 de P. J. Olscamp (Descartes 1637a). Uma ótima tradução inglesa de *A geometria*, que também traz um fac-símile da primeira edição, é *The Geometry of René Descartes* (traduzido por D. E. Smith e M. L. Latham; Descartes 1637b).

116 *Descartes descobriu uma maneira de representar*: as realizações matemáticas de Descartes são lindamente resumidas em Rouse Ball 1908. Uma bela descrição mais voltada para o público em geral da vida e obra de Descartes pode ser encontrada em Aczel 2005. O nível de abstração exibido na álgebra de Descartes é analisado em Gaukroger 1992.

118 *escrevendo o tratado sobre cosmologia e física*: a convicção de Descartes na existência das "leis da natureza" pode ser tirada de uma carta que ele escreveu a Mersenne em maio de 1632: "Agora estou seguro o bastante para buscar a causa da posição de cada estrela fixa. Pois, embora sua distribuição pareça irregular, em várias partes do universo, não tenho nenhuma dúvida de que exista entre elas uma ordem que é regular e determinada."

119 *Duas de suas leis são bem parecidas com*: Adam e Tannery 1897-1910. Veja também Miller e Miller 1983. Uma boa discussão da física de Descartes pode ser encontrada em Garber 1992. Uma descrição mais geral da filosofia natural de Descartes é encontrada em Keeling 1968.

122 *o túmulo de Newton na Abadia de Westminster*: O monumento foi erigido em 1731, sob a incumbência de William Kent e do escultor flamengo Michael Rysbrack. Além da figura de Newton, cujo cotovelo repousa em alguns de seus trabalhos, a escultura mostra jovens portando emblemas das principais descobertas de Newton. Atrás do sarcófago, existe uma pirâmide e do meio dela se ergue um globo no qual várias constelações estão desenhadas, bem como a trajetória do cometa de 1681.

123 *Na verdade, é possível que Newton tenha escrito aquela frase*: É impossível saber com certeza se a intenção de Newton era ou não a de insultar. R. K. Merton realmente constatou que "sobre ombros de gigantes" não era uma frase muito comum na época de Newton (Merton 1993).

123 *Em sua resposta à carta de Hooke*: É impressionante que a correspondência inteira de Newton tenha sido coligida em Turnbull, Scott, Hall e Tilling 1959-77.

123 *A hostilidade entre os dois cientistas*: A hostilidade é descrita em grande detalhe em algumas excelentes biografias de Newton, entre elas Westfall 1983, Hall 1992 e Gleick 2003.

124 *não pareciam ser nada além de uma coleção*: Num ensaio publicado em 1674, Hooke escreveu sobre a gravidade que seus "poderes de atração são tão mais poderosos em operação, quanto mais próximo o corpo sobre o qual age estiver aos seus próprios centros". Portanto, embora tivesse a intuição correta, fracassou em descrevê-la matematicamente.

125 *"Oferecemos esta obra como os princípios matemáticos"*: Há várias excelentes traduções inglesas dos *Principia* de Newton, entre as quais Motte 1729 e Cohen e Whitman 1999 (veja Newton 1729). A mais acessível com notas úteis é a versão editada de 1995, de Chandrasekhar. O conceito geral de uma lei da gravidade e sua história são exaustivamente discutidos em Girifalco 2008, Greene 2004, Hawking 2007 e Penrose 2004.

125 *até em seu livro de caráter mais experimental sobre a luz*: Newton 1730.

126 *Em suas Memórias da vida de Sir Isaac Newton*: Stukeley 1752. Além das biografias completas, existem livretos que descrevem certos episódios da vida de Newton ou seus familiares. Entre essas, cito De Morgan 1885 e Craig 1946.

127 *Independentemente de o mítico evento*: Em sua biografia de Newton, David Brewster escreveu em 1831: "A célebre macieira, da qual dizem ter caído uma das maçãs que chamou a atenção de Newton ao tema da gravidade, foi destruída pelo vento cerca de quatro anos atrás; mas o Sr. Turnor [proprietário da casa de Newton em Woolsthorpe] a preservou na forma de uma cadeira." Brewster 1831.

127 *Tudo pode ter começado na juventude de Newton:* Uma boa descrição dos estudos de matemática de Newton é fornecida em Hall 1992.

128 *"E no mesmo ano [1666], comecei"*: O memorando encontra-se na Portsmouth Collection. Existem outros documentos que sugerem que Newton de fato pensou na lei do inverso do quadrado da gravidade durante os anos da praga. Veja Whiston 1753, por exemplo.

129 *Por motivos que ainda não foram inteiramente elucidados*: Para uma discussão geral das razões para o adiamento do anúncio de Newton da lei da gravitação, veja Cajori 1928 e Cohen 1982. Na próxima seção, faço um resumo do que considero as duas sugestões mais convincentes sobre quais poderiam ter sido os motivos.

130 *"Em 1684, Dr. Halley foi"*: De Moivre estava recordando aqui o que Newton tinha descrito a ele.
132 *Alguns até especulam que ele*: Isso é sugerido por Cohen 1982, para citar apenas uma das fontes.
133 *Em seu discurso na comemoração*: Glaisher 1888.
136 *Para Newton, a própria existência do mundo*: Nos *Principia*, ele diz sobre Deus: "Ele é onipresente não apenas *virtualmente*, mas também *substancialmente* (...) Ele é todo olhos, todo ouvidos, todo cérebros, todo braços, todo forças de percepção, de compreensão e de atuação." Num manuscrito do início dos anos 1700, vendido na Sotheby's em 1936 e exposto em Jerusalém em 2007, Newton usou o livro bíblico de Daniel para calcular a data do apocalipse. Se você ficou apreensivo, ele chegou à conclusão de que não via nenhum motivo para que "ele [o mundo] terminasse antes" de 2060.
137 *A validade dos argumentos cosmológicos, teleológicos*: Para discussões recentes excelentes da história desses argumentos e uma avaliação da validade lógica, veja Dennett 2006, Dawkins 2006 e Paulos 2008.
138 *Este tipo de manobra lógica*: Veja Dennett 2006, Dawkins 2006, Paulos 2008.

Capítulo 5. Estatísticos e probabilistas: a ciência da incerteza

PÁGINA

141 *O ramo da matemática chamado cálculo*: Descrições extremamente acessíveis de cálculo e suas aplicações podem ser encontradas em Berlinski 1996, Kline 1967 e Bell 1951. Um tanto mais técnico, mas verdadeiramente excepcional é Kline 1972.
142 *eram membros da lendária família Bernoulli*: Para algumas das realizações dessa notável família, veja Maor 1994, Dunham 1994. *Veja também* a "Edição Bernoulli" (em alemão) na página da web da Universidade de Basel (http://www.ub.unibas.ch/spez/bernoulli.htm). Informações sobre o projeto em inglês podem ser encontradas em http://www.springer.com/cda/content/document/cda_downloaddocument/bernoulli2005web.Pdf?SGWID=0-0-45-169442-0.
142 *conhecidos pelas amargas hostilidades intrafamiliares*: Descrito em Hellman 2006.
143 *tornou-se conhecido como o problema da* catenária: Uma excelente descrição do problema e, em particular, da solução de Huygens, pode ser encontrada em Bukowski 2008. As soluções de Bernoulli, Leibniz e Huygens aparecem em Truesdell 1960.
143 *"Você diz que meu irmão propôs"*: Citado em Truesdell 1960.
146 *em seu Ensaio filosófico sobre probabilidades*: Laplace 1814 (*Philosophical Essay on Probabilities*, tradução inglesa de Truscot e Emory em 1902).
149 *John Graunt (1620-74) foi treinado*: Excelentes descrições da vida e obra de Graunt podem ser encontradas em Hald 1990, Cohen 2006 e Graunt 1662.

152 *O artigo de Halley, que tinha o título bem longo*: O artigo foi reimpresso em Newman 1956.
154 *Foi assim que Jakob Bernoulli descreveu*: Citado em Newman 1956. Seu trabalho está resumido em Todhunter 1865.
156 *Adolphe Quetelet nasceu em*: Dois livros excelentes sobre Quetelet e sua obra são Hankins 1908 e Lottin 1912. Textos mais curtos, mas também informativos, podem ser encontrados em Stigler 1997, Krüger 1987 e Cohen 2006.
157 *"Acaso, aquela misteriosa palavra usada abusivamente"*: Quetelet 1828.
158-159 *era, de fato, um tipo que a natureza*: Quetelet escreveu em sua monografia sobre a propensão ao crime: "Se fosse determinado o homem mediano de uma nação, ele representaria o tipo daquela nação; se pudesse ser determinado a partir do conjunto de homens, representaria o tipo da raça humana inteira".
160 *A pessoa que introduziu pela primeira vez*: Para uma exposição do trabalho de Galton e Pearson para o público em geral, veja Kaplan e Kaplan 2006.
163 *O estudo sério da probabilidade*: Narrativas divertidas para o público em geral publicadas recentemente sobre probabilidade, sua história e seus usos incluem Aczel 2004, Kaplan e Kaplan 2006, Connor 2006, Burger e Starbird 2005 e Tabak 2004.
163 *em uma carta datada de 29 de julho de 1654*: Todhunter 1865, Hald 1990.
164 *A essência da teoria da probabilidade*: Uma descrição excelente e sucinta para o público em geral de alguns dos princípios essenciais da teoria da probabilidade pode ser encontrada em Kline 1967.
164 *A teoria da probabilidade nos fornece informações precisas*: A relevância da teoria da probabilidade para muitas situações da vida real é descrita com elegância em Rosenthal 2006.
165 *A pessoa que introduziu probabilidade*: Para uma biografia excelente, veja Orel 1996.
168 *Mendel ter publicado seu artigo*: Mendel 1865. Uma tradução inglesa pode ser encontrada na página da web criada por R. B. Blumberg em http://www.mendelweb.org.
168 *Embora algumas questões relacionadas à precisão*: Veja Fisher 1936, por exemplo.
168 *o influente estatístico britânico*: Para uma breve descrição de parte de seu trabalho, veja Tabak 2004. Fisher escreveu um artigo não técnico extremamente original sobre o projeto dos experimentos intitulado "Matemática de uma dama provando chá" (veja Fisher 1956).
171 *em seu livro Ars Conjectandi*: Para uma soberba tradução inglesa, veja Bernoulli 1713b.
172 *Ele então prossegue e explica*: Reimpresso em Newman 1956.
173 *Shaw certa vez escreveu um artigo iluminado*: O artigo "O vício do jogo e a virtude do seguro" é publicado em Newman 1956.
175 *Em um panfleto intitulado O analista*: O panfleto foi escrito por George Berkeley em 1734. Uma versão editada por David Wilkins é mantida na Web; veja Berkeley 1734.

NOTAS 305

Capítulo 6. Geômetras: o choque do futuro

PÁGINA

177 *No seu famoso livro O choque do futuro*: Toffler 1970.

178 *Hume identificou "verdades"*: Hume 1748.

179 *Kant perguntou não o que podemos saber*: De acordo com Kant, uma das tarefas fundamentais da filosofia é dar conta da possibilidade de conhecimento sintético *a priori* dos conceitos matemáticos. Entre muitas referências, indico Höffe 1994 e Kuehn 2001 para os conceitos gerais. Uma boa discussão da aplicação à matemática pode ser encontrada em Trudeau 1987.

179 *"Espaço não é um conceito empírico"*: Kant 1781.

180 *Os primeiros quatro axiomas euclidianos*: Para uma introdução relativamente suave às geometrias euclidiana e não euclidiana, veja Greenberg 1974.

180 *as demonstrações das primeiras 28*: Teoremas demonstrados sem o quinto postulado são discutidos em Trudeau 1987.

181 *Alguns desses empreendimentos começaram*: Uma excelente descrição de todas as tentativas que finalmente levaram ao desenvolvimento da geometria não euclidiana pode ser encontrada em Bonola 1955.

183 *O primeiro a publicar um tratado inteiro*: A tradução inglesa de George Bruce Halsted, de 1891, de "Pesquisas geométricas sobre a teoria dos paralelos" de Lobachevsky está incluída em Bonola 1955.

183 *um jovem matemático húngaro, János Bolyai*: Para uma biografia e uma descrição de seu trabalho, veja Gray 2004. O motivo de eu não ter incluído uma fotografia de János Bolyai é que a fotografia habitualmente usada é de autenticidade duvidosa. Aparentemente, o único retrato relativamente confiável é um relevo na fachada do Palácio da Cultura, em Marosvásárhely.

183-184 *O manuscrito se intitulava A ciência absoluta do espaço*: Um fac-símile do original (em latim) e a tradução de George Bruce Halsted para o inglês aparecem em Gray 2004.

186 *Não resta muita dúvida, entretanto*: Uma excelente descrição de todo o episódio, da perspectiva da vida e trabalho de Gauss, pode ser encontrada em Dunnington 1955. Um resumo conciso, mas preciso, das reivindicações de prioridade por Lobachevsky e Bolyai é fornecido em Kline 1972. Parte da correspondência de Gauss sobre geometria não euclidiana é apresentada em Ewald 1996.

188 *Em uma palestra brilhante em Göttingen*: Uma tradução inglesa da palestra, bem como outros artigos de grande influência sobre geometrias não euclidianas, juntamente com notas elucidativas, pode ser encontrada em Pesic 2007.

190 *Os pontos de vista de Poincaré foram inspirados*: Poincaré 1891.

193 *no primeiro capítulo de Ars Magna*: Cardano 1545.

193-194 *Em outro livro importante, Tratado de álgebra*: Wallis 1685. Um resumo conciso da biografia e obra de Wallis pode ser encontrado em Rouse Ball 1908.

194 *Finalmente, as opiniões começaram a mudar*: Um breve resumo da história é fornecido em Cajori 1926.
194 *Em um artigo intitulado "Dimension"*: Esse artigo foi publicado na *Encyclopédie* de Diderot. Citado em Archibald 1914.
194 *declarando mais categoricamente em 1797*: Lagrange 1797.
195 *Grassmann, um de 12 filhos*: Uma excelente biografia e descrição da obra de Grassmann (em alemão) pode ser encontrada em Petsche 2006. Um bom e breve resumo pode ser encontrado em O'Connor e Robertson 2005.
196 *É fascinante seguir*: Descrições relativamente acessíveis (mas ainda técnicas) de seu trabalho em álgebra linear podem ser encontradas em Fearnley-Sander 1979 e 1982.
197 *Pelos anos 1860, a geometria n-dimensional*: Um bom texto introdutório é Sommerville 1929.
197 *pela seguinte "declaração de independência"*: O texto aparece em Ewald 1996.
198 *A isso, o algebrista Richard Dedekind*: O texto aparece em Ewald 1996.
198 *Foi da seguinte maneira que o matemático francês*: a primeira carta de Stieltjer a Hermite era datada de 8 de novembro de 1882. A correspondência entre os dois matemáticos é formada de 432 cartas. A correspondência completa foi publicada em Hermite 1905. Traduzi para o inglês o texto aqui publicado.
199 *"Os matemáticos construíram um número bem grande"*: A palestra pode ser encontrada em O'Connor e Robertson 2007.

Capítulo 7. Lógicos: Pensando sobre raciocínio

PÁGINA

201 *A tabuleta do lado de fora da barbearia*: O paradoxo do barbeiro do vilarejo é discutido em muitos livros. Veja Quine 1966, Rescher 2001 e Sorensen 2003, por exemplo.
202 *Eis como o próprio Russell descreveu*: Russell 1919. Foi essa a exposição mais popular de Russell de suas ideias em lógica.
203 *Para que nada seja omitido, devo notar*: O programa intuicionista de Brouwer foi muito bem resumido por Van Stegt 1998. Uma excelente exposição para o público geral é de Barrow 1992. O debate entre formalismo e intuicionismo é descrito em linguagem leiga em Hellman 2006.
203 *"o significado de uma sentença matemática"*: Dummett acrescenta que "um indivíduo não pode comunicar o que não pode ser observado para comunicar: se um indivíduo associasse um símbolo matemático ou fórmula a algum conteúdo mental, onde a associação não estivesse no uso que ele fez do símbolo ou da fórmula, então ele não poderia comunicar aquele conteúdo por meio do símbolo ou da fórmula, pois seu público não estaria ciente da associação e não teria meios de se tornar ciente dela". Dummett 1978.

NOTAS 307

204 *a lógica lidava com as relações*: Uma introdução extremamente acessível à lógica pode ser encontrada em Bennett 2004. Mais técnica, porém brilhante, é Quine 1982. Um ótimo resumo da história da lógica, de Czeslaw Lejewski, encontra-se na *Encyclopaedia Britannica*, 15ª edição.

205 *De Morgan foi um escritor incrivelmente prolífico*: Uma descrição concisa, mas iluminada, de sua vida e obra é fornecida em Ewald 1996.

207 *narrou o episódio em A análise matemática da lógica*: Boole 1847.

208 *George Boole nasceu em*: Para uma biografia completa veja MacHale 1985.

210 *"O objetivo do tratado a seguir"*: Boole 1854.

212 *Apesar da solidez da conclusão de Boole*: Boole concluiu que, quando se trata da crença na existência de Deus, "os frágeis passos" baseados em fé, não lógicos, "de um entendimento limitado nas faculdades e nos materiais de conhecimento, têm mais serventia que a ambiciosa tentativa de chegar a uma certeza inatingível no terreno da religião natural".

214 *Frege conseguiu publicar seu primeiro trabalho revolucionário*: Frege 1879. Esse é um dos trabalhos mais importantes na história da lógica.

214 *Em suas Leis básicas da aritmética*: Frege 1893, 1903.

215 *Os axiomas lógicos de Frege geralmente*: Para uma discussão geral das ideias e formalismo de Frege, veja Resnik 1980, Demopoulos e Clark 2005, Zalta 2005 e 2007 e Boolos 1985. Para uma excelente discussão geral da lógica matemática, veja DeLong 1970.

216 *Ele então prosseguiu com a definição de todos os números naturais*: Frege 1884.

218 *"todas aquelas classes que não são membros"*: o paradoxo de Russell e suas implicações e possíveis remédios são discutidos, por exemplo, em Boolos 1999, Clark 2002, Sainsbury 1988 e Irvine 2003.

220 *o marco histórico de três volumes* Principia Mathematica: Whitehead e Russell 1910. Para uma descrição para leigos, mas elucidativa do conteúdo dos *Principia*, veja Russell 1919.

220 *Nos Principia, Russell e Whitehead*: Para a interação entre as ideias de Russell e de Frege, veja Beaney 2003. Para o logicismo de Russell, veja Shapiro 2000 e Godwyn e Irvine 2003.

221 *Russell propôs uma teoria de tipos*: Uma excelente discussão pode ser encontrada em Urquhart 2003.

221 *A teoria de tipos de Russell foi considerada*: A teoria de tipos tinha de fato perdido o apoio da maioria dos matemáticos. Entretanto, uma construção similar encontrou novas aplicações em programação para computadores. Veja Mitchell 1990, por exemplo.

222 *o matemático alemão Ernst Zermelo*: Veja Ewald 1996 para uma descrição de suas contribuições.

222 O *esquema de Zermelo foi ainda incrementado*: Traduções inglesas dos artigos originais de Zermelo, Fraenkel e do lógico Thoralf Skolem podem ser encontradas em Van Heijenoort 1967. Para uma introdução relativamente suave para os conjuntos e os axiomas de Zermelo-Fraenkel, veja Devlin 1993.

222 *o axioma da escolha afirma*: Uma discussão bem detalhada do axioma pode ser encontrada em Moore 1982.

223 *conhecida como a hipótese do contínuo*: Cantor inventou um método para comparar a cardinalidade dos conjuntos infinitos. Em particular, ele demonstrou que a cardinalidade do conjunto dos números reais é maior que a cardinalidade do conjunto dos inteiros. Formulou, então, a hipótese do contínuo, que afirmava que não existe nenhum conjunto com uma cardinalidade que esteja estritamente entre aquelas dos inteiros e dos números reais. Quando David Hilbert expôs seus famosos problemas de matemática em 1900, a questão sobre se a hipótese do contínuo era verdadeira foi seu primeiro problema. Para uma discussão relativamente recente do problema, veja Woodin 2001a, b.

224 *do matemático americano Paul Cohen*: Ele descreveu seu trabalho em Cohen 1966.

225 *própria matemática consistia simplesmente em uma coleção*: Uma boa descrição do programa de Hilbert pode ser encontrada em Sieg 1988. Uma excelente revisão atualizada da filosofia da matemática e um resumo claro das tensões entre logicismo, formalismo e intuicionismo são apresentados em Shapiro 2000.

225 *"Minhas investigações nos novos alicerces"*: Hilbert deu essa palestra em Leipzig em setembro de 1922. O texto pode ser encontrado em Ewald 1996.

226 *aos seus seguidores formalistas*: Para uma boa discussão sobre formalismo, veja Detlefsen 2005.

226 *considerado por alguns o maior*: R. Monk apresenta uma ótima biografia (Monk 1990).

226 *"Se eu não tiver certeza sobre a natureza"*: Em Waismann 1979.

226 *Kurt Gödel nasceu em*: Uma recente biografia é Goldstein 2005. A biografia padrão tem sido Dawson 1997.

227 *publicou seus teoremas de incompletude*: Livros excelentes sobre os teoremas de Gödel, seu significado e conexão com outros ramos do conhecimento incluem Hofstadter 1979, Nagel e Newman 1959 e Franzén 2005.

228 *"Contudo, apesar de muito distantes"*: Gödel 1947.

229 *Gödel, o homem, era tão*: Uma descrição completa das visões filosóficas de Gödel e como ele relacionava as ideias filosóficas com os fundamentos da matemática pode ser encontrada em Wang 1996.

229 *"Foi em 1946 que Gödel"*: Morgenstern 1971.

233 *Agora, tudo o que existia era um incompleto*: É obviamente uma gigantesca simplificação, permitida apenas em um texto leigo. De fato, tentativas sérias em logicismo

continuam mesmo hoje. Elas tipicamente supõem que muitas verdades matemáticas são conhecíveis *a priori*. Veja Wright 1997 e Tennant 1997, por exemplo.

Capítulo 8. Inexplicável efetividade?

PÁGINA

236 *Vários nós até receberam*: Um livro curioso sobre feitura de nós é Ashley 1944.

236 *A teoria matemática dos nós*: Vandermonde 1771. Uma excelente revisão da história da teoria dos nós pode ser encontrada em Przytycki 1992. Uma introdução vívida à própria teoria é apresentada em Adams 1994. Uma narrativa para o público geral é fornecida em Neuwirth 1979, Peterson 1988 e Menasco e Rudolph 1995.

237 *Os esforços de Thomson se concentraram na formulação*: Excelentes descrições são apresentadas por Sossinsky 2002 e Atiyah 1990.

239 *Tait começou o trabalho de classificação*: Tait 1898, Sossinsky 2002. Uma biografia curta e bem escrita de Tait pode ser encontrada em O'Connor e Robertson 2003.

240 *Maxwell ofereceu os seguintes versos*: Knott 1911.

240 *o professor da Universidade de Nebraska*: Little 1899.

241 *Topologia — a geometria da folha de borracha*: Uma introdução técnica, mas ainda elementar, à topologia é fornecida em Messer e Straffin 2006.

241 *o advogado e matemático de Nova York*: Perko 1974.

242 *Um avanço revolucionário na teoria dos nós veio*: Alexander 1928.

243 *o prolífico matemático anglo-americano*: Conway 1970.

244 *Um exame daquela relação acabou revelando*: Jones 1985.

246 *em uma ampla gama de ciências*: Por exemplo, o matemático Louis Kauffman demonstrou uma relação entre o polinômio de Jones e física estatística. Um excelente livro, embora técnico, sobre as aplicações físicas é Kauffman 2001.

248 *Os agentes que cuidam*: Uma excelente descrição da teoria dos nós e da ação das enzimas é fornecida em Summers 1995. Veja também Wasserman e Cozzarelli 1986.

249 *A teoria das cordas parece ser*: Para excelentes narrativas para leigos da teoria das cordas, seus sucessos e problemas, veja Greene 1999, Randall 2005, Krauss 2005 e Smolin 2006. Para uma introdução técnica, veja Zweibach 2004.

250 *os teóricos de cordas Hirosi Ooguri e Cumrun Vafa*: Ooguri e Vafa 2000.

250 *criou uma relação inesperada*: Witten 1989.

250 *repensado de uma perspectiva puramente matemática*: Atiyah 1989; veja Atiyah 1990 para uma perspectiva mais ampla.

252 *Eric Adelberger, Daniel Kapner e colaboradores*: Kapner et al. 2007.

253 *Einstein tinha um motivo muito forte*: Existem muitas exposições excelentes das ideias da relatividade especial e geral. Mencionarei aqui apenas alguns dos quais

gostei particularmente: Davies 2001, Deutsch 1997, Ferris 1997, Gott 2001, Greene 2004, Hawking e Penrose 1996, Kaku 2004, Penrose 2004, Rees 1997 e Smolin 2001. Uma recente e maravilhosa descrição de Einstein, o homem, e de suas ideias é fornecida em Isaacson 2007. Descrições anteriores soberbas de Einstein e seu mundo incluem Bodanis 2000, Lightman 1993, Overbye 2000 e Pais 1982. Para uma ótima coleção de artigos originais, veja Hawking 2007.

256 *O teste mais recente foi resultado*: Kramer et al. 2006.
257 *um grupo de físicos na Universidade Harvard*: Odom et al. 2006.
258 *Em fins dos anos 1960, os físicos*: Uma excelente descrição pode ser encontrada em Weinberg 1993.

Capítulo 9. Sobre a mente humana, matemática e o universo

PÁGINA

261 *Foi assim que os matemáticos*: Davis e Hersh 1981.
262 *representando o ponto de vista platônico*: Hardy 1940.
262 *expressaram exatamente a perspectiva oposta*: Kasner e Newman 1989.
264 *Aqueles que acreditam que a matemática existe*: Uma das melhores discussões para o público leigo da natureza da matemática pode ser encontrada em Barrow 1992. Uma revisão ligeiramente mais técnica, mas ainda bem acessível de algumas das principais ideias é fornecida em Kline 1972.
264 *Uma vez que já discuti o platonismo puro*: Para outra excelente discussão de muitos dos tópicos do presente livro, veja Barrow 1992.
264 *Tegmark argumenta que*: Tegmark 2007a, b.
265 *em resposta a uma asserção semelhante*: Changeux e Connes 1995.
266 *concluiu em seu livro de 1997*: Dehaene 1997.
267 *Dehaene e colaboradores*: Dehaene et al. 2006.
267 *Nem todos os cientistas cognitivos concordam*: Veja Holden 2006, por exemplo.
267 *fez a seguinte observação*: Changeux e Connes 1995.
267 *a declaração mais categórica*: Lakoff e Núñez 2000.
268 *Neurocientistas também identificaram*: Veja Ramachandran e Blakeslee 1999, por exemplo.
269 *neurocientista cognitiva Rosemary Varley*: Varley et al. 2005; Klessinger et al. 2007.
269 *Eis, novamente, como Atiyah argumenta*: Atiyah 1995.
271 *Desde o século XIX*: Para uma descrição bem detalhada da Razão Áurea, sua história e propriedades, veja Livio 2002 e também Herz-Fischler 1998.
275 *Números primos como um* conceito: Uma boa discussão dessas ideias é fornecida em um artigo de Yehuda Rav, in Hersh 2000.
276 *O antropólogo Leslie A. White*: White 1947.

276 *chamou atenção nos anos 1960 para o fato*: Para uma descrição para o público geral, veja Hockett 1960.
277 *A primeira propriedade representa a capacidade*: Para uma discussão amena de linguagem e o cérebro, veja Obler e Gjerlow 1999.
277 *são também características da matemática*: As similaridades entre linguagem e matemática são também discutidas por Sarrukai 2005 e Atiyah 1994.
277 *Noam Chomsky publicou seu trabalho revolucionário*: Chomsky 1957. Para mais sobre linguística, uma excelente revisão pode ser encontrada em Aronoff e Rees-Miller 2001. Uma perspectiva bem interessante para o público em geral é fornecida em Pinker 1994.
278 *O cientista da computação Stephen Wolfram argumentou*: Wolfram 2002.
279 *O astrofísico Max Tegmark argumenta*: Tegmark identificou quatro tipos distintos de universos paralelos. No "Nível I", existem universos com as mesmas leis da física, mas diferentes condições iniciais. No "Nível II", existem universos com as mesmas equações da física, mas talvez diferentes constantes da natureza. O "Nível III" emprega a interpretação da mecânica quântica de "muitos mundos" e, no "Nível IV", existem diferentes estruturas matemáticas. Tegmark 2004, 2007b.
280 *contradizer o que se tornou conhecido como o princípio da mediocridade*: Para uma excelente discussão desse tópico, veja Vilenkin 2006.
280 *adotam uma posição intermediária conhecida como realismo*: Putnam 1975.
281 *Quero antes revisar rapidamente*: Existem outras opiniões que não discuto. Por exemplo, Steiner (2005) argumenta que Wigner não mostra que os exemplos dados por ele para a "inexplicável efetividade" têm alguma coisa a ver com o fato de os conceitos serem matemáticos.
281 *O ganhador do Prêmio Nobel de física David Gross escreve*: Gross 1988. Para mais uma discussão da relação entre matemática e física, veja Vafa 2000.
281 *Sir Michael Atiyah, cujos pontos de vista sobre a natureza*: Atiyah 1995; veja também Atiyah 1993.
282 *matemático e cientista da computação americano Richard Hamming*: Hamming 1980.
283 *Uma interpretação similar foi proposta*: Weinberg 1993.
283 *Gelfand teria certa vez dito*: Em Borovik 2006.
284 *Raskin concluiu que*: Raskin 1998.
285-286 *Hersh propôs que no espírito*: Excelente artigo de Hersh em Hersh 2000.
288 *Kepler usou um grande volume de dados*: os próprios livros de Kepler, reimpressos como Kepler 1981 e 1997, produzem uma leitura interessante na história da ciência. Excelentes biografias incluem Caspar 1993 e Gingerich 1973.

289 *as órbitas dos planetas podem eventualmente*: Para uma revisão, veja Lecar et al. 2001.
290 *Na verdade, a resposta é mais simples*: Uma discussão interessante da utilidade da matemática está em Raymond 2005. Perspectivas argutas sobre o enigma de Wigner também são encontradas em Wilczek 2006, 2007.
291 *Bertrand Russell em* Os problemas da Filosofia: Russell 1912.

BIBLIOGRAFIA

Aczel, A. D. 2000. *The Mystery of the Aleph: Mathematics, the Kabbalah, and the Search for Infinity* (Nova York: Four Walls Eight Windows). No Brasil: 2003. *O mistério do Alef — A matemática, a Cabala e a procura pelo infinito* (São Paulo: Globo)
———. 2004. *Chance: A Guide to Gambling, Love, the Stock Market, and Just about Everything Else* (Nova York: Thunder's Mouth Press). No Brasil: 2007. *Quais são suas chances: Um guia para a melhor aposta no amor, na bolsa de valores, no jogo e no que você quiser.* (Rio de Janeiro: Best Seller)
———. 2005. *Descartes' Secret Notebook* (Nova York: Broadway Books). No Brasil: 2007. *O Caderno Secreto de Descartes.* (Rio de Janeiro: Jorge Zahar)
Adam, C. e Tannery, P. (orgs.) 1897-1910. *Oeuvres des Descartes.* Edição revisada 1964-76 (Paris: Vrin/CNRS). A tradução mais completa para o inglês é Cottingham, J., Stoothoff, R. e Murdoch, D. (orgs.) 1985. *The Philosophical Writing of Descartes* (Cambridge: Cambridge University Press).
Adams, C. 1994. *The Knot Book: An Elementary Introduction to the Mathematical Theory of Knots* (Nova York: W. H. Freeman).
Alexander, J. W. 1928. *Transactions of the American Mathematical Society*, 30, 275.
Applegate, D. L., Bixby, R. E., Chvátal, V. e Cook, W. J. 2007. *The Traveling Salesman Problem* (Princeton: Princeton University Press).
Archibald, R. C. 1914. *American Mathematical Society Bulletin*, 20, 409.
Aristotle [Aristóteles] c. 350 a.C. *Metaphysics.* Em Barnes, J. (org.) 1984. *The Complete Works of Aristotle* (Princeton: Princeton University Press).
———. c. 330 a.C.(a) *Physics.* Traduzido por R. P. Hardie e R. K. Gaye. http://people.bu.edu/wwildman/WeirdWildWeb/courses/wphil/readings/wphil_rdg07_physics_entire.htm (tradução inglesa de domínio público).
———. c. 330 a.C.(b) *Physics.* Traduzido por P. H. Wickstead e F. M. Cornford, 1960 (Londres: Heinemann).
Aronoff, M. e Rees-Miller, J. 2001. *The Handbook of Linguistics* (Oxford: Blackwell Publishing).
Ashley, C. W. 1944. *The Ashley Book of Knots* (Nova York: Doubleday).

Atiyah, M. 1989. *Publications Mathématiques de l'Inst. des Hautes Etudes Scientifiques*, Paris, 68, 175.
——. 1990. *The Geometry and Physics of Knots* (Cambridge: Cambridge University Press).
——. 1993. *Proceedings of the American Philosophical Society*, 137(4), 517.
——. 1994. *Supplement to Royal Society News*, 7, (12), (i).
——. 1995. *Times Higher Education Supplement*, 29 de setembro.
Baillet, A. 1691. *La Vie de M. Des-Cartes* (Paris: Daniel Horthemels). Fac-símiles fotográficos foram publicados em 1972 (Hildesheim: Olms) e 1987 (Nova York: Garner).
Balz, A. G. A. 1952. *Descartes and the Modern Mind* (New Haven: Yale University Press).
Barrow, J. D. 1992. *Pi in the Sky: Counting, Thinking, and Being* (Oxford: Clarendon Press).
——. 2005. *The Infinite Book: A Short Guide to the Boundless, Timeless and Endless* (Nova York: Pantheon).
Beaney, M. 2003. Em Griffin, N. (org.) *The Cambridge Companion to Bertrand Russell* (Cambridge: Cambridge University Press).
Bell, E. T. 1937. *Men of Mathematics: The Lives and Achievements of the Great Mathematicians from Zeno to Poincaré* (Nova York: Touchstone).
——. 1940. *The Development of Mathematics* (Nova York: McGraw-Hill).
——. 1951. *Mathematics: Queen and Servant of Science* (Nova York: McGraw-Hill).
Beltrán Mari, A. 1994. "Introduction". Em Galilei, G. *Diálogo Sobre los Dos Máximos Sistemas del Mundo* (Madrid: Alianza Editorial).
Bennett, D. 2004. *Logic Made Easy: How to Know When Language Deceives You* (Nova York: W. W. Norton).
Berkeley, G. 1734. "The Analyst: Or a Discourse Addressed to an Infidel Mathematician", D. R. Wilkins (org.) http://www.maths.tcd.ie/pub/HistMath/People/Berkeley/Analyst/Analyst.html.
Berlinski, D. 1996. *A Tour of the Calculus* (Nova York: Pantheon Books).
Bernoulli, J. 1713a. *The Art of Conjecturing [Ars Conjectandi]*. Traduzido por E.D. Sylla, com introdução e notas, 2006 (Baltimore: Johns Hopkins University Press).
——. 1713b. *Ars Conjectandi* (Basileia: Tharnisiorum).
Beyssade, M. 1993. "The Cogito". Em Voss, S. (org.) *Essays on the Philosophy and Science of René Descartes* (Oxford: Oxford University Press).
Black, F. e Scholes, M. 1973. *Journal of Political Economy*, 81(3), 637.
Bodanis, D. 2000. $E = mc^2$: *A Biography of the World's Most Famous Equation*. (Nova York: Walker). No Brasil: 2004. $E = mc^2$: *uma biografia da equação que mudou o mundo e o que ela significa*. (Rio de Janeiro: Ediouro)
Bonola, R. 1955. *Non-Euclidean Geometry*. Traduzido por H. S. Carshaw. (Nova York: Dover Publications). Esta é uma republicação da tradução de 1912 (Chicago: Open Court Publishing Company).

Boole, G. 1847. *The Mathematical Analysis of Logic, Being an Essay towards a Calculus of Deductive Reasoning*. Em Ewald, W. 1996. *From Kant to Hilbert: A Source Book in the Foundations of Mathematics* (Oxford: Clarendon Press).

——. 1854. *An Investigation of the Laws of Thought on Which Are Founded the Mathematical Theories of Logic and Probabilities* (Londres: Macmillan). Reimpresso em 1958 (Mineola, Nova York: Dover Publications).

Boolos, G. 1985. *Mind*, 94, 331.

——. 1999. *Logic, Logic, Logic* (Cambridge, Massachusetts: Harvard University Press).

Borovik, A. 2006. *Mathematics under the Microscope*. http://www.maths.manchester.ac.uk/%7Eavb/micromathematics/downloads.

Brewster, D. 1831. *The Life of Sir Isaac Newton* (Londres: John Murray, Albemarle Street).

Bukowski, J. 2008. *The College Mathematics Journal*, 39(1), 2.

Burger, E. B. e Starbird, M. 2005. *Coincidences, Chaos, and All That Math Jazz: Making Light of Weighty Ideas* (Nova York: W. W. Norton).

Burkert, W. 1972. *Lore and Science in Ancient Pythagoreanism* (Cambridge, Mass.: Harvard University Press).

Cajori, F. 1926. *The American Mathematical Monthly*, 33(8), 397.

——. 1928. Em The History of Science Society. *Sir Isaac Newton 1727-1927: A Bicentenary Evaluation of His Work* (Baltimore: The Williams & Wilkins Company).

Cardano, G. 1545. *Artis Magnae, sive de regulis algebraices*. Publicado em 1968 sob o título *The Great Art or the Rules of Algebra*, traduzido e organizado por T. R. Witmer (Cambridge, Mass.: MIT Press).

Caspar, M. 1993. *Kepler*. Traduzido por C. D. Hellman (Mineola, Nova York: Dover Publications).

Chandrasekhar, S. 1995. *Newton's "Principia" for the Common Reader* (Oxford: Clarendon Press).

Changeux, J.-P. e Connes, A. 1995. *Conversations on Mind, Matter, and Mathematics* (Princeton: Princeton University Press). No Brasil: 1996. *Matéria e pensamento*. São Paulo: Editora Unesp.

Cherniss, H. 1945. *The Riddle of the Early Academy* (Berkeley: University of California Press). Reimpresso em 1980 (Nova York: Garland).

——. 1951. *Review of Metaphysics*, 4, 395.

Chomsky, N. 1957. *Syntactic Structures* (The Hague: Mouton & Co.). No Brasil: 1979. *Estruturas sintáticas* (São Paulo: Martins Fontes).

Cicero. Século I a.C. *Discussion at Tusculam* [às vezes traduzido como *Tusculan Disputations*]. Em Grant, M., trad. 1971. *Cicero: On the Good Life* (Londres: Penguin Classics).

Clark, M. 2002. *Paradoxes from A to Z* (Londres: Routledge).

Clarke, D. M. 1992. Em Cottingham, J. (org.) *The Cambridge Companion to Descartes* (Cambridge: Cambridge University Press). No Brasil: 2009. *Descartes* (Aparecida: Ideias & Letras)

Cohen, I. B. 1982. Em Bechler, Z. (org.) *Contemporary Newtonian Research* (Dordrecht: Reidel).

——. 2006. *The Triumph of Numbers* (Nova York: W. W. Norton & Company).

Cohen, P. J. 1966. *Set Theory and the Continuum Hypothesis* (Nova York: W. A. Benjamin).

Cole, J. R. 1992. *The Olympian Dreams and Youthful Rebellion of René Descartes* (Champaign: University of Illinois Press).

Connor, J. A. 2006. *Pascal's Wager: The Man Who Played Dice with God* (Nova York: HarperCollins).

Conway, J. H. 1970. Em Leech, J. (org.) *Computational Problems in Abstract Algebra* (Oxford: Pergamon Press).

Coresio, G. 1612. *Operetta intorno al galleggiare de' corpi solidi*. Reimpresso em Favaro, A. 1968. *Le Opere di Galileo Galilei*. Edizione Nazionale (Florença: Barbera).

Cottingham, J. 1986. *Descartes* (Oxford: Blackwell).

Craig, Sir J. 1946. *Newton at the Mint* (Cambridge: Cambridge University Press).

Curley, E. 1993. Em Voss, S. (org.) *Essays on the Philosophy and Science of René Descartes* (Oxford: Oxford University Press).

Curzon, G. 2004. *Wotton and His Words: Spying, Science and Venetian Intrigues* (Filadélfia: Xlibris Corporation).

Davies, P. 2001. *How to Build a Time Machine* (Nova York: Allen Lane).

Davis, P. J. e Hersh, R. 1981. *The Mathematical Experience* (Boston: Birkhaüser). Edição revisada 1998 (Boston: Mariner Books). No Brasil: 1985. *A experiência matemática* (Rio de Janeiro: F. Alves).

Dawkins, R. 2006. *The God Delusion* (Nova York: Houghton Mifflin Company). No Brasil: 2007. *Deus um Delírio* (São Paulo: Companhia das Letras).

Dawson, J. 1997. *Logical Dilemmas: The Life and Work of Kurt Gödel* (Natick, Mass.: A. K. Peters).

Dehaene, S. 1997. *The Number Sense* (Oxford: Oxford University Press).

Dehaene, S., Izard, V., Pica, P. e Spelke, E. 2006. *Science*, 311, 381.

DeLong, H. 1970. *A Profile of Mathematical Logic* (Reading, Massachusetts: Addison-Wesley). Republicado em 2004 (Mineola, N .Y.: Dover Publications).

Demopoulos, W. e Clark, P. 2005. Em Shapiro, S., org. *The Oxford Handbook of Philosophy of Mathematics and Logic* (Oxford: Oxford University Press).

De Morgan, A. 1885. *Newton: His Friend: and His Niece* (Londres: Elliot Stock).

Dennett, D. C. 2006. *Breaking the Spell: Religion as a Natural Phenomenon* (Nova York: Viking).

De Santillana, G. 1955. *The Crime of Galileo* (Chicago: University of Chicago Press).
Descartes, R. 1637a. *Discourse on Method, Optics, Geometry, and Meteorology*. Traduzido por P. J. Olscamp, 1965 (Indianapolis: The Bobbs-Merrill Company).
———. 1637b. *The Geometry of René Descartes*. Traduzido por D. E. Smith and M. L. Latham, 1954 (Mineola, Nova York: Dover Publications).
———. 1644. *Principles of Philosophy*, II: 64. Em Cottingham, J., Stoothoff, R. e Murdoch, D., orgs. 1985. *Philosophical Works of Descartes* (Cambridge: Cambridge University Press).
———. 1637-1644. *The Philosophy of Descartes: Containing the Method, Meditations, and Other Works*. Traduzido por J. Veitch, 1901 (Nova York: Tudor Publishing).
Descartes no Brasil:
———. 1978. *Discurso sobre o método*. (São Paulo: Hemus)
———. 2000. *Meditações metafísicas* (São Paulo: Martins Fontes).
———. 2007. *Princípios da filosofia*. (São Paulo: Hemus).
Detlefsen, M. 2005. Em Shapiro, S. (org.) *The Oxford Handbook of Philosophy of Mathematics and Logic* (Oxford: Oxford University Press).
Deutsch, D. 1997. *The Fabric of Reality* (Nova York: Allen Lane).
Devlin, K. 1993. *The Joy of Sets: Fundamentals of Contemporary Set Theory*, 2. ed. (Nova York: Springer-Verlag).
———. 2000. *The Math Gene: How Mathematical Thinking Evolved and Why Numbers Are like Gossip* (Nova York: Basic Books). No Brasil: 2004. *O gene da matemática: o talento para lidar com números e a evolução do pensamento matemático* (Rio de Janeiro: Record)
Dijksterhuis, E. J. 1957. *Archimedes* (Nova York: The Humanities Press).
Doxiadis, A. K. 2000. *Uncle Petros and Goldbach's Conjecture* (Nova York: Bloomsbury). No Brasil: 2001. *Tio Petros e a conjectura de Goldbach*. (São Paulo: Editora 34)
Drake, S. 1978. *Galileo at Work: His Scientific Biography* (Chicago: University of Chicago Press).
———. 1990. *Galileo: Pioneer Scientist* (Toronto: University of Toronto Press).
Dummett, M. 1978. *Truth and Other Enigmas* (Cambridge, Mass.: Harvard University Press).
Dunham, W. 1994. *The Mathematical Universe: An Alphabetical Journey through the Great Proofs, Problems and Personalities* (Nova York: John Wiley & Sons).
Dunnington, G. W. 1955. *Carl Friedrich Gauss: Titan of Science* (Nova York: Hafner Publishing).
Du Sautoy, M. 2008. *Symmetry: A Journey into the Patterns of Nature* (Nova York: Harper Collins).
Einstein, A. 1934. "Geometrie und Erfuhrung". Em *Mein Weltbild* (Frankfurt am Main: Ullstein Materialien). No Brasil: 1981. *Como vejo o mundo* (Rio de Janeiro: Nova Fronteira).

Ewald, W. 1996. *From Kant to Hilbert*: A Source Book in the Foundations of Mathematics (Oxford: Clarendon Press).
Favaro, A. (org.) 1890-1909. *Le Opere di Galileo Galilei, Edizione Nationale* (Florença: Barbera). Houve várias reimpressões, a mais recente de 1964-66. Este texto é pesquisável online em http://www.imss.fi.it/istituto/index.html
Fearnley-Sander, D. 1979. *The American Mathematical Monthly*, 86(10), 809.
——. 1982. *The American Mathematical Monthly*, 89(3), 161.
Feldberg, R. 1995. *Galileo and the Church*: Political Inquisition or Critical Dialogue (Cambridge: Cambridge University Press).
Ferris, T. 1997. *The Whole Shebang* (Nova York: Simon & Schuster).
Finkel, B. F. 1898. "Biography: René Descartes." *American Mathematical Monthly*, 5(8-9), 191.
Fisher, R. A. 1936. *Annals of Science*, 1, 115.
——. 1956. Em Newman, J. R., (org.) *The World of Mathematics* (Nova York: Simon & Schuster).
Fowler, D. 1999. *The Mathematics of Plato's Academy* (Oxford: Clarendon Press).
Franzén, T. 2005. *Gödel's Theorem*: An Incomplete Guide to Its Use and Abuse (Wellesley, Mass.: A. K. Peters).
Frege, G. 1879. *Begriffsschrift, eine der arithmetischen nachgebildete Formelsprache des reinen Denkens* (Halle, Alemanha: L. Nebert), Traduzido por S. Bauer-Mengelberg em Van Heijenoort, J. (org.) 1967. *From Frege to Gödel*: A Source Book in Mathematical Logic (Cambridge, Mass.: Harvard University Press).
——. 1884. *Der Grundlagen der Arithmetik* (Breslau: Koebner). Traduzido por J. L. Austin, 1974. *The Foundations of Arithmetic* (Oxford: Basil Blackwell).
——. 1893. *Grundgesetze der Arithmetik*, bond I (Jena: Verlag Hermann Pohle). Foi parcialmente traduzido em 1964, em Furth, M., (org.) *The Basic Laws of Arithmetic* (Berkeley: University of California Press).
——. 1903. *Grundgesetze der Arithmetik*, bond II (Jena: Verlag Hermann Pohle).
Fritz, K. von. 1945. "The Discovery of Incommensurability by Hipposus of Metapontum." *Annals of Mathematics*, 46, 242.
Frova, A. e Marenzana, M. 1998. *Thus Spoke Galileo*: The Great Scientist's Ideas and Their Relevance to the Present Day. Traduzido por J. McManus, 2006 (Oxford: Oxford University Press).
Galilei, G. 1586. *The Little Balance*. Em *Galileo and the Scientific Revolution*. Traduzido por L. Fermi e G. Bernardini. (Nova York: Basic Books). Esta é uma tradução de Favaro, A. (org.) 1890-1909. *Le Opere di Galileo Galilei* (Florence: G. Barbera).
——. *c.* 1600a. *On Mechanics*. Traduzido por S. Drake, 1960 (Madison: University of Wisconsin Press).
——. *c.* 1600b. *On Motion*. Traduzido por I. E. Drabkin, 1960 (Madison: University of Wisconsin Press).

———. 1610a. *Sidereal Nuncius, or The Sidereal Messenger*. Traduzido por A. Van Helden, 1989. (Chicago: University of Chicago Press). No Brasil: 1996. *Galileu Galilei: a mensagem das estrelas* (Rio de Janeiro: Museu de Astronomia e Ciências Afins: Salamandra).

———. 1610b. *The Sidereal Messenger [Sidereus Nuncius]*. Em Drake, S. 1983. *Telescopes, Tides and Tactics* (Chicago: University of Chicago Press).

———. 1623. *The Assayer [Il Saggiatore]*. Em *The Controversy on the Comets of 1618*. Traduzido por S. Drake e C. D. O'Malley, 1960 (Filadélfia: University of Pennsylvania Press). No Brasil: 1996. *O ensaiador* — coleção Os Pensadores (São Paulo: Nova Cultural).

———. 1632. *Dialogue Concerning the Two Chief World Systems*. Traduzido por S. Drake, 1967 (Berkeley: University of California Press). No Brasil: 2004. *Diálogo sobre dois máximos sistemas do mundo ptolomaico e copernicano* (São Paulo: Discurso/ Imprensa Oficial — SP)

———. 1638. *Discourses on the Two New Sciences*. Traduzido por S. Drake, 1974 (Madison: University of Wisconsin Press). No Brasil: 1985. *Duas novas ciências* (São Paulo: NovaStella/Istituto Italiano di Cultura).

Garber, D. 1992. Em Cottingham, J. (org.) *The Cambridge Companion to Descartes* (Cambridge: Cambridge University Press). No Brasil: 2009. *Descartes* (Aparecida: Ideias & Letras)

Gardner, M. 2003. *Are Universes Thicker than Blackberries?* (Nova York: W. W. Norton).

Gaukroger, S. 1992. Em Cottingham, J. (org.) *The Cambridge Companion to Descartes* (Cambridge: Cambridge University Press). No Brasil: 2009. *Descartes* (Aparecida: Ideias & Letras)

———. 2002. *Descartes's System of Natural Philosophy* (Cambridge: Cambridge University Press).

Gingerich, O. 1973. "Kepler, Johannes". Em Gillespie, C. C. (org.) *Dictionary of Scientific Biography*, vol. 7 (Nova York: Scribners).

Girifalco, L. A. 2008. *The Universal Force* (Oxford: Oxford University Press).

Glaisher, J. W. L. 1888. Bicentenary Address, *Cambridge Chronicle*, 10 de abril de 1888.

Gleick, J. 1987. *Chaos: Making a New Science* (Nova York: Viking).

———. 2003. *Isaac Newton* (Nova York: Vintage Books).

Glucker, J. 1978. *Antiochus and the Late Academy*, hypomnemata 56 (Göttingen: Vandenhoeck & Ruprecht).

Gödel, K. 1947. Em Benaceroff, P. e Putnam, H. (orgs.) 1983. *Philosophy of Mathematics: Selected Readings*, 2. ed. (Cambridge: Cambridge University Press).

Godwin, M. e Irvine, A. D. 2003. Em Griffin, N. (org.) *The Cambridge Companion to Bertrand Russell* (Cambridge: Cambridge University Press).

Goldstein, R. 2005. *Incompleteness: The Proof and Paradox of Kurt Gödel* (Nova York: W. W. Norton).

Gosling, J. C. B. 1973. *Plato* (Londres: Routledge & Kegan Paul).
Gott, J. R. 2001. *Time Travel in Einstein's Universe* (Boston: Houghton Mifflin). No Brasil: 2002. *Viagens no tempo no universo de Einstein* (Rio de Janeiro: Ediouro).
Grassi, O. 1619. *Libra Astronomica ac Philosophica*. Em Drake, S. e O'Malley, C. D., trad. 1960. *The Controversy on the Comets of 1618* (Filadélfia: University of Pennsylvania Press).
Graunt, J. 1662. *Natural and Political Observations Mentioned in a Following Index, and Made Upon the Bills of Mortality* (Londres: Tho. Roycroft).
Gray, J. J. 2004. *János Bolyai, Non-Euclidean Geometry, and the Nature of Space* (Cambridge, Mass.: Burndy Library).
Grayling, A. C. 2005. *Descartes: The Life and Times of a Genius* (Nova York: Walker & Company).
Greenberg, M. J. 1974. *Euclidean and Non-Euclidean Geometries: Development and History*, 3. ed. (Nova York: W. H. Freeman and Company).
Greene, B. 1999. *The Elegant Universe: Superstrings, Hidden Dimensions, and the Quest for the Ultimate Theory* (Nova York: W. W. Norton). No Brasil: 2001. *O Universo elegante — supercordas, dimensões ocultas e a busca da teoria definitiva* (São Paulo: Companhia das Letras).
——. 2004. *The Fabric of the Cosmos: Space, Time, and the Texture of Reality* (Nova York: Alfred A. Knopf). No Brasil: 2005. *O tecido do cosmo — o espaço, o tempo e a textura da realidade* (São Paulo: Companhia das Letras).
Gross, D. 1988. *Proceedings of the National Academy of Sciences* (Estados Unidos), 85, 8371.
Guthrie, K. S. 1987. *The Pythagorean Sourcebook and Library: An Anthology of Ancient Writings which Relate to Pythagoras and Pythagorean Philosophy* (Grand Rapids, Mich.: Phanes Press).
Hald, A. 1990. *A History of Probability and Statistics and Their Applications Before 1750* (Nova York: John Wiley & Sons).
Hall, A. R. 1992. *Isaac Newton: Adventurer in Thought* (Oxford: Blackwell). Reimpresso em 1996 (Cambridge: Cambridge University Press).
Hamilton, E. e Cairns, H. (orgs.) 1961. *The Collected Dialogues of Plato* (Nova York: Pantheon).
Hamming, R. W. 1980. *The American Mathematical Monthly*, 87(2),81.
Hankins, F. H. 1908. *Adolphe Quetelet as Statistician* (Nova York: Columbia University). Postado online por R. E. Wyllys em http://www.gslis.utexas.edu/~wyllys/QueteletResources/index.html.
Hardy, G. H. 1940. *A Mathematician's Apology* (Cambridge: Cambridge University Press). No Brasil: 2000. *Em defesa de um matemático* (São Paulo: Martins Fontes)
Havelock, E. 1963. *Preface to Plato* (Cambridge, Mass.: Harvard University Press). No Brasil: 1996. *Prefácio a Platão* (São Paulo: Papirus).

Hawking, S. 2005. *God Created the Integers: The Mathematical Breakthroughs that Changed History* (Filadélfia: Running Press).

Hawking, S. (org.) 2007. *A Stubbornly Persistent Illusion: The Essential Scientific Writings of Albert Einstein* (Filadélfia: Running Press).

Hawking, S. e Penrose, R. 1996. *The Nature of Space and Time* (Princeton: Princeton University Press). No Brasil: 1997. *A natureza do espaço e do tempo* (Campinas: Papirus).

Heath, T. L. 1897. *The Works of Archimedes* (Cambridge: Cambridge University Press).

——. 1921. *A History of Greek Mathematics* (Oxford: Clarendon Press). Republicado em 1981 (Nova York: Dover Publications).

Hedrick, P. W. 2004. *Genetics of Populations* (Sudbury, Mass.: Jones & Bartlett).

Heiberg, J. L. (org.) 1910-15. *Archimedes Opera Omnio cum Commentariis Eutocii* (Leipzig); o texto está em grego com tradução em latim.

Hellman, H. 2006. *Great Feuds in Mathematics: Ten of the Liveliest Disputes Ever* (Hoboken, N.J.: John Wiley & Sons).

Hermite, C. 1905. *Correspondence d'Hermite et de Stieltjes* (Paris: GauthierVillars).

Heródoto. 440 a.C. *The History*, book III. Traduzido por D. Greve, 1988 (Chicago: University of Chicago Press).

Hersh, R. 2000. *18 Unconventional Essays on the Nature of Mathematics* (Nova York: Springer).

Herz-Fischler, R. 1998. *A Mathematical History of the Golden Number* (Mineola, N.Y.: Dover Publications).

Hobbes, T. 1651. *Leviathan*. Republicado em 1982 (Nova York: Penguin Classics). No Brasil: 1988. *Leviatã ou matéria, forma e poder de um Estado eclesiástico e civil* (São Paulo, Nova Cultural)

Hockett, C. F. 1960. *Scientific American*, 203 (setembro), 88.

Höffe, O. 1994. *Immanuel Kant*. Traduzido por M. Farrier (Albany, N. Y.: SUNY Press). No Brasil: 2005. *Immanuel Kant* (São Paulo: Martins Fontes).

Hofstadter, D. 1979. *Gödel, Escher, Bach: An Eternal Golden Braid* (Nova York: Basic Books). No Brasil: 2001. *Gödel, Escher, Bach: um entrelaçamento de gênios brilhantes* (Brasília: Editora UnB).

Holden, C. 2006. *Science*, 311, 317.

Huffman, C. A. 1999. Em Long, A. A. (org.) *The Cambridge Companion to Early Greek Philosophy* (Cambridge: Cambridge University Press). No Brasil: 2008. *Primórdios da filosofia grega* (Aparecida: Ideias e Letras)

——. 2006. "Pythagoras." Em Stanford Encyclopedia of Philosophy. http://plato.stanford.edu/entries/pythagoras.

Hume, D. 1748. *An Enquiry Concerning Human Understanding*. Republicado em 2000 in *The Clarendon Edition of the Works of David Hume*, organizado por T. L. Beauchamp (Oxford: Oxford University Press). No Brasil: 2004. *Investigações sobre o entendimento humano e sobre os princípios da moral* (São Paulo: Unesp).

Iamblichus [Jâmblico]. *c.* 300 d.C.(a) *Iamblichus' Life of Pythagoras*. Traduzido por T. Taylor, 1986 (Rochester, Vermont: Inner Traditions).

——. *c.* 300 d.C.(b) *On the Pythagorean Life*. Traduzido por J. Dillon e J. Hershbell. (Atlanta: Scholar Press).

Irvine, A. D. 2003. "Russell's Paradox". Na Stanford Encyclopedia of Philosophy. http://plato.stanford.edu/entries/russell-paradox.

Isaacson, W. 2007. *Einstein: His Life and Universe* (Nova York: Simon & Schuster). No Brasil: 2007. *Einstein: sua vida, seu universo* (São Paulo: Companhia das Letras).

Jaeger, M. 2002. *The Journal of Roman Studies*, 92, 49.

Jeans, J. 1930. *The Mysterious Universe* (Cambridge: Cambridge University Press). No Brasil: 1941. *O universo misterioso* (Rio de Janeiro: Companhia Nacional).

Jones, V. F. R. 1985. *Bulletin of the American Mathematical Society*, 12, 103.

Joost-Gaugier, C. L. 2006. *Measuring Heaven: Pythagoras and His Influence on Thought and Art in Antiquity and the Middle Ages* (Ithaca: Cornell University Press).

Kaku, M. 2004. *Einstein's Cosmos* (Nova York: Atlas Books). No Brasil: 2005. *O cosmo de Einstein: como a visão de Albert Einstein transformou nossa compreensão de espaço e tempo* (São Paulo: Companhia das Letras)

Kant, I. 1781. *Critique of Pure Reason*. Uma das várias traduções inglesas é Muller, F. M. 1881. *Immanuel Kant's Critique of Pure Reason* (Londres: Macmillan). No Brasil: 1974. *Crítica da razão pura e outros textos filosóficos* (São Paulo: Abril Cultural). 1987-8. *Crítica da razão pura* (São Paulo: Nova Cultural)

Kaplan, M. e Kaplan, E. 2006. *Chances Are: Adventures in Probability* (Nova York: Viking).

Kapner, D. J., Cook, T. S., Adelberger, E. G., Gundlach, J. H., Heckel, B. R., Hoyle, C. D. e Swanson, H. E. 2007. *Physical Review Letters*, 98, 021101.

Kasner, E. e Newman, J. R. 1989. *Mathematics and the Imagination* (Redmond, Wash.: Tempus Books). No Brasil: 1968. *Matemática e imaginação* (Rio de Janeiro: Zahar Editores).

Kauffman, L. H. 2001. *Knots and Physics*, 3. ed. (Cingapura: World Scientific).

Keeling, S. V. 1968. *Descartes* (Oxford: Oxford University Press).

Kepler, J. 1981. *Mysterium Cosmographicum* (Nova York: Abaris Books).

——. 1997. *The Harmony of the World* (Filadélfia: American Philosophical Society).

Klessinger, N., Szczerbinski, M. e Varley, R. 2007. *Neuropsychologia*, 45, 1642.

Kline, M. 1967. *Mathematics for Liberal Arts* (Reading, Mass.: Addison-Wesley). Republicado em 1985 como *Mathematics for the Nonmathematician* (Nova York: Dover Publications).

——. 1972. *Mathematical Thought from Ancient to Modern Times* (Oxford: Oxford University Press).

Knott, C. G. 1911. *Life and Scientific Work of Peter Guthrie Tait* (Cambridge: Cambridge University Press).
Koyré, A. 1978. *Galileo Studies*. Traduzido por J. Mepham (Atlantic Highlands, Nova Jersey: Humanities Press).
Kramer, M., Stairs, I. H., Manchester, R. N., et al. 2006. *Science*, 314 (5796), 97.
Krauss, L. 2005. *Hiding in the Mirror: The Mysterious Allure of Extra Dimensions, from Plato to String Theory and Beyond* (Nova York: Viking Penguin).
Kraut, R. 1992. *The Cambridge Companion to Plato* (Cambridge: Cambridge University Press).
Krüger, L. 1987. Em Krüger, L., Daston, L. J. e Heidelberger, M. (orgs.) *The Probabilistic Revolution* (Cambridge, Mass.: The MIT Press).
Kuehn, M. 2001. *Kant: A Biography* (Cambridge: Cambridge University Press).
Laertius, D [Laércio, D.] c. 250 d.C. *Lives of Eminent Philosophers*. Traduzido por R. D. Hicks, 1925 (Cambridge, Mass.: Harvard University Press).
Lagrange, J. 1797. *Théorie des Fonctions Analytiques* (Paris: Imprimerie de la Republique).
Lahanas, M. "Archimedes and his Burning Mirrors". www.mlahanas.de/Greeks/Mirrors.htm.
Lakoff, G. e Núñez, R. E. 2000. *Where Mathematics Comes From* (Nova York: Basic Books).
Laplace, P. S., Marquis de. 1814. *A Philosophical Essay on Probabilities*. Traduzido por F. W. Truscot e F. L. Emory, 1902 (Nova York: John Wiley & Sons). Republicado em 1995 (Mineola, N.Y.: Dover).
Lecar, M., Franklin, F. A., Holman, M. J. e Murray, N. W. 2001. *Annual Review of Astronomy and Astrophysics*, 39, 581.
Lightman, A. 1993. *Einstein's Dreams* (Nova York: Pantheon Books). No Brasil: 1998. *Sonhos de Einstein* (São Paulo: Companhia das Letras)
Little, C. N. 1899. *Transaction of the Royal Society of Edinburgh*, 39 (parte III), 771.
Livio, M. 2002. *The Golden Ratio: The Story of Phi, the World's Most Astonishing Number* (Nova York: Broadway Books). No Brasil: *Razão Áurea: a história de Fi, um número surpreendente* (Rio de Janeiro: Record, 2006)
———. 2005. *The Equation That Couldn't Be Solved* (Nova York: Simon & Schuster). No Brasil: *A equação que ninguém conseguia resolver: como um gênio da matemática descobriu a linguagem da simetria* (Rio de Janeiro: Record, 2008).
Lottin, J. 1912. *Quetelet: Staticien et Sociologue* (Louvain: Institut Supérieur de Philosophie).
MacHale, D. 1985. *George Boole: His Life and Work* (Dublin: Boole Press Limited).
Machamer, P. 1998. Em Machamer, P. (org.) *The Cambridge Companion to Galileo* (Cambridge: Cambridge University Press).
Manning, H. P. 1914. *Geometry of Four Dimensions* (Londres: Macmillan). Reimpresso em 1956 (Nova York: Dover Publications).

Maor, E. 1994. *e: The Story of a Number* (Princeton: Princeton University Press). No Brasil: 2003. *e: A história de um número* (Rio de Janeiro: Record).
McMullin, E. 1998. Em Machamer, P. (org.) *The Cambridge Companion to Galileo* (Cambridge: Cambridge University Press).
Mekler, S. (org.) 1902. *Academicorum Philosophorum Index Herculanensis* (Berlim: Weidmann).
Menasco, W. e Rudolph, L. 1995. *American Scientist*, 83 (jan.-fev.), 38.
Mendel, G. 1865. "Experiments in Plant Hybridization", http://www.mendelweb.org/Mendel.plain.html.
Merton, R. K. 1993. *On the Shoulders of Giants: A Shandean Postscript* (Chicago: University of Chicago Press).
Messer, R. e Straffin, P. 2006. *Topology Now* (Washington, D.C.: Mathematical Association of America).
Miller, V. R. e Miller, R. P. (orgs.) 1983. *Descartes, Principles of Philosophy* (Dordrecht: Reidel).
Mitchell, J. C. 1990. Em Van Leeuwen, J., *Handbook of Theoretical Computer Science* (Cambridge, Mass.: MIT Press).
Monk, R. 1990. *Ludwig Wittgenstein: The Duty of Genius* (Londres: Jonathan Cape).
Moore, G. H. 1982. *Zermelo's Axiom of Choice: Its Origins, Development, and Influence* (Nova York: Springer-Verlag).
Morgenstern, O. 1971. Minuta "Memorandum from Mathematica". Assunto: História da naturalização de Kurt Gödel, Instituto de Estudo Avançado, Princeton, NJ.
Morris, T. 1999. *Philosophy for Dummies* (Foster City, Califórnia: IDG Books). No Brasil: 2000. *Filosofia para dummies* (Rio de Janeiro: Editora Campus).
Motte, A. 1729. *Sir Isaac Newton's Mathematical Principles of Natural Philosophy and His System of the World*. Revisado por F. Cajori, 1947 (Berkeley: University of California Press). Também publicado como Newton, I. 1995. *The Principia* (Nova York: Prometheus Books). No Brasil: 2002. *Principia: princípios matemáticos de filosofia natural — livro 1* (São Paulo: Edusp). 2008. *Principia: princípios matemáticos de filosofia natural, livros II e III* (São Paulo: Edusp).
Mueller, I. 1991. Em Bowen, A. (org.) *Science and Philosophy in Classical Greece* (Londres: Garland).
——. 1992. Em Kraut, R. (org.) *The Cambridge Companion to Plato* (Cambridge: Cambridge University Press).
——. 2005. Em Koestier, T. e Bergmans, L. (orgs.) *Mathematics and the Divine: A Historical Study* (Amsterdã: Elsevier).
Nagel, E. e Newman, J. 1959. *Gödel's Proof* (Nova York: Routledge & Kegan Paul). Republicado em 2001 (Nova York: New York University Press). No Brasil: 2001. *A prova de Gödel* (São Paulo: Editora Perspectiva).
Netz, R. 2005. Em Koetsier, T. e Bergmans, L. (orgs.) *Mathematics and the Divine: A Historical Study* (Amsterdã: Elsevier).

Netz, R. e Noel, W. 2007. *The Archimedes Codex*: *How a Medieval Prayer Book Is Revealing the True Genius of Antiquity's Greatest Scientist* (Filadélfia: Da Capo Press). No Brasil: 2009. *Códex Arquimedes* (Rio de Janeiro: Record).

Neuwirth, L. 1979. *Scientific American*, 240 (junho), 110.

Newman, J. R. 1956. *The World of Mathematics* (Nova York: Simon & Schuster).

Newton, Sir I. 1729. *Mathematical Principles of Natural Philosophy*. Traduzido por I. B. Cohen and A. Whitman, 1999 (Berkeley: University of California Press). No Brasil (com base na versão inglesa de 1729, de André Motte: 2002. *Principia: princípios matemáticos de filosofia natural — livro 1* (São Paulo: Edusp). 2008. *Principia: princípios matemáticos de filosofia natural, livros II e III* (São Paulo: Edusp)

———. 1730. *Opticks, or A Treatise of the Reflections, Refractions, Injections and Colours of Light*, 4. ed. (Londres: G. Bell). Republicado em 1952 (Nova York: Dover Publications). No Brasil: 2002. *Óptica* (São Paulo: Edusp).

Nicolson, M. 1935. *Modern Philology*, 32(3), 233.

Obler, L. K. e Gjerlow, K. 1999. *Language and the Brain* (Cambridge: Cambridge University Press). Em português: 1999. *A linguagem e o cérebro* (Lisboa: Instituto Piaget).

O'Connor, J. J. e Robertson, E. F. 2003. "Peter Guthrie Tait." http://www-history.mcs.st-andrews.ac.uk/Biographies/Tait.html.

———. 2005. "Hermann Günter Grassmann." http://www-history.mcs.st-andrews.ac.uk/Biographies/Grassmann.html.

———. 2007. "G. H. Hardy Addresses the British Association in 1922, part 1." http://www-history.mcs.st-andrews.ac.uk/Extras/BA_1922_1.html.

Odom, B., Hanneke, D., D'Urso, B. e Gabrielse, G. 2006. *Physical Review Letters*, 97, 030801.

Ooguri, H. e Vafa, C. 2000. *Nuclear Physics B*, 577, 419.

Orel, V. 1996. *Gregor Mendel*: *The First Geneticist* (Nova York: Oxford University Press).

Overbye, D. 2000. *Einstein in Love*: *A Scientific Romance* (Nova York: Viking). No Brasil: 2002. *Einstein apaixonado: um romance* científico. (São Paulo: Globo).

Pais, A. 1982. *Subtle Is the Lord*: *The Science and Life of Albert Einstein* (Oxford: Oxford University Press). No Brasil: 1995. *Sutil é o Senhor. A ciência e a vida de Albert Einstein* (Rio de Janeiro: Nova Fronteira).

Panek, R. 1998. *Seeing and Believing*: *How the Telescope Opened Our Eyes and Minds to the Heavens* (Nova York: Viking).

Paulos, J. A. 2008. *Irreligion*: *A Mathematician Explains Why the Arguments for God Just Don't Add Up* (Nova York: Hill and Wang).

Penrose, R. 1989. *The Emperor's New Mind*: *Concerning Computers, Minds, and the Laws of Physics* (Oxford: Oxford University Press). No Brasil: 1994. *A mente nova do imperador: computadores, mentes e as leis da física* (Rio de Janeiro: Editora Campus).

———. 2004. *The Road to Reality: A Complete Guide to the Laws of the Universe* (Londres: Jonathan Cape).

Perko, K. A., Jr. 1974. *Proceedings of the American Mathematical Society*, 45, 262.

Pesic, P. 2007. *Beyond Geometry: Classic Papers from Riemann to Einstein* (Mineola, N. Y.: Dover Publications).

Peterson, I. 1988. *The Mathematical Tourist: Snapshots of Modern Mathematics* (Nova York: W. H. Freeman and Company).

Petsche, J.-J. 2006. *Grassmann* (Basel: Birkhäuser Verlag).

Pinker, S. 1994. *The Language Instinct* (Nova York: William Morrow and Company). No Brasil: 2004. *O instinto da linguagem: como a mente cria a linguagem* (São Paulo: Martins Fontes).

Plato [Platão]. c. 360 a.C. *The Republic*. Traduzido por A. Bloom, 1968 (Nova York: Basic Books). No Brasil: 2008. *A república: obra completa* (São Paulo: Editora Escala]. 2002. *A república* (São Paulo: Martin Claret).

Plutarch [Plutarco] c. 75 d.C. "Marcellus." Traduzido por J. Dryden. Em Clough, A. H. (org.) 1992. *Plutarch's Lives* (Nova York: Modern Library).

Poincaré, H. 1891. *Revue Générale des Sciences Pures et Appliquées* 2, 769. O artigo foi publicado em inglês em Pesic, P., 2007. *Beyond Geometry*.

Porphyry [Porfírio]. c. 270 d.C. *Life of Pythagoras*. Em Hadas, M. e Smith, M., (orgs.) 1965. *Heroes and Gods* (Nova York: Harper and Row).

Proclus [Proclo]. c. 450. *Proclus: A Commentary on the First Book of Euclid's "Elements"*. Traduzido por G. Morrow, 1970. (Princeton: Princeton University Press).

Przytycki, J. H. 1992. Aportaciones Matemáticas Comunicaciones, 11, 173.

Putnam, H. 1975. *Mathematics, Matter and Method: Philosophical Papers*, vol. 1 (Cambridge: Cambridge University Press), 60.

Quetelet, L. A. J. 1828. *Instructions Populaires sur le Calcul des Probabilités* (Bruxelas: H. Tarbier & M. Hayez).

Quine, W. V. O. 1966. *The Ways of Paradox and Other Essays* (Nova York: Random House).

———. 1982. *Methods of Logic*, 4. ed. (Cambridge, Mass.: Harvard University Press).

Radelet-de Grave, P. (org.) 2005. "Bernoulli-Edition." http://www.ub.unibas.ch/spez/bernoull.htm.

Ramachandran, V. S. e Blakeslee, S. 1999. *Phantoms of the Brain* (Nova York: Quill). No Brasil: 2002. *Fantasmas no cérebro: uma investigação dos mistérios da mente humana* (Rio de Janeiro: Record).

Randall, L. 2005. *Warped Passages: Unraveling the Mysteries of the Universe's Hidden Dimensions* (Nova York: Ecco).

Raskin, J. 1998. "Effectiveness of Mathematics". http://jef.raskincenter.org/unpublished/effectiveness_mathematics.html

Raymond, E. S. 2005. "The Utility of Mathematics". http://www.catb.org/~esr/writings/utility-of-math.

Redondi, P. 1998. Em Machamer, P. *The Cambridge Companion to Galileo* (Cambridge: Cambridge University Press).

Rees, M. J. 1997. *Before the Beginning* (Reading, Mass.: Addison-Wesley).

Reeves, E. 2008. *Galileo's Glassworks: The Telescope and the Mirror* (Cambridge, Mass.: Harvard University Press).

Renon, L. e Felliozat, J. 1947. *L'Inde Classique: Manuel des Études Indiennes* (Paris: Payot).

Rescher, N. 2001. *Paradoxes: Their Roots, Range, and Resolution* (Chicago: Open Court).

Resnik, M. D. 1980. *Frege and the Philosophy of Mathematics* (Ithaca: Cornell University Press).

Reston, J. 1994. *Galileo: A Life* (Nova York: HarperCollins). No Brasil: 1995. *Galileu: uma vida* (Rio de Janeiro: José Olympio).

Ribenboim, P. 1994. *Catalan's Conjecture* (Boston: Academic Press).

Ricoeur, P. 1996. *Synthese*, 106, 57.

Riedweg, C. 2005. *Pythagoras: His Life and Influence*. Traduzido por S. Rendall (Ithaca: Cornell University Press).

Rivest, R., Shamir, A. e Adleman, L. 1978. *Communications of the Association for Computing Machinery*, 21(2), 120.

Rodis-Lewis, G. 1998. *Descartes: His Life and Thought* (Ithaca: Cornell University Press).

Ronan, M. 2006. *Symmetry and the Monster: The Story of One of the Greatest Quests of Mathematics* (Nova York: Oxford University Press).

Rosenthal, J. S. 2006. *Struck by Lightning: The Curious World of Probabilities* (Washington, D.C.: Joseph Henry Press).

Ross, W. D. 1951. *Plato's Theory of Ideas* (Oxford: Clarendon Press).

Rouse Ball, W. W. 1908. *A Short Account of the History of Mathematics*, 4. ed. Republicado em 1960 (Mineola, N.Y.: Dover Publications).

Rucker, R. 1995. *Infinity and the Mind: The Science and Philosophy of the Infinite* (Princeton: Princeton University Press).

Russell, B. 1912. *The Problems of Philosophy* (Londres: Home University Library). Reimpresso em 1997 by Oxford University Press (Oxford). No Brasil: 2008. *Os problemas da Filosofia*. (Lisboa e São Paulo: Edições 70).

———. 1919. *Introduction to Mathematical Philosophy* (Londres: George Allen and Unwin). Reimpresso em 1993, editado por J. Slater (Londres: Routledge). Reimpresso em 2005 (Nova York: Barnes & Noble). No Brasil: 2007. *Introdução à filosofia matemática* (Rio de Janeiro: Zahar).

———. 1945. *History of Western Philosophy*. Reimpresso em 2007 (Nova York: Touchstone). No Brasil: 1982. *História da Filosofia Ocidental* — 3 v. (São Paulo: Editora Nacional)

Sainsbury, R. M. 1988. *Paradoxes* (Cambridge: Cambridge University Press).

Sarrukai, S. 2005. *Current Science*, 88(3), 415.

Schmitt, C. B. 1969. "Experience and Experiment: A Comparison of Zabarella's Views with Galileo's in *De Motu.*" *Studies in the Renaissance*, 16, 80.
Sedgwick, W. T. e Tyler, H. W. 1917. *A Short History of Science* (Nova York: The Macmillan Company).
Shapiro, S. 2000. *Thinking about Mathematics: The Philosophy of Mathematics* (Oxford: Oxford University Press).
Shea, W. R. 1972. *Galileo's Intellectual Revolution: Middle Period, 1610-1632* (Nova York: Science History Publications).
———. 1998. Em Machamer, P. (org.) *The Cambridge Companion to Galileo* (Cambridge: Cambridge University Press).
Sieg, W. 1988. "Hilbert's Program Sixty Years Later." *Journal of Symbolic Logic*, 53, 349.
Smolin, L. 2001. *Three Roads to Quantum Gravity* (Nova York: Basic Books).
———. 2006. *The Trouble with Physics: The Rise of String Theory, The Fall of Science, and What Comes Next* (Boston: Houghton Mifflin).
Sobel, D. 1999. *Galileo's Daughter* (Nova York: Walker & Company). No Brasil: 2000. *A filha de Galileu: um relato biográfico de ciência, fé e amor* (São Paulo: Companhia das Letras).
Sommerville, D. M. Y. 1929. *An Introduction to the Geometry of N Dimensions* (Londres: Methuen).
Sorell, T. 2005. *Descartes Reinvented* (Cambridge: Cambridge University Press).
Sorensen, R. 2003. *A Brief History of the Paradox: Philosophy and the Labyrinths of the Mind* (Oxford: Oxford University Press).
Sossinsky, A. 2002. *Knots: Mathematics with a Twist* (Cambridge, Mass.: Harvard University Press).
Stanley, T. 1687. *The History of Philosophy*, nona seção. Publicado em 1970 como facsímile fotográfico sob o título *Pythagoras: His Life and Teachings* (Los Angeles: The Philosophical Research Society).
Steiner, M. 2005. Em Shapiro, S. (org.) *The Oxford Handbook of Philosophy of Mathematics and Logic* (Oxford: Oxford University Press).
Stewart, I. 2004. *Galois Theory* (Boca Raton, Flórida: Chapman & Hall/CRC).
———. 2007. *Why Beauty Is Truth: A History of Symmetry* (Nova York: Perseus Books).
Stewart, J. A. 1905. *The Myths of Plato* (Londres: Macmillan and Co.).
Stigler, S. M. 1997. Em *Académie Royale de Belgique, Bulletin de la Classe des Sciences, Mémoires*, collection 8(3), 47.
Strohmeier, J. e Westbrook, P. 1999. *Divine Harmony* (Berkeley, Califórnia: Berkeley Hills Books).
Stukeley, W. 1752. *Memoirs of Sir Isaac Newton's Life*. Reimpresso em 1936 (Londres: Taylor and Francis).
Summers, D. W. 1995. *Notices of the American Mathematical Society*, 42(5), 528.

Swerdlow, N. 1998. Em Machamer, P. (org.) *The Cambridge Companion to Galileo* (Cambridge: Cambridge University Press).

Tabak, J. 2004. *Probability and Statistics: The Science of Uncertainty* (Nova York: Facts on File).

Tait, P. G. 1898. Em *Scientific Papers of Peter Guthrie Tait*, vol. 1 (Cambridge: Cambridge University Press).

Tait, W. W. 1996. Em Hart, W. D. *The Philosophy of Mathematics* (Oxford: Oxford University Press).

Tegmark, M. 2004. Em Barrow, J. D., Davies, P. C. W. e Harper, C. L., Jr. (orgs.) *Science and Ultimate Reality* (Cambridge: Cambridge University Press).

——. 2007a. "Shut Up and Calculate", arXiv 0709.4024 [hep-th].

——. 2007b. "The Mathematical Universe", arXiv 0704.0646 [gr-qc].

Tennant, N. 1997. *The Taming of the True* (Oxford: Oxford University Press).

Theon of Smyrna [Teon de Esmirna]. c. 130 d.C. *Mathematics, Useful for Understanding Plato*. Traduzido por R. Lawlor and D. Lawlor, 1979 (San Diego: Wizards Bookshelf).

Tiles, M. 1996. Em Bunin, N. e Tsui-James, E. P. (orgs.) *The Blackwell Companion to Philosophy* (Oxford: Blackwell Publishing). No Brasil: 2002. *Compêndio de Filosofia* (São Paulo: Loyola).

Todhunter, I. 1865. *A History of the Mathematical Theory of Probability* (Cambridge: Macmillan and Co.).

Toffler, A. 1970. *Future Shock* (Nova York: Random House). No Brasil: 1972. *O choque do futuro* (Rio de Janeiro: Editora Arte Nova).

Trudeau, R. J. 1987. *The Non-Euclidean Revolution* (Boston: Birkhäuser).

Truesdell, C. 1960. *The Rotational Mechanics of Flexible or Elastic Bodies, 1638-1788, Leonhardi Euler Opera Omnia*, ser. II, vol. 11, part 2 (Zurique: Orell Füssli).

Turnbull, H. W., Scott, J. F., Hall, A. R. e Tilling, L. (orgs.) 1959-77. *The Correspondence of Isaac Newton* (Cambridge: Cambridge University Press).

Urquhart, A. 2003. Em Griffin, N. (org.) *The Cambridge Companion to Bertrand Russell* (Cambridge: Cambridge University Press).

Vafa, C. 2000. Em Arnold, V., Atiyah, M., Lax, P. e Mazur, B. (orgs.) *Mathematics: Frontiers and Perspectives* (Providence, R.I.: American Mathematical Society).

Vandermonde, A. T. 1771. *L'Histoire de l'Academie des Sciences avec les Memoires* (Paris: Memoires de l'Academie Royale des Sciences).

Van der Waerden, B. L. 1983. *Geometry and Algebra in Ancient Civilizations* (Berlim: Springer-Verlag).

Van Heijenoort, J. (org.) 1967. *From Frege to Gödel: A Source Book in Mathematical Logic* (Cambridge, Mass.: Harvard University Press).

Van Helden, A. 1996. *Proceedings of the American Philosophical Society*, 140, 358.

Van Helden, A. e Burr, E. 1995. The Galileo Project. http://galileo.rice.edu/index.html.

Van Stegt, W. P. 1998. Em Mancosu, P. (org.) *From Brouwer to Hilbert*: *The Debate on the Foundations of Mathematics in the 1920s* (Oxford: Oxford University Press).

Varley, R., Klessinger, N., Romanowski, C. e Siegal, M. 2005. *Proceedings of the National Academy of Sciences* (USA), 102, 3519.

Vawter, B. 1972. *Biblical Inspiration* (Filadélfia: Westminster).

Vilenkin, A. 2006. *Many Worlds in One*: *The Search for Other Universes* (Nova York: Hill and Wang).

Vitruvius, M. P. [Vitrúvio] século I a.C. *De Architectura*. Em Rowland, I. D. e Howe, T. N. (orgs.) 1999. *Ten Books on Architecture* (Cambridge: Cambridge University Press). No Brasil: 2007. *Tratado de arquitetura*, org. por M. Justino Maciel (São Paulo: Martins Fontes).

Vlostos, G. 1975. *Plato's Universe* (Seattle: University of Washington Press).

Von Gebler, K. 1879. *Galileo Galilei and the Roman Curia*. Traduzido por J. Sturge. Reimpresso em 1977 (Merrick, N. Y.: Richwood Publishing Company).

Vrooman, J. R. 1970. *René Descartes*: *A Biography* (Nova York: Putnam).

Waismann, F. 1979. *Ludwig Wittgenstein and the Vienna Circle*: *Conversations Recorded by Friedrich Waismann*. Organizado por B. McGuinness; traduzido por J. Schulte e B. McGuinness (Oxford: Basel Blackwell).

Wallace, D. F. 2003. *Everything and More*: *A Compact History of Infinity* (Nova York: W. W. Norton).

Wallechinsky, D. e Wallace, I. 1975-81. "Biography of Scottish Child Prodigy Marjory Fleming, part 1." http://www.trivia-library.com/b/biography-of-scottish-child-prodigy-marjory-fleming-part-1.htm.

Wallis, J. 1685. *Treatise of Algebra*. Citado em Manning, H. P. 1914. *Geometry of Four Dimensions* (Londres: Macmillan).

Wang, H. 1996. *A Logical Journey*: *From Gödel to Philosophy* (Cambridge, Mass.: MIT Press).

Washington, G. 1788. Carta a Nicholas Pike, 20 de junho de 1788. Em Fitzpatrick, J. C. (org.) 1931-44. *Writings of George Washington* (Washington, D.C.: Government Printing Office). Citado em Deutsch, K. L. e Nicgorski, W. (orgs.) 1994. *Leo Strauss*: *Political Philosopher and Jewish Thinker* (Lanham, Md.: Rowman & Littlefield).

Wasserman, S. A. e Cozzarelli, N. R. 1986. *Science*, 232, 951.

Watson, R. 2002. *Cogito, Ergo Sum*: *The Life of René Descartes* (Boston: David R. Godine).

Weinberg, S. 1993. *Dreams of a Final Theory* (Nova York: Pantheon Books). No Brasil: 2000. *Sonhos de uma teoria final — a busca das leis fundamentais da natureza*. (Rio de Janeiro: Rocco).

Wells, D. 1986. *The Penguin Dictionary of Curious and Interesting Numbers* (Londres: Penguin). Edição revisada 1997. Em português: 2003. *Dicionário de números curiosos e interessantes* (Lisboa: Gradiva).

Westfall, R. S. 1983. *Never at Rest: A Biography of Isaac Newton* (Cambridge: Cambridge University Press).
Whiston, W. 1753. *Memoirs of the Life and Writings of Mr. William Whiston, Containing, Memoirs of Several of His Friends Also*, 2. ed. (Londres: Impresso para J. Whiston e B. White).
White, L. A. 1947. *Philosophy of Science*, 14(4), 289.
White, N. P. 1992. Em Kraut, R. (org.) *The Cambridge Companion to Plato* (Cambridge: Cambridge University Press).
Whitehead, A. N. 1911. *An Introduction to Mathematics* (Londres: Williams & Norgate). Reimpresso em 1992 (Oxford: Oxford University Press).
———. 1929. *Process and Reality: An Essay in Cosmology*. Republicado em 1978, organizado por D. R. Griffin e D. W. Sherburne (Nova York: Free Press).
Whitehead, A. N. e Russell, B. 1910. *Principia Mathematica* (Cambridge: Cambridge University Press). Segunda edição 1927.
Wigner, E. P. 1960. *Communications in Pure and Applied Mathematics*, vol. 13, n. 1. Reimpresso em Saatz, T. L. e Weyl, F. J. (orgs.) 1969. *The Spirit and the Uses of the Mathematical Sciences* (Nova York: McGrawHill).
Wilczek, F. 2006. *Physics Today*, 59 (novembro), 8.
———. 2007. *Physics Today*, 60 (maio), 8.
Witten, E. 1989. *Communications in Mathematical Physics*, 121, 351.
Wolfram, S. 2002. *A New Kind of Science* (Champaign, Ill.: Wolfram Media).
Wolterstorff, N. 1999. Em Sorell, T. (org.) *Descartes* (Dartmouth: Ashgate).
Woodin, W. H. 2001a. *Notices of the American Mathematical Society*, 48(6), 567.
———. 2001b. *Notices of the American Mathematical Society*, 48(7), 681.
Wright, C. 1997. Em Heck, R. (org.) *Language, Thought, and Logic: Essays in Honour of Michael Dummett* (Oxford: Oxford University Press).
Zalta, E. N. 2005. "Gottlob Frege." *Stanford Encyclopedia of Philosophy*, http://plato.stanford.edu/entries/frege/.
———. 2007. "Frege's Logic, Theorem, and Foundations for Arithmetic." *Stanford Encyclopedia of Philosophy*, http://plato.stanford.edu/entries/frege-logic/.
Zweibach, B. A. 2004. *A First Course in String Theory* (Cambridge: Cambridge University Press).

Índice Remissivo

abertura, 277
Academia Platônica, 47-49, 295n
Adelberger, Eric, 252
Alegoria da Caverna, 50
Alexander, James Waddell, 242
álgebra exterior, 197
álgebra linear, 195
álgebra: booleana, 210-212, 269; Cardano em equações de ordem superior, 193; Descartes unifica geometria e, 116-118; teoria de grupos, 18, 287; da lógica, 205, 210-213, 276; definição de Riemann de curvatura relaciona geometria e, 189
amostragem, 162
análise matemática da lógica, A (Boole), 207, 210
análise: Berkeley critica os fundamentos da, 175; Descartes pavimenta a estrada para a análise moderna, 117. *Veja também* cálculo
analista, O; ou um discurso dirigido a um matemático descrente (Berkeley), 175
Anaximandro, 36
Anselmo de Canterbury, Santo, 138
anticorrelacionadas, quantidades, 161
Aquino, Tomás, 136
Arco Portal (St. Louis), 145
argumento a partir do projeto, 136
argumento cosmológico da existência de Deus, 136
argumento teleológico da existência de Deus, 136
Aristarco de Samos, 70
Aristóteles: autoridade de, 61; desafios à cosmologia de, 83, 85-86; sobre opostos cósmicos, 40; declínio do aristotelismo, 105; Galileu sobre, 60-61, 82; sobre matemática, 62; sobre lugar natural, 59-60; na Academia de Platão, 47; sobre Pitágoras e pitagóricos, 30-31, 36; descrições qualitativas satisfazem, 92; lei quantitativa do movimento de, 60-62; Russell e Whitehead comparados a, 220
Arithmetica Infinitorum (Wallis), 193
aritmética: na evolução da matemática, 277; tentativas de Frege de reduzir à lógica, 214-216; Gauss contrasta geometria com, 187; teoremas de incompletude de Gödel, 227; habilidades perceptuais humanas e, 271; capacidade inata para, 267, 269; metáfora da coleção de objetos da, 269; axiomas de Peano para, 219; Russell sobre derivar a partir da lógica, 219-222; para validação dos fundamentos da geometria, 191

Arnauld, Antoine, 138
Arquimedes, 63-80; biografia de, 63-64; o cálculo previsto por, 77; morte de, 68, 69, 297n; em defesa de Siracusa, 66-67; *"Eureca! eureca!"* 65; fórmula da área superficial da esfera, 26; Galileu influenciado por, 80-81, 97-98; "Dê-me um lugar para apoiar, e moverei a Terra", 65; túmulo de, 79; invenções de, 63, 65; sobre números grandes, 69-72; limitações dos modelos matemáticos de, 78-79; método de, 72, 75-77, 276; palimpsesto com obras de, 72-75; *O contador de areia*, 70-71; sobre o volume da esfera inscrita no cilindro, 79; escritos de, 68
Ars Conjectandi. Veja *arte da conjectura, A* (Bernoulli)
Ars Magna. Veja *A grande arte*, 193
arte da conjectura, A (Bernoulli), 171
astronomia: contribuições de Arquimedes para, 69; hipótese heliocêntrica de Aristarco de Samos, 70; descobertas de Galileu com o telescópio, 84-90; teoria geocêntrica, 87-88, 288; e a questão da invenção *versus* descoberta, 279; formas platônicas em, 53-55; propriedades matemáticas da descoberta dos pitagóricos na, 33-36. *Veja também* teoria heliocêntrica; sistema solar
Atiyah, Sir Michael, 10, 23, 241, 250, 269-270, 281-282, 284
autômatos celulares, 278
axioma da escolha, 222-224
axioma da redutibilidade, 221
axiomas, como convenções, 190
azar, jogos de, 163-165

Báñez, Domingo, 100
barbeiro, paradoxo do, 201, 218
Beeckman, Isaac, 107, 142, 260n
Begriffsschrift (Frege), 214
Bell, Eric Temple, 56, 60
Bellarmino, Roberto, 101
Beltrami, Eugenio, 191
Beltrán Marí, Antonio, 104
Bennett, Alan, 16
Berkeley, George, 175
Bernoulli, Daniel, 144
Bernoulli, Jakob, 142-144, 154, 171, 172
Bernoulli, Johann, 119, 120-121, 142-144
Bérulle, Pierre de, 109
Birman, Joan, 243
Black, Fischer, 20
Black-Scholes, forma de precificação de opções de, 20
Bolyai, Farkas, 183, 187
Bolyai, János, 183-184, 186
Boole, George, 205-213 biografia de, 208-209; álgebra booleana, 210-213, 269; correspondência com De Morgan, 209; sobre lógica como leis do pensamento, 207; lógica em voga em meados do século XIX, 205
booleana, álgebra, 210-213, 269
Brahe, Tycho, 83, 95, 288
Brewster, David, 302n
Brouwer, Luitzen E.J., 203
browniano, movimento, 20
Brunowski, Jan, 83

caixeiro-viajante, problema do, 21
cálculo: Berkeley critica fundamentos do, 175; na *geometria diferencial*, 190; Leibniz no desenvolvimento de, 77, 141, 175, 205; movimento modelado por, 142; Newton no desenvolvimento

ÍNDICE REMISSIVO

de, 77, 125, 128, 141, 175, 251, 286; nas explicações físicas, 139; para leis científicas sociais, 145
Cano, Melchor, 299n
Cantor, Georg, 197, 217, 223, 308
caos, 290
Cardano, Gerolamo, 193
Carta a Castelli (Galileu), 100
cartesiano, círculo, 138
cartesiano, sistema de coordenadas, 115
Castelli, Benedetto, 87, 100
catenária, 143-145
causalidade, correlação não implica, 162
Caverna, Alegoria da, 50-51
Cayley, Arthur, 197
cérebro: nas abordagens da ciência cognitiva para a matemática, 266-269; e visão de descoberta da matemática, 22; na evolução da matemática, 281; estados internos como representação de estados externos, 265; e visão de invenção da matemática, 26
Cesi, Federico, 89
Changeux, Jean-Pierre, 23, 265, 267
characteristica universalis, 205
Chen Jingrun, 55
Chomsky, Noam, 277
Cícero, 79-80
ciência: fronteira com a matemática se torna borrada, 139; analogia de Descartes com árvore para a, 118; Galileu sobre matemática como linguagem de, 92-100; Quetelet sobre a crescente matematização da, 156; ascensão e queda de especulações na, 59; versus Escritura, 100-104. *Veja também* astronomia; ciências biológicas; cosmologia; leis da natureza; física; ciências sociais

ciências biológicas: evolução darwiniana, 177, 285; replicação de DNA, 246-249; busca dos princípios matemáticos para, 145. *Veja também* genética
ciências sociais: sociologia matemática, 21; probabilidades em predições nas, 147; busca de princípios matemáticos para, 145; regularidades estatísticas nas, 155, 157 *Veja também* economia
científico, método, 285-286
Clarke, Samuel, 212
classes (conjuntos): na álgebra booleana, 210, 213, 269; definição, 217; na lógica de Frege, 213-218; no paradoxo de Russell, 217-218. *Veja também* teoria dos conjuntos
Clávio, Cristóforo, 81, 98-99
Cocks, Clifford, 17
coeficiente de correlação, 160-161
Cogito ergo sum, 113
cognitiva, ciência, 264-269
Cohen, Paul, 224
Comentários sobre os "Elementos" de Euclides (Clávio), 99
cometas, 95
completude, 227
computacional: complexidade, 291; linguística, 21
computadores, álgebra booleana na operação de, 212
Conceitografia ou *Begriffsschrift* (Frege), 214
conjectura de Catalan, 55-56
conjecturas de Tait, 240
conjuntos, teoria dos. *Veja* teoria dos conjuntos.
conjuntos. *Veja* classes (conjuntos)
Connes, Alain, 22-24, 267
constantes da natureza, 279
constelações, 35

construtivismo, 223
contador de areia, O (Arquimedes), 70-71
contínuo, hipótese do, 223-224, 308n
Conway, John Horton, 243, 248
coordenadas cartesianas, 115
Copérnico, Nicolau: Igreja Católica declara teoria heliocêntrica herege, 99-103; Galileu aceita a teoria heliocêntrica de, 82-83; na revolução heliocêntrica, 105, 288; pitagóricos como influência sobre, 31
cordas, teoria das, 249-251
Coresio, Giorgio, 92
correlação, 160-161
cosmo, 35
cosmologia: contribuição de Anaximandro para, 36; contribuição de Descartes para, 118-119; teoria dos universos múltiplos, 24, 280; e *cosmos* dos pitagóricos, 35
Cotes, Roger, 135-136
criacionismo, 104
curvas: na geometria analítica, 115-116; a catenária, 143-145
curvatura, 189, 255

Da Vinci, Leonardo, 142
dados, coleta de, 149
dados, rolagem de, 163
D'Alembert, Jean, 194
Davis, Philip, 261
De Morgan, Augustus, 205-209
De Motu Corporum in Gyrum (*Do movimento dos corpos em movimento*) (Newton), 132
De Revolutionibus (Galileu), 101
Dedekind, Richard, 198
Defoe, Daniel, 147
Dehaene, Stanislas, 266

demonstração matemática: Platão sobre a natureza da, 51-52; pitagóricos exigem, 44
Descartes, René, 106-121; geometria analítica de, 114-118; argumentos a favor da existência de Deus de, 138; biografia de, 106-110; *Cogito ergo sum, 113*; morte de, 110; *Discurso sobre o método, 108-109, 115*; *La Géométrie, 115, 128*; conjectura de Goldbach antecipada por, 55; *Meditações sobre filosofia primeira, 109*; como um moderno, 111; Newton sobre, 123, 125; *Princípios de filosofia, 109, 119, 125*; método quantitativo de, 29-30; teoria dos vórtices de, 120, 289; três sonhos de, 108, 300n; trabalhos colocados no Índice de Livros Proibidos, 138; *O mundo* (*Le Monde*), 118
desvio padrão, 169-170
Deus: Boole sobre argumentos para existência de, 212, 307n; argumentos de Descartes para existência de, 138; matematização de Descartes de tudo e, 117; como descoberta ou invenção, 26; "sempre aritmetiza" para Jacobi, 192; Galileu sobre matemática como linguagem de, 97, 99; Newton sobre filosofia natural e, 136; Newton sobre a onipresença de, 303n; demonstrações de Newton para a existência de, 137-138; e geometria não euclidiana, 190; pitagóricos sobre matemática como, 44
Di Grazia, Vincenzo, 92
Diálogo sobre dois máximos sistemas do mundo (Galileu), 102, 118
diferencial(is): equações diferenciais, 143 *geometria diferencial*, 190

ÍNDICE REMISSIVO

dimensões superiores, 193-197
Discurso do Método (Descartes), 109-112, 115
Discurso sobre os corpos flutuantes (Galileu), 92
Discursos e demonstrações matemáticas sobre duas novas ciências (Galileu), 97, 103
distribuição: não normal, 159; normal (gaussiana), 157-160, 169-171
DNA, 247-249
dodecaedro, 273, 276
Doyle, Arthur Conan, 45
Dummett, Michael, 9, 203, 306n
Dyson, Freeman, 10, 258

economia: fórmula Black-Scholes de precificação de opções, 20; busca de princípios matemáticos para, 145; estatística em, 148
Einstein, Albert: relatividade geral, 17, 249, 253-257, 289; e Gödel, 228-233; sobre gravidade, 120, 249, 252-255; sobre matemática se ajustando à realidade física, 13, 15, 285; geometria não euclidiana usada por, 17, 255, 287; relatividade especial, 253, 257
Elementos (Euclides), 127, 180, 271
eletrodinâmica quântica (EDQ), 257
eletrofraca, teoria, 258
elíptica, geometria 189, 254
elípticas, órbitas, 18, 129-132
empirismo, 178
ensaiador, O (Galileu), 95-96
epiciclos, 87, 101
Eratóstenes de Cirene, 68, 75
erro, curva de, 158
espaço: geometria euclidiana vista como a verdadeira descrição do, 180, 181, 187, 190, 191, 195-196; na relatividade geral, 253; visão kantiana de, 180, 190, 195
espaços abstratos, 195-196
espaço-tempo, 253-254
especial, relatividade, 253, 257
estatística de mortalidade, 148-155
estatística, 148-163 ; etimologia da palavra, 149; trabalho pioneiro de Graunt em, 149-152; leis dos números grandes, 171-173; para fenômenos sem uma teoria determinística, 291; e teoria da probabilidade como complementar, 168-169; Quetelet, coleção de dados de Quetelet sobre o corpo humano, 157-160
estrelas: descobertas de Galileu sobre, 90; estrelas de nêutrons, 255
Euclides, 23, 77, 114, 127, 178, 204, 271, 274
Euler, Leonhard, 197
eventos independentes, 165
evolução, teoria da, de Darwin, 177, 285
extensão de um conceito, 215-216

Feigenbaum, Mitch, 19
Fermat, Pierre de, 163
Filodemo, 48
filosofia: ceticismo de Descartes com, 112; *characteristica universalis* de Leibniz para resolver debates em, 205; Platão define como uma disciplina, 45; Russell sobre o valor de, 291
Fisher, Ronald Aylmer, 168
física: contribuição de Arquimedes para, 69; contribuição de Descartes para, 119; relatividade geral, 17, 249, 253-257, 290; como matematicamente descritível para Descartes, 113; aplicação da matemática à, 14-19;

Newton entrelaça com a matemática, 135; eletrodinâmica quântica (EDQ), 257; teoria quântica de campos, 250; mecânica quântica, 146-147, 284; método científico em, 285; relatividade especial, 253, 256-257; mecânica estatística, 147, 245; teoria das cordas, 249-251; "teoria de tudo", 249, 264. *Veja também* gravidade; movimento

Fleming, Marjory, 25

formalismo, 203, 216, 224, 226, 279

formas matemáticas, 14-16, 51, 54, 178, 264

Forty Years On (Bennett), 16

Fraenkel, Abraham, 221-222

Franklin, Benjamin, 147

Frege, Gottlob, 205, 213-216

funções, 116, 128, 215

fundamentos da matemática: construtivismo, 223; formalismo, 203, 224-229, 261; intuicionismo, 203, 223; logicismo, 203, 233; geometrias não euclidianas ameaçadas, 191. *Veja também* platonismo

Galileu Galilei, 80-104; Arquimedes como influência sobre, 81-82, 97-98; sobre Aristóteles, 60-61, 82; *O ensaiador*, 95-96; biografia de, 80-82; sobre a catenária, 143-144; sobre cometas, 95; conflito com a Igreja Católica, 99-104; *De Revolutionibus*, 101; *Diálogo sobre dois máximos sistemas do mundo*, 102, 118; *Discursos e demonstrações matemáticas sobre duas novas ciências*, 97, 103; teoria heliocêntrica aceita por, 82-83, 105, 288; experimento em planos inclinados de, 82; influência de, 105; sobre satélites de Júpiter, 86; sobre a supernova de Kepler, 83; sobre matemática como linguagem da natureza, 92-99; sobre modelos *versus* explicações, 79; retrata-se de suas opiniões, 102-104; reabilitação de, 104; sobre ciência *versus* Escritura, 101; *A mensagem das estrelas* (*Sidereus Nuncius*), 84, 86, 911; sobre estrelas, 89-90; sobre manchas solares, 89, 94; descobertas telescópicas de, 83-91; teoria do movimento de, 81; sobre as fases de Vênus, 87-88

Galois, Évariste, 18

Galton, Sir Francis, 161

Gardner, Martin, 21

Gauss, Carl Friedrich: Arquimedes comparado a, 63; geometria hiperbólica de, 183-188; no desenvolvimento da teoria dos nós, 236; distribuição normal batizada em homenagem a, 157; retrato de, *186*

Gelfand, Israïl Moseevich, 283

Gêmino, 78

genes, 166

genética: lei de Hardy-Weinberg, 17; teoria da probabilidade em, 148, 165-169

geometria analítica, 114-118; e cálculo de Newton, 128; para validação dos fundamentos da geometria, 192

geometria euclidiana, 177-182; geometria analítica e, 116; Berkeley contrasta flúxions de Newton com, 175; consistência de, 192; quinto axioma (paralelas), 180-182, 223; habilidades perceptuais humanas e, 278; estrutura dedutiva infalível atribuída a, 179; na visão de invenção e descoberta, 275; estudos de Newton, 128; vista como

verdadeira descrição do espaço, 179, 181, 187, 189, 191, 195, 196; como ainda correta, 26, 287; validação dos fundamentos da, 191
geometria não euclidiana, 177-197; consistência de, 191; geometria elíptica, 189, 255, 286; geometria hiperbólica, 183-187; revolução na matemática causada pela, 177, 181-182, 190, 263; Riemann sobre, 188-190; vista como sem conexão com realidade física, 191
geometria: o método de Arquimedes na, 74-77; na evolução da matemática, 278; Galileu equipara matemática com, 97-98; dimensional superior, 192-197, 263; capacidade inata para, 266; na Academia de Platão, 47-48, 295n; de posição, 236; Teorema de Pitágoras, 36-40, 128, 294n. *Veja também* geometria analítica; geometria euclidiana; geometria não euclidiana
Géometrie, La (*Geometria*) (Descartes), 115, 128
Gerson, Levi Ben, 56
Glaisher, James Whitbread Lee, 133
Glashow, Sheldon, 258
gnômon, 36-37
Gödel, Kurt, 226-233; requer cidadania americana, 229-233; demonstra que axioma da escolha e hipótese do contínuo são consistentes com os axiomas de Zermelo-Fraenkel, 223-224; biografia de, 227; morte de, 232; teoremas de incompletude de, 227-229, 291
Goldbach, conjectura de, 55
górdio, nó, 235-236
GPS (*Global Positioning System*), 257

gramática universal, 277
gramática, 276
Grande arte, A (Cardano), 193
Grassi, Horácio, 95
Grassmann, Hermann Günther, 195-197
Graunt, John, 149-152
gravidade, 251-257; teoria de Einstein de, 120, 249, 252-255; Hooke sobre, 302n; teoria de Newton de, 126-129, 132-134, 251-254, 283, 289-290; na teoria das cordas, 249
Gross, David, 10, 281
Grossmann, Marcel, 254
grupos, teoria de, 18, 287
Guiducci, Mário, 95

Halley, Edmond: *O analista* de Berkeley dirigido a, 175; tabela de vida de, 151-155; e Newton, 123, 130-132
Hamilton, William, 207
Hamming, Richard, 282-285
Hardy, Godfrey Harold, 17, 55, 199, 262
Hardy-Weinberg, lei de 17
harmonia, 34-35, 40-42
Heiberg, Johan Ludvig, 74
heliocêntrica, teoria. *Veja* teoria heliocêntrica
Hermite, Charles, 198
Hersh, Reuben, 261, 285
Hilbert, David, 192, 224-229, 233, 308n
hiperbólica, geometria, 183-187
História e demonstrações concernentes às manchas solares (Galileu), 89
Hobbes, Thomas, 14
Hockett, Charles F., 276
HOMFLY (HOMFLYPT), polinômio, 245
Hooke, Robert, 123-124, 130, 289, 302n
Hoste, Jim, 246
Hume, David, 178-180
Huygens, Christiaan, 143

idade, distribuições, 151-154
incompletude, teoremas de, 227-228, 291
infinito: obscurecendo o significado de quantidade, 197; infinitos contáveis e incontáveis, 43
inteligência extraterrestre, 24
intuicionismo, 203, 223
invariantes de nós, 241-246
inverso do quadrado da gravidade, lei do, 130-132, 133-134, 252, 283, 289
irracionais, números 44

Jacobi, Jacob, 192, 209
Jâmblico, 33, 44
Jeans, James, 13
João Paulo II, papa, 104
jogos de azar, 163-165
Jones, polinômio de 244-245, 250
Jones, Vaughan, 243
Júpiter, satélites de, 86, 279

Kant, Immanuel, 179-180, 185, 187, 189, 195, 305n
Kapner, Daniel, 252
Kasner, Edward, 262
Kelvin, William Thomson, Lorde, 237, 240-241, 251
Kepler, Johannes: sobre órbitas elípticas, 18, 288; correspondência de Galileu com, 82, 89, 298n; sobre razão áurea e sequência de Fibonacci, 274; na revolução heliocêntrica, 105; superova de Kepler, 83; as leis do movimento planetário de, 42, 129-130, 132, 251, 288
Kirkman, Thomas Penyngton, 239
Klein, Felix, 191
Klügel, Georg, 182
Kontsevich, Maxim, 246
Koyré, Alexandre, 34

Kramer, Michael, 256
Kronecker, Leopold, 269

Lacroix, Sylvestre, 209
Lagrange, Joseph-Louis, 118, 146-147, 192, 194, 209
Lakoff, George, 24, 267-270, 277
Lambert, Johann Heinrich, 182
Laplace, Pierre-Simon de, 145-147, 156, 209, 289
Lei de Hardy-Weinberg, 17
lei dos números grandes, 171, 173
lei empírica da epistemologia, 258
Leibniz, Gottfried Wilhelm: cálculo desenvolvido por, 77, 141, 175, 205; sobre a catenária, 143; *characteristica universalis*, 205
Leis básicas da aritmética (*Grundgesetze der Arithmetic*) (Frege), 214, 218
leis da natureza: Descartes sobre a existência de, 301n; relações funcionais como, 117; geral, 19, 42, 290; Newton sobre Deus e, 137
leis do pensamento, As (Boole), 208
leis naturais. *Veja* leis da natureza
Leo, o Geômetra, 72
liberdade de estímulo, 277
linguagem: matemática como, 276-280.
linguística: cognitiva, 277; computacional, 21
Little, Charles Newton, 240
Lobachevsky, Nikolai Ivanovich, 183, 187
localidade, 290
lógica, 201-233; álgebra de, 206, 210-213, 276; primeiros estudos formais de Aristóteles de, 61; álgebra booleana, 208-213; consistência da matemática, 200; Descartes sobre limitações da, 114; como se forçada pelo mundo físico, 284; formalismo

de Frege para, 213-218; Galileu contrasta geometria com, 98; matemática visto como redutível a, 202, 233; matematização de, 204-208; voga em meados do século XIX para, 205; Russell sobre derivar aritmética a partir da, 219-222; teoria dos conjuntos entrelaçada com, 217
logicismo, 202, 233
Lua, 85, 100
Luciano, 33

Marcelo, Marco Cláudio, 64, 66
matemática aplicada: Arquimedes sobre, 64; neoplatônicos sobre, 198
matemática pura: Hardy como matemático puro, 17; neoplatônicos sobre, 198; pitagóricos como fundadores da, 42
matemática: efetividade "ativo" da, 16, 235, 251; fronteira com as ciências torna-se borrada, 139; certamente produzida pela, 53, 113; coerência e autoconsistência de, 26; visão de descoberta da, 23, 26, 32, 45, 55, 139, 175, 261-276, 281; liberdade da, 197-199, 263; visão de invenção e descoberta da, 270-276; visão de invenção da, 24-26, 187, 198, 202, 261-276; como linguagem, 276-280; como a linguagem da natureza para Galileu, 92-99; limites ao poder explicativo da, 283; consistência lógica da, 200; matematização da lógica, 204-208; como parte natural do ser humano, 24, 268; como nova fundação para o conhecimento humano, 106; verdade objetiva em, 54-55; como parte da cultura humana, 276; visão "como parte do mundo físico" da, 265-280; "efetividade "passiva" da, 17, 235, 254, 282, 287; platonismo sobre, 52-57, 175; poder de previsão da, 258; Pitágoras recebe o crédito de cunhar o termo, 30; reconsideração das relações com o mundo físico, 191-200; reduzindo à lógica, 203, 233; seleção das ideias matemáticas, 283, 285-286; aplicações inesperadas da, 16-20, 22, 250-251, 258; uniformidade da, 278; universalidade da, 25; inexplicável efetividade da, 13-20, 57, 62, 164, 173, 233, 235, 258, 265, 280-291. *Veja também* álgebra; análise; matemática aplicada; aritmética; fundamentos da matemática; geometria; teoria dos nós; números; teoria dos números; teoria da probabilidade; matemática pura; teoria dos conjuntos; estatística
matemáticos, modelos. *Veja* modelos matemáticos
Maxwell, James Clerk, 16, 240, 258
Mecânica celeste (Mécanique céleste) (Laplace), 145-146
mecânica estatística, 148, 245
Mécanique céleste (Mecânica celeste) (Laplace), 145
média, a, 168-170
mediocridade, princípio da, 280
Meditações sobre filosofia primeira (Descartes), 109
Mendel, Gregor, 165-168
Menecmo, 18
mensagem das estrelas, A (Sidereus Nuncius) (Galileu), 84, 86, 91
Méré, Chevalier de, 163
Merton, Robert Carhart, 20
metáforas, conceituais, 269-270, 277

metamatemática, 225-226
método axiomático, 25, 276
Mihailescu, Preda, 56
Mill, John Stuart, 106, 115
modelos matemáticos: na reação de Bellarmine ao copernicianismo, 101; limitações dos, 79; no método científico, 285
moeda, lançamento, 165, 167
Moivre, Abraham de, 130-131
mônada, 32
Morgenstern, Oskar, 229
mortalidade infantil, 151
mortalidade, estatística, 149-154
movimento: teoria de Galileu do, 82; leis de movimento planetário de Kepler, 42, 129-130, 132, 251, 288; matemática para criação de modelos de, 141-142; leis de movimento de Newton, 119, 135, 288; Platão sobre movimento astronômico, 54
mundo, O (Le Monde) (Descartes), 118
música: harmonia das esferas, 42; pitagóricos descobrem razões matemáticas na base da, 33-36

não euclidiana, geometria. *Veja* geometria não-euclidiana
não normal, distribuição, 159
naturais, números. *Veja* números naturais
n-dimensional, geometria, 195-197
nebulosa, hipótese da, 146
neoplatônicos, 198
Neumann, álgebras de Von, 243
nêutrons, estrelas de, 249
Newman, James, 262
Newton, Isaac, 122-139; leis matemáticas abstratas a partir de fenômenos naturais, 16; sobre maçãs em queda, 126, 302n; Arquimedes comparado a, 63; cálculo desenvolvido por, 77, 125, 128, 141, 175, 251, 286; *De Motu, 132, 134*; sobre teoria dos vórtices de Descartes, 119; sobre órbitas elípticas dos planetas, 18, 129-132; sobre a onipresença de Deus, 303n; sobre gravidade, 126-129, 132-134, 251-254, 283, 288-290; leis de movimento de, 119, 134, 289; expressão matemática de ideias de, 123-126; *Opticks, 123, 125, 137*; sobre movimento planetário, 129; *Principia,125, 132, 134-135*; demonstrações da existência de Deus de, 136-137; sobre estar sobre ombros de gigantes, 26, 123, 302n; túmulo na Abadia de Westminster, 122, 301n; *Arithmetica Infinitorum* de Wallis estudada por, 193
normal (gaussiana), distribuição, 157-160, 169-171
nós, teoria dos. *Veja* teoria dos nós
notação matemática, uniformidade da, 278
Number Sense, The (Dehaene), 266
números irracionais, 44
números naturais: tentativas de Frege de reduzir à lógica, 214-216; realidade independente dos, 23, 270; intuicionistas sobre, 203; na axiomatização de Peano da aritmética, 219
números quadrados, 37
números, teoria dos. *Veja* teoria dos números
números: Arquimedes sobre descrição de números grandes, 69-71; sequência de Fibonacci, 274; existência independente atribuída a, 23, 32; propriedades interessante dos, 32; irracionais, 44; como formas platônicas, 15;

primos, 23-24, 54-55, 275; filosofia metafísica dos números de Pitágoras, 31-45; vistos como criações da mente humana, 198; quadrados, 36. Veja também números naturais
Núñez, Rafael, 24, 268-270, 277

Oliveira e Silva, Tomás, 55
ontológico para a existência de Deus, argumento, 138, 212
Ooguri, Hirosi, 250
opinião, pesquisas, 161
opostos cósmicos, 40
Opticks (Newton), 123, 125, 137
órbitas elípticas, 18, 129-132, 288
Ørsted, Hans Christian, 76

Papadopoulos-Kerameus, A., 73
paradoxo(s), 201; do barbeiro, 201, 218; tentativa de Russell de evitar, 221; de Russell, 217-218, 221; axiomatização de Zermelo-Fraenkel da teoria dos conjuntos evita, 222
paralelas (quinto), axioma das, 180-182, 223
Pardies, Ignatius, 143
Pascal, Blaise, 106, 163
Peano, Giuseppe, 205, 218-219
Pearson, Karl, 161, 164
Penrose, Roger, 10, 14, 57
pensamento, experimento de (*Gedankenexperiment*), 76
pentagrama, 272
pequena balança, A (Galileu), 81
perfeitos, números, 33
Perko, Kenneth, 241
pesquisas de opinião, 162
"pessoa mediana", 156, 159, 304n
Philosophiae Naturalis Principia Mathematica. Veja: *Princípios matemáticos da filosofia natural*
π, 125

Pitágoras, 30-45; biografia de, 31; sobre efetividade da matemática, 14; influência de, 41-42; filosofia metafísica dos números de, 31-44; sobre metempsicose, 41; matemática pura de, 42; Teorema de Pitágoras, 36-40. Veja também pitagóricos
pitagóricos, triplos, 39
pitagóricos: sobre opostos cósmicos, 40, 108; visão de descoberta da matemática dos, 44; distinção entre Pitágoras e, 31; imaginando números por meio de seixos, 33; sobre o gnômon, 36-37; sobre razão áurea, 271; números irracionais descobertos por, 44; estilo de vida dos, 41; juramento dos, 34; pentagrama como símbolo dos, 272; demonstração exigida pelos, 44; matemática pura dos, 42; sobre Tetraktys, 34-36
planetas: teoria dos vórtices de Descartes, 119; órbitas elípticas de, 18, 129-132, 288; extrassolar, 279; descobertas de Galileu sobre, 86-89; as leis do movimento planetário de Kepler, 42, 129-130, 132, 251, 288; leis do movimento planetário de Newton, 129
Platão, 45-47; Academia de, 47-48, 295n; Alegoria da Caverna de, 50; método de Arquimedes comparado com o de, 76; biografia de, 46; e visão de descoberta da matemática, 23; sobre efetividade da matemática, 14; sobre a razão áurea, 272; sobre demonstração matemática, 50; como matemático e filósofo da matemática, 49; filosofia definida como disciplina por, 45; pitagóricos como influência sobre, 31; *A república*, 49-53; *Timeu*,

53, 273; sobre o ciclo universal, 173. *Veja também* platonismo
platonismo, 52-57; argumento de Atiyah contra, 23-24, 269; sobre axiomatização da teoria dos conjuntos, 221, 224; e críticas de Berkeley sobre os flúxions de Newton, 175; ciência cognitiva sobre, 269; de Gödel, 228; de Hardy, 199, 262; sobre logicismo, 202; formas matemáticas, 14, 23, 51, 53-57, 178, 193, 264; *versus* visão matemática é o universo, 264; neoplatônicos, 198; e objetos da geometria euclidiana, 179; realismo contrastado com, 281; dos matemáticos operacionais, 261
Playfair, axioma de, 181
Plutarco, 64-65
Poincaré, Henri, 190
polinômios de Alexandre, 242, 244
população, genética de, 165-166
posição, geometria de, 236
potências, 56
precessão, 289
precisão: não pode ser prevista, 289; da relatividade geral, 255-257; e lógica como seleção natural, 284; da lei de gravitação de Newton, 251, 289; da eletrodinâmica quântica, 257; efeitos de seleção e, 283; variação em, 287
predição: e caos, 291; nos jogos de azar, 164; Laplace sobre exigência de, 146; poder de previsão da matemática, 258; probabilidades em, 147; no método científico, 285
primos, números, 23-24, 54, 275
Principia (Newton), 125-126, 130, 133-137
Principia Mathematica (Whitehead e Russell), 220-221, 227

Princípios de filosofia (Descartes), 109, 119, 125
princípios matemáticos da filosofia natural, Os (Newton), 125, 132, 134-135
probabilidade, teoria da. *Veja* teoria da probabilidade
Proclus, 39, 49, 181, 294n
projetiva, geometria, 190
prova, matemática. *Veja* demonstração matemática
pulsar duplo, 255
pura, matemática. *Veja* matemática pura
Putnam, Hilary, 280

QI, 159, 162
quântica, mecânica, 147, 285
quântico, grupos, 245
quantificação do predicado, 206
Quetelet, Lambert-Adolphe-Jacques, 155-159
Quine, Willard Van Orman, 214, 217
quinto axioma (paralelas), 180-182, 223

racionais, números, 43
racionalismo, 175
Raskin, Jef, 284
razão áurea, 271-274
realismo, 280
Regras para a direção do espírito (Descartes), 114
relatividade geral, 17, 120, 249, 253-257, 285, 289-290
religião: ciência versus Escritura, *99-104*. *Veja também* Deus
Renascença, 42
república, A (Platão), 49-51, 53
Ricci, Ostilio, 80
Riemann, Bernhard, 18, 187-189, 197, 254

Rouse Ball, Walter William, 120
Rubbia, Carlo, 258
Russell, Bertrand: sobre Boole, 209-210; sobre inconsistência no sistema de Frege, 216-217; sobre matemática e lógica, 201-202, 212; *Principia Mathematica*, 220, 227; paradoxo de Russell, 217, 220, 222; sobre valor da filosofia, 291
Russell, paradoxo de, 217, 220, 222

Saccheri, Girolamo, 182
Sagan, Carl, 24
Salam, Abdus, 258
Sarpi, Paolo, 84
Scheiner, Christopher, 89, 93
Scherk, Joel, 249
Schläfli, Ludwig, 197
Scholes, Myron, 20
Schwarz, John, 249
Schweikart, Ferdinand, 187
Scott, David Randolph, 61
Seggett, Thomas, 91, 299n
seguro, 152, 173-174
seleção, efeitos de, 162, 282
senso numérico, O. Veja *Number Sense, The*
sequência de Fibonacci, 274
sexo, razão entre os sexos ao nascer, 150
Shaw, George Bernard, 173-174
silogismo, 61, 206
simetria matemática, 18, 290
sino, curva em forma de, 157-158
Sistema de Posicionamento Global (GPS), 256-257
sistema solar: Laplace sobre a estabilidade do, 145. *Veja também* planetas
sistemas axiomáticos: lógica de Frege, 214-217; teoremas de incompletude de Gödel para, 227-229; axiomas de Peano para aritmética, 219; considerados objetivos da matemática, 198; axiomatização Zermelo-Fraenkel da teoria dos conjuntos, 222

Sócrates, 46, 49
Sol, 86, 102, 120
solares, manchas, 88-89, 93
sólidos platônicos, 273
Spinoza, Baruch, 175, 178, 212
Stanley, Thomas, 32
Stewart, Ian, 26
Stukeley, William, 126
subitizing (subtização), 268
supernova de Kepler, 83
supernova de Tycho, 83
Swerdlow, Noel, 85
Sylvester, James, 197

Tait, Peter Guthrie, 238-241
Tegmark, Max, 10, 264-265, 279, 310n
telescópio, descobertas de Galileu com, 84-91
Teorema de Pitágoras, 37-39, 43, 51, 128, 294n
Teoria da extensão linear: um novo ramo da (Grassmann), 195
teoria da perturbação, 146
teoria da probabilidade, 162-168; aplicações da, 162; Jakob Bernoulli no desenvolvimento de, 142; essência da, 164; nos jogos de azar, 163-165; na genética, 165-168; para fenômenos sem uma teoria determinística, 291; contribuição de Quetelet para, 156; nas ciências sociais, 147; e estatística como complementares, 169
teoria dos conjuntos: Cantor na criação da, 197-217; como fundamental,

217, 224; múltiplos conjuntos de axiomas para, 224; axiomatização de Zermelo-Fraenkel de, 222
teoria dos nós, 235-246; polinômios de Alexandre, 242, 245; aplicações de, 246-251; em modelos atômicos, 19, 26, 237, 241, 243, 246, 250; classificação de nós, 238-242; exemplos de nós, 238; operações de *flip* (virar do avesso) e *smoothing* (alisamento), 243-244, 248; polinômio HOMFLY (HOMFLYPT), 245; invariantes de nós, 241-246; polinômio de Jones, 243-245; origens de, 250; em topologia, 241
teoria dos números: conjectura de Catalan, 55-56; conjectura de Goldbach, 55; aplicações inesperadas da, 18
teoria eletrofraca, 258
teoria geocêntrica, 87-88, 287
teoria heliocêntrica: de Aristarco, 70; Igreja Católica declara herege, 99-102; Galileu aceita, 82-83; panfleto de Grassi considerado uma ameaça à, 95-96; revolução heliocêntrica, 105, 288; sobre a órbita de Vênus, 87
teoria quântica de campos, 250
terceiro excluído, princípio do, 203
Tetraktys, 33-36
Thistlethwaite, Morwen, 246
Thomas, Dorothy Morgenstern, 10, 229
Thomson, William (lorde Kelvin), 237-238, 240, 242, 251
Tijdeman, Robert, 56
Timeu (Platão), 53, 273
tipos, teoria de, 221, 307n
Tischendorf, Constantine, 73
Toffler, Alvin, 177

topologia, 241
Três cartas sobre manchas solares (Scheiner), 89
triplos pitagóricos, 37
tudo, teoria de, 249, 264
Turner, Herbert Hall, 133
Tycho, supernova de, 83

universais, 53
universal, gramática, 277
universos múltiplos, 25, 279, 311n

Vafa, Cumrun, 250
Van der Meer, Simon, 258
Vandermonde, Alexandre-Théophile, 236
Varley, Rosemary, 269
Veja também linguística
Vênus, Galileu sobre as fases de, 86-88
"vício do jogo e a virtude do seguro, O" (Shaw), 173-174
vida, tabelas de, 151-154
Viviani, Vincenzio, 82
Voltaire, 136
Von Neumann, John, 222, 229
vórtices, teoria dos vórtices de Descartes, 119, 288

Wallis, John, 193
Washington, George, 49-50
Weeks, Jeffrey, 246
Weinberg, Steven, 10, 258, 283
Weinberg, Wilhelm, 17
White, Leslie A., 276
Whitehead, Alfred North: sobre Arquimedes, 67; *Principia Mathematica*, 220-222, 227; sobre Filosofia ocidental como rodapés a Platão, 45
Wigner, Eugene, 15-16, 57, 258-259, 280
Witten, Ed, 250

Wittgenstein, Ludwig, 226
Wolfram, Stephen, 10, 25, 278
Wotton, Sir Henry, 91
Wren, Christopher, 130, 289

Xenófanes de Cólofon, 41

yin e yang, 40

Zâmbia, 155
Zermelo, Ernst, 221-224

Créditos©

O autor e o editor agradecem a permissão de reproduzir o seguinte material:

Arte

Figuras 1, 2, 6, 14, 15, 17, 19, 24, 25, 54, 55, 56, 60, 61: por Ann Feild.

Figuras 3, 28, 31, 33, 34, 35, 36, 37, 39, 40, 41, 46, 62, 63, 64, 65: por Krista Wildt.

Figura 4: © Scott Adams/Dist. pela United Feature Syndicate, Inc.

Figuras 7, 10, 11, 16, 21, 26, 42, 43, 44, 45, 47, 48, 49, 50, 51, 52, 53: A Biblioteca Speciale di Matematica "Giuseppe Peano", com o auxílio de Laura Garbolino.

Figuras 8, 27: Cortesia do autor.

Figura 9: Bibliothèque nationale de France, departamento de reprodução.

Figura 12: Cortesia de Will Noel e do Projeto Palimpsesto de Arquimedes.

Figura 13: Cortesia de Roger L. Easton, Jr.

Figuras 18, 20: Coleção particular do Dr. Elliott Hinkes. Obtido com o auxílio da Biblioteca Milton S. Eisenhower, Universidade Johns Hopkins.

Figura 22: Roger-Viollet, Paris, França.

Figura 23: Cortesia de Sofie Livio.

Figura 29: Biblioteca da Universidade de Chicago, Centro de Pesquisa de Coleções Especiais, Joseph H. Schaffner.

Figuras 30, 32: Coleções Especiais da Biblioteca Milton S. Eisenhower, Universidade Johns Hopkins.

Figura 38: Biblioteca da Academia delle Scienze di Torino, com auxílio de Laura Garbolino.

Figura 58: por Stacey Benn.

Figura 59: Cortesia de Steven Wasserman.

Texto

Página 51, *O contador de areia*: Original inglês em *The Works of Archimedes* (1897) de T. L. Heath; reproduzido com permissão da Cambridge University Press.

Página 147, "The Vice of Gambling and the Virtue of Insurance" ["O vício do jogo e a virtude do seguro"]: Publicado em The World of Mathematics, vol. 3 (1956), de J. R. Newman. Reproduzido com permissão da Simon & Schuster.

Página 198, "História da naturalização" de Kurt Gödel": Reproduzido com permissão do Instituto de Estudo Avançado, Princeton, Nova Jersey, e de Dorothy Morgenstern Thomas, com auxílio de Margaret Sullivan.

Este livro foi composto na tipografia
Classical Garamond BT, em corpo 11/16, e impresso
em papel off-white no Sistema Digital Instant Duplex
da Divisão Gráfica da Distribuidora Record.